U0023392

元華文創

淨零轉型

Transform To Net Zero

陳來助 黃仕斌

主編

專文推薦

周志宏 永續長
台達電子工業股份有限公司

蒲樹盛 總經理
BSI 英國標準協會東北亞區

淨零轉型　ESG 啟航
綠金藍海策略　開拓嶄新征程
航向淨零未來　共創永續價值

推薦序一

每年年底的聯合國氣候變遷綱要公約（United Nations Framework Convention on Climate Change, UNFCCC）締約國大會（Conference of the Parties, COP），為全球氣候政策確立重要目標和方向，台達自2007年起投入COP至今，持續參與大會，以智庫的角色將國際最新的氣候相關政策及法規提供國人參考，同時也將台達的減碳作為及實際成效與全球分享，期望能發揮影響力，接軌全球淨零趨勢。

台達參與COP大會多年，在政策面，除了於COP官方談判區與國際智庫及政策決策者交流，會後亦透過研究、建言及教育訓練等方式，擴大政策影響；在社會面，則藉由媒體以及基金會的氣候沙龍活動，傳達COP談判結論和最新趨勢，幫助大眾建立淨零意識；在產業面，邀請產業夥伴及各大企業永續部門同仁成為氣候沙龍的主要閱聽眾，也進一步帶動供應鏈接軌國際；在公司面，2015年的COP21更是台達訂定永續策略的轉捩點，同年簽署We Mean Business，之後積極響應國際倡議，包括企業自主減碳SBT、電動車倡議EV100、再生電力倡議RE100，到近期訂定淨零科學減碳目標（Net-zero Science-based Target），從自身做起，致力減碳達成全球升溫不超過1.5℃的目標。

臺灣訂定2050淨零排放路徑以及重要策略方針，各界須特別留意建築、運輸、工業和電力四大部門的相關指標，呼應並協力國家邁向淨零的前瞻能源、電力系統與儲能、運具電動化及無碳化、資源循環零廢棄、自然碳匯等十二項關鍵策略，以具體行動實現淨零願景。面對國際間收取碳費的趨勢，臺灣可借鏡歐盟「Fit for 55 Package」（降低55%溫室氣體排放套案）將CBAM（歐盟碳邊境調整機制）碳稅收入運用於歐盟發展及成員國減碳的作法，做為臺灣收取碳費的參考框架，以促進整體發展及減碳的正向循環；企業則應積極投入內部碳定價，以內部碳費來幫助開發未來新興的氣候科技，並更進一步接軌國際倡議，達成共好，未來在迎接範疇三的挑戰及目標，大型企業更需妥善運用碳費，配合相關政策，做好產業的氣候轉型。

本書對於淨零相關的重要歷史演進、國際倡議和名詞解釋等做了完整且深入淺出的介紹與解讀，涵蓋面向廣泛，兼顧產、學、研不同角度的看法並加以整合，對於企業無論面對國際評比、碳盤查、ESG健檢或報告書撰寫，都深具參考價值，相信可更進一步促進讀者接軌國際倡議，創造永續新商機。

永續長

台達電子工業股份有限公司

推薦序二

敬愛的讀者們：

如果我們不能解決問題，則問題將解決我們！當今全球最大的風險，非 ESG 議題莫屬！

非常榮幸向您推薦這本理論與實務兼具的《淨零轉型》。這本專書非常深入淺出地探討了 ESG（環境、社會和治理）議題，包括全球淨零趨勢、淨零策略、永續金融，及豐富的標竿個案實務分享，是進入 ESG 領域非常有幫助的一本專書。

從現在開始到 2050 年，淨零轉型勢在必行。企業組織若不從現在開始進行規劃，將很有可能在全球減碳賽局中，被超越甚至於淘汰。

臺灣多屬中小企業，在淨零碳排的議題及現況中，呈現以下問題：

- 企業永續思維差異大，前段班企業（約 10%）發展積極，極具國際競爭力。反之，約 70% 中小企業雖有擔心，但未見具體行動。
- 普遍缺乏永續策略，僅以法遵及客戶要求為主，以拖待變。
- 缺乏資源規劃，未建立永續推動組織或專人，導致進展緩慢或無從下手。
- 將減碳視為成本，而非機會，缺乏對永續的前瞻性。
- 臺灣的「電力排碳係數」高於多數先進國家，導致企業減碳壓力大。未來，碳成本將導致不利的國際報價與競爭，形成另一種無法降低的成本。

這本書涵蓋了 ESG 的各個面向，特別是結合了大量的專業教授及業界師資，提供了前述問題的解決方案，我認為這本書的價值在於對 ESG 這一主題的深入探討和系統性介紹，不僅對企業具有參考價值，對廣大學生及民眾也具有啟發作用。

最後，我要向書中的作者表示敬意，他們的深入研究和對 ESG 的熱情，內容清晰易懂，讓這本書成為一本非常出色的專書。

再次向您推薦這本《淨零轉型》，絕對會對您有所啟發和幫助！

蒲樹盛 總經理

BSI 英國標準協會東北亞區

主編序

淨零碳排是指企業在其生產和經營過程中產生的溫室氣體排放量等同於其減少或消除的溫室氣體排放量。換言之，企業的碳排放總量可以達到零或接近零的狀態。淨零碳排的目的是減少對全球氣候變化的負面影響，推動企業實現可持續發展。隨著全球氣候變遷問題的日益嚴重，到目前為止，國際上已有 124 個國家宣布其到 2050 年實現淨零排放的承諾，臺灣也身列其中。2022 年 3 月，國家發展委員會發布《臺灣 2050 淨零排放路徑》，期望藉由「能源」、「產業」、「生活」及「社會」之四項轉型戰略，配合「科技研發」、「氣候法制」兩項治理方針，以實踐 2050 年的淨零轉型目標。國際化企業在全球各組織與政府宣布在 2050 達到淨零排放後，勢必將為了淨零轉型面臨許多經營風險與機會，臺灣的產業結構以中小企業為主，許多業主皆了解淨零轉型的必要，但卻欠缺執行的能力，淨零減碳的相關法規、標準、框架與評鑑方式多元而複雜，需要一定的學習曲線，因此本書的主要內容即以國立陽明交通大學 EMBA「零碳轉型高階管理人才培訓班」課程為基礎匯整而成。

本書將從實務的角度搭配六個淨零企業個案，介紹企業淨零碳排的概念、背景和實現過程。此書的前三章包括淨零碳排概況簡介，企業淨零策略思維，以及永續會計與碳揭露。希望讀者能透過前三章的內容對於淨零的概況有初步的了解，最後一個章節主要敘述企業實作個案包括：正隆公司、台中精機、新呈工業、展綠科技公司、今時科技公司、天泰能源公司及濾能公司，其中個案的主題涵蓋淨零標竿企業、淨零與數位雙軸轉型，還有淨零賦能企業個案。

首先第一章分成兩大重點，第一部分為淨零概況的簡介，此部分分為八小節，從淨零相關議題開啟本書序幕，包括了解溫室氣體形成及其相關定義為第一節，進而明瞭淨零議題的影響及其重要性，下個階段則是濃縮到本書的主要對象——企業，面臨國際各式永續規範後，該如何研擬其淨零碳排路徑及法規，從不同碳相關名詞之解析，像是碳盤查、碳減量、碳中和……等，來對碳相關議題有初步了解。緊接著第二節，提及目前全球現有的淨零目標、倡議及行動，像是每年締約國大會（Conference of the Parties，簡稱 COP）上討論氣候變遷之緩解措施，以及臺灣從 2022 年開始緊鑼密鼓倡議企業實踐零碳轉型，以六大重點為目標的《臺灣 2050 淨零排放路徑》，也有提及其他國家相關淨零政策，像是美國、歐盟、中國、印度、俄羅斯……等，第三節則是重點整理臺灣現有與零碳相關的政府立法草案及規範，以及美國證券交易委員會對氣候相關揭露規範的修正和歐盟的「碳邊境調整機制」草案。之後第四節則是著重在國際申報及登錄框架，像是「全球報告倡議組織」（Global Reporting Initiative，簡稱 GRI）、「聯合國責任投資原則」（Principles for Responsible Investment，簡稱 PRI）、「氣候相關財務揭露」（Task Force on Climate-related Financial Disclosures，簡稱 TCFD）、「永續會計準則」（SASB）、碳揭露項目全球系統（CDP Global

System，簡稱 CDP Global）等介紹。之後第四到第七小節，涵蓋永續評鑑之計算與檢驗方法、節能減碳相關之國際標準與規範以及永續承諾如「科學基礎減量目標倡議」（Science Based Target initiative, SBTi）、RE100 等名詞之定義與相關內容解析，最後一小節則以企業面對淨零的風險與機會時，所必須了解的一些碳名詞定義及市場風險機會、法規風險機會、技術風險機會、資金風險機會等議題作結。

第一章節第二大重點，則以淨零排放現況與趨勢為主線，從第一節氣候變遷以及全球暖化的衝擊以及相關的會議、公約為首，第二、三節則重申各國相關政策、及國際倡議行動與揭露框架，並以第四小節重點整理淨零排碳趨勢下所需關注的一些小議題以問答的形式呈現。

第二章則轉以企業淨零策略思維為題，在淨零趨勢下，企業除了被動去執行相應而生的規範及轉型，主動掌握淨零造就的「氣候科技」（climate tech），由此萌生新興的產業區隔，也能提早嗅到淨零趨勢的商機並進早佈局。第一節從氣候科技之定義和涵蓋範疇為始，包含溫室氣體排放來源、以及氣候科技所帶來的資金投入，並以企業如何運用作結。第二節則著重企業淨零相關觀念與標準，以及各標準規範如何與企業息息相關，該從何種管理著手，而第三節則呼籲企業該如何乘淨零轉型之勢，掌握商機，不管是培養減碳能力、調整組織設計、明訂排碳與 ESG 相關績效指標，並以最後小節總結此章重點。

第三章則以資誠聯合會計師事務所永續發展服務部門趙永潔會計師、管理學院副院長黃宜侯教授為主要編輯者，從會計及財務的角度探討永續會計與碳揭露的議題，主軸為「永續會計準則與氣候相關財務揭露」的演講，並搭配兩篇哈佛商業評論的專文。本章分成五個小節，除首節前言及末節本章小節外，中間章節首先第二節以氣候變遷與企業責任為起頭，依哈佛商業評論2021年，由羅伯．艾克斯（Robert G. Eccles）和約翰．馬利肯（John Mulliken）所發表的文章：《公司最大的負債，是「碳」？》（*Carbon Might Be Your Company's Biggest Financial Liability*）解析企業經營與碳排間的關係，並以多項個案舉例，第三節則關心非財務永續資訊的揭露，如企業相關投資人或是利害關係人，以及三個揭露準則框架：GRI、SASB和TCFD，就其面向、揭露內容、和特徵引出相關企業案例的作法及因應，第四節針對環境負債之會計概念，揭示企業碳排估計上，依賴上、中、下游所排放的溫室氣體之衡量，最後一小節則以資誠會計一份問卷，在企業與ESG議題上做總結。

本書第四章節分為七小節，每小章節分別探討正隆公司、台中精機、新呈工業、展綠科技公司、今時科技公司、天泰能源公司及濾能公司等公司在淨零碳排上的企業實作個案，除了有企業董事到課堂中講解分享，更舉辦多次企業參訪，讓學員能親眼見證企業在致力碳排的具體實行狀況，在每家公司個案下，針對其領域除了說明當前面臨碳排的困境、解方，以及相應的轉型、出路，有些公司更是分享身為主要實行者的經驗和心得，期待讀者們到各章節一探究竟。

本書的完成感謝初期陽明交大科管所李雯文同學、蔡坪秘同學擔任課程助教，課後加入工工系陳貞吟同學、連使同學進行初步課程資料整理。在經過本校管理學院多位教授們、數家個案公司合作傾力共筆與背後多次校稿的努力後，終將這些課程與參訪的精華內容編輯成冊。也謝謝在ESG界擁有極大影響力的周志宏永續長、蒲樹盛總經理，兩位重量級人物認同本書的價值，願意擔任本書推薦人。並十分感激科管所李雯文同學、EMBA王韻晴行政專員，他們在過去幾個月裡辛勤幫忙編碼校讀、聯繫作者與共編者繁複相互進行溝通修正，以及元華出版社對於本書實用的建議、細心的編校，皆是誕生本書的幕後推手群。最後再次感謝所有為本書付出寶貴時間和心力的人，因為有您齊心努力，此本書才得以順利完成。

主編簡介

陳來助　美國亞利桑那州 Thunderbird 學院 EMBA 畢業、國立清華大學化工系博士。現為天來創新集團董事長、勤友光電董事長、陽明交通大學兼任教授、靜宜大學校務顧問、AAMA 臺北創業搖籃創業導師、中華大學講座教授、智慧城市研究院榮譽院長、長榮大學香草學院榮譽院長及臺灣數位企業總會榮譽理事長。曾任友達總經理暨執行長、太陽能事業群總經理，使友達光電成為國內第一大、全球前三大的 TFT-LCD 製造公司，掌管年營收約五千億及全球約五萬員工的科技公司，是產業難得一見的全方位專家與執行者。50 歲後，跨界轉行到食品品牌業擔任微熱山丘執行長，藉過去在科技界累積的經驗，將微熱山丘發展成具代表性的國際甜點品牌。隨後又創立天來創新集團，投入大健康、智慧科技及零碳經濟的擘劃與經營。並擁有中華民國科技管理協會院士、經濟部中小企業總處產業升級業界導師、臺灣經濟研究院顧問、國發天使基金委員、二代大學校長等豐富經歷，亦榮獲第十三屆中國北京國際科技產業博覽會——中國自主創新風雲人物獎、平面顯示器元件獎——傑出人士貢獻獎、清華大學傑出校友、Incorporating Outstanding Scientists of the 21st Century Award（2005）、Outstanding people of the 20th century Award-International Biographical Centre（2000）、Who is who in the world Award（2000）、全國青年獎章——博學類、工研院傑出研究獎、中國時報青年百傑獎——工業類等多項榮譽。

零碳轉型高階經理人班

黃仕斌　日本早稻田大學博士。現職為國立陽明交通大學科技管理研究所教授，兼任國立陽明交通大學生技醫療經營管理碩士在職學位學程（BioMed EMBA）執行長，同時亦擔任《科技管理學刊》（*TSSCI*）總編輯，積極推廣科技管理學術領域的研究成果和發展趨勢。黃教授擁有相當豐富的學術和實踐經驗，曾擔任多個重要職務，包括國立交通大學科技管理研究所所長，國立交通大學企業管理碩士學位學程（Global MBA）主任，國立交通大學產學運籌中心副主任，國立交通大學創業與創新學程（VIP）主任。研究成果曾發表於多個國際著名的學術期刊，如 Energy Policy, Journal of Cleaner Production, Technological Forecasting and Social Change 和 Academy of Management Learning and Education 等，對於科技管理領域的發展與實踐，具有重要的啟示和參考價值。黃教授的研究專長涵蓋多個領域，例如科技策略，探討企業如何通過科技創新實現競爭優勢，以及如何應對日益變化的科技環境。創業與創新，將創新想法轉化為成功的商業模式，並建立良好的創新文化和管理機制。零碳轉型，當許多企業尚存「碳焦慮」的時候，已搶先在此淨零賽局中有所研究，並帶領學生們習得站穩腳步逆境求生的能力。

作者簡介

吳仁作　國立臺灣大學機械系與國立臺灣大學應用力學所，服務於國內外上市櫃公司中高階主管，擁有15年的無線傳輸應用開發經驗包括RFID、低頻、Zigbee、Zwave、WiFi與BLE等以及電力控制專長。於2014年創立展綠科技，提供淨零碳排的第一步，不需停機、不需斷電、不需拉線，極簡快速安裝設定，無論是機台的電力數據以及機台內的特定數據，皆可輕易透過IoT無線傳輸到企業的戰情中心統一管理，透過數據分析來達到節電、用電安全與預測性的維護，即時找出所有設備潛藏的問題，達到設備端效能最佳化以及碳排放足跡盤查之效益。

林春成　國立陽明交通大學工業工程與管理學系特聘教授，兼任管理學院副院長、亞洲大學經營管理學系講座教授、台灣作業研究學會理事長、中國工業工程學會理事、演算法與計算理論學會理事。林教授的研究著重於開發人工智慧演算法與最佳化模型以解決管理科學的實際問題與應用，於智慧製造、物聯網、計算管理科學、零碳數位轉型之創新與改進有顯著績效。林教授曾獲得2019科技部傑出研究獎、工業工程獎章、傑出電機工程教授獎、資訊學會李國鼎穿石獎、優秀青年工業工程師獎、優秀青年電機工程師獎、系統學會傑出青年獎、電腦學會傑出青年獎與管科學會呂鳳章先生紀念獎章。此外，林教授也是終身全球前2%頂尖科學家（1960-2020/2021）。

陳坤宏　國立清華大學電子所碩士，現為天泰能源集團暨睿禾控股集團董事長、太陽光電產業協會（TPVIA）理事、國際半導體產業協會（SEMI）臺灣委員會理事，及臺灣再生能源憑證產業發展與推廣協會常務理事。曾於2000-2007、2009-2011服務於友達光電，擔任產品工程經理及太陽能電廠專案處處長，個人國內外專利70餘件。2012年創立天泰能源集團，為臺灣最早期成立的PV-ESCO公司之一，並在「畜舍光電」等共榮共好的太陽光電複合模式快速奠定太陽光電市場地位。隨政策及市場環境變化，在電業自由化相關法規確立後，成立睿禾控股集團，旗下納入再生能源售電業及資訊服務業，以整合服務取得臺灣第一件智慧能源管理BOT案。

陳泳睿　臺灣大學EMBA碩士、東吳大學科技法律所、人工智慧學校臺北第三屆、臺灣科技大學博士班。現職為新呈工業總經理兼先進光電獨立董事、至德科技創辦人。擁有製造業19年、資訊業6年跨領域的實務經驗及獲獎榮譽，包括國家磐石獎、遠見鼎革數位轉型領袖獎與卓越營運楷模、經理人MVP100、新北市精典獎潛力企業、新商業模式創建之工業4.0導入與Toolbox應用實務班講師、製造業數位轉型實務解析——轉型工具、案例與實務講師、精誠雲學院——工業4.0概論與架構講師、IPC/WHMA-A-620 MIT、IPC-A-610 CIS、IPC J-STD-001 CIT等，並發表出版《AIoT數位轉型在中小製造企業的實踐》、《EZ Palm程式設計》兩本著作。

郭國泰　國立陽明交通大學管理學院副院長、管理科學系主任 / 教授。擔任副院長期間，協助陽明交大管理學院於 2023 年通過 AACSB 國際商管學院再次認證，並與數個海外姊妹校建立合作關係。郭教授每年受邀至海外大學客座授課，包括法國 Burgundy School of Business、泰國 Assumption University 等，也多次受邀於 AACSB 亞太區年會演講。於陽明交大任教前，郭教授曾在輔仁大學任教十餘年，以及資訊安全軟體公司趨勢科技任職十餘年，隻身走過了二十多個國家，幫助趨勢科技開拓海外新事業，並曾擔任東南亞區域技術發言人，接受國際媒體如 CNBC Asia、CMP Asia 等訪問。郭教授的研究興趣包括國際企業、永續、創新，以及策略轉型，論文曾發表於 *International Business Review*、*European Journal of Management*、*Journal of Business Research*、*Clean Technologies and Environmental Policy* 等國際期刊。

張家齊　美國普渡大學消費者行為博士，現職為國立陽明交通大學管理科學系教授，兼任國立陽明交通大學管理學院副院長及 EMBA 執行長，並同時擔任正基科技公司的董事。擁有橫跨產學兩界的豐富經驗，經常受邀擔任業界公司的培訓講師，臺灣精品選拔、經濟部小型企業創新研發、教育部教學實踐研究等計畫評審委員。主要工作經歷為國立陽明交通大學管理科學系系主任、美林證券人力資源部的統計分析師及哇沙米新創育成中心總經理特助。研究領域專長包含消費者行為、服務性行銷、服務缺失與補救、消費者決策過程、行銷研究方法、電子商務、捐贈、善因行銷等。

張清標　正隆股份有限公司總經理，擁有中興大學森林研究所碩士以及交通大學EMBA管理碩士學位，於正隆服務逾40年，歷任正隆公司廠長、造紙事業部主管、執行副總、天隆造紙廠（股）總經理、中華製漿造紙技術協會理事長，亦是現任臺灣區造紙工業同業公會監事會召集人；除專精製漿造紙技術、循環經濟，亦擅長經營領導和營運判斷，具備豐沛的產業知識及國際觀。以成為亞洲低碳綠能新紙業為目標，領導正隆團隊聚焦「創新、循環、綠能」三大主軸，開創全臺最大回收紙再生規模，擴大循環再生量能，實現永續智慧造紙。率先業界以Scale for Good責任引領打造ESG永續生態系，超前布局綠色商機，成功打入國際品牌綠色供應鏈，讓正隆創下多項第一。

黃宜侯　美國紐約市立大學經濟學博士。現任國立陽明交通大學資訊管理與財務金融學系教授兼主任，並兼任國立陽明交通大學管理學院副院長，曾任國立交通大學管理學院國際事務室主任、元智大學管理學院英語專班主任、美國紐約市政府稅務政策室資深分析師、美國紐約市政府財政局分析師。英國高等教育學會高階會士，美國國際商業榮譽協會會員。研究領域為財務經濟、應用計量經濟、財務風險管理、行為財務，相關成果發表於*Journal of Banking & Finance*、*Journal of Derivatives*、*Review of Quantitative Finance and Accounting*、*Journal of Fixed Income*、*Journal of*

Behavioral Finance 等國際期刊。

黃怡穎　英國倫敦大學經濟與統計學系學士學位和國際管理學碩士學位。現職為台中精機總經理室協理，自 2010 年回到台中精機，將新觀念導入經營層及人事制度，提倡品牌再造，並逐步推動製造業數位轉型。2017 年成立台中精機薪火相傳二代聯誼會，協助客戶順利完成世代交替、薪火相傳的重任，並推動臺灣精密加工產業的轉型升級。近年帶領台中精機成功佈局零碳轉型，位於臺中市精密機械科技創新園區的營運總部，不但獲多國的建築設計獎，亦獲內政部頒發綠建築銅牌標章，成為綠色智慧工廠典範。2022 年率先加入臺灣數位企業總會的「零碳大學」，2023 年擔任臺灣數位企業總會理事長，致力「為客戶實現智動智造的無限零碳可能」，期能分享減碳方法學予上下游供應鏈，攜手共創零碳生態系。

黃淑儀　致力於淨零碳排，今時科技、舞雲智網共同創辦人，中央光電所畢業。2011 年至今 10 年有餘，實際執行節能減碳解決方案及開發綠色商模。節能方法橫跨空調、空壓、熱回收等，導入客戶除上市櫃公司更有連鎖企業、隱形冠軍等。任職於友達明基集團 16 年期間，製程、研發、PM、業務皆全面歷練，並擁有專利 21 項。現專長於零碳數位轉型、行銷業務、供應商及流程管理等，並實際進行資料分析及節能專案建構。成功將新綠色商模有效導入客戶端，團隊累計省下超過 1 億新臺幣的電費。

黃銘文　國立中山大學化學系學、碩士；國立交通大學管理學院 EMBA 畢業，現任濾能股份有限公司創辦人暨董事長。2014 年以「go clean, think green」理念創立濾能股份有限公司，研發設計生產半導體級化學濾網與微汙染濾淨設備，核心產品主要應用在半導體先進製程，希望做到友善地球，並創造環境、公司、顧客共贏的局面。2017 年榮獲百大 MVP 經理人，2018 年榮獲第 15 屆國家品牌玉山獎最佳產品類，2019 年榮獲經濟部第 42 屆創業楷模獎，2021 年榮獲第 30 屆國家磐石獎和 110 度中山大學傑出校友，2022 年榮獲亞太傑出企業獎之卓越企業管理獎。

趙永潔　美德州大學奧斯汀分校（University of Texas at Austin）商學管理碩士、臺灣大學會計學系學士、美國及臺灣會計師考試合格。現職為資誠聯合會計師事務所永續發展部會計師、資誠永續發展服務公司執行董事、台北市會計師公會第一屆永續發展委員會副主任委員。主要經歷包含資誠聯合會計師事務所企業永續發展服務協理、資誠聯合會計師事務所全球資本市場暨會計諮詢服務組協理、資誠聯合會計師事務所審計服部。專長為永續報告書諮詢及確信服務、溫室氣體確信服務、利害關係人議合及國際永續評比、永續藍圖與制度諮詢服務等；於全球資本市場暨會計諮詢服務之專長為海外存託憑證及可轉債發行諮詢服務等。

鍾惠民　美國密西根州立大學經濟博士，現職為國立陽明交通大學管理學院院長暨資財系教授，王道經營管理研究中心

（sustainability leadership research center）主任，證券市場發展季刊主編與公司治理國際期刊（Corporate Governance: An International Review, SSCI）主編。主要工作經歷為國立交通大學 EMBA 學程主任兼執行長。鍾教授具有廣泛的研究興趣，研究成果包含公司治理、ESG、高科技公司管理和金融市場等。並在 EMBA 高管教育和博士課程中廣泛任教。鍾教授為高科技公司、數位金融、ESG 和創業投資開發了有關財務管理的課程和案例，並與劉助博士合作推動高階主管的商業模式分析課程。

蘇信寧　美國伊利諾理工學院機械材料與航太工程研究所博士，國立臺灣大學化學研究所碩士，現職為國立陽明交通大學科技管理研究所教授，兼任管理學院 AACSB 執行長、後 EMBA 執行長與王道經營管理研究中心副主任，亦擔任經濟部商業司計畫審查委員、經濟部國貿局計畫審查委員、工研院品質典範案例評選委員、國科會計畫審查委員、《科技管理學刊》（*TSSCI*）執行編輯與智財與大數據領域主編，International Journal of Technology Intelligence and Planning 編輯委員。研究興趣橫跨「王道經營管理」、「ESG 永續治理」、「科技創新管理」、「巨量資料分析與管理」、「智慧財產管理」等相關領域。於傳統科技管理領域中系統性架構出跨領域永續創新智慧，藉此培育學生跨領域素養、提升企業永續競爭力與加速產業升級為終生職志。

（以姓氏筆畫排序）

目　次

第 1 章　淨零概況簡介

第一節　淨零相關議題

一、溫室氣體之形成與定義

十八世紀末的燃煤蒸汽機造就第一次工業革命；十九世紀末的現代石油工業驅動電氣化工業革命，開創了各式燃油交通工具的時代。然而，人類大量燃煤與石油等化石燃料，不但帶來酸性沉降物、空氣汙染等影響人類健康的惡果，更是造成大氣中溫室氣體的增加的主要原因。不僅如此，全球各地積極發展畜牧業、開墾山林，以大量養殖的肉牛、豬隻等牲畜供應人類肉食，更是悄然釋放溫室氣體的元兇。

這些溫室氣體（greenhouse gas, GHG）的大量排放，導致過多的溫室氣體排放，使地球的溫室效應（greenhouse effect）異常加劇，造成全球暖化。事實上，大自然的溫室效應使得地球溫度維持於適合人類居住的水平。如果沒有溫室效應，地表的溫度會過低，不適合人類居住。但工業革命之後，人類排放過多溫室氣體導致溫室效應異常，因而產生全球暖化的現象。

全球暖化並不只是科學觀念，對於全人類所帶來的衝擊，每個人都能感同身受。極端氣候在全球各地屢破高溫紀錄，也帶來了暴風、乾旱、洪水、森林野火、物種滅絕等各種災難。

以2022為例，6月和7月間，熱浪鋪天蓋地席捲了歐洲、北非、中東和亞洲，許多地區氣溫攀升至攝氏40度以上，打破多個歷史紀錄，也使得全球各地災難頻傳。事實上全球升溫的趨勢，並非短期現象。由歷史資料可以看出，全球平均溫度在工業革命之後不斷攀升。在1880年代，全球每十年升溫僅攝氏0.08度，而1981年之後，全球每十年平均升溫高達攝氏0.18度，尤其以近十年來最為嚴重：2013年至2021年這段期間，有9年出現在人類史上最高溫前十名排行榜。

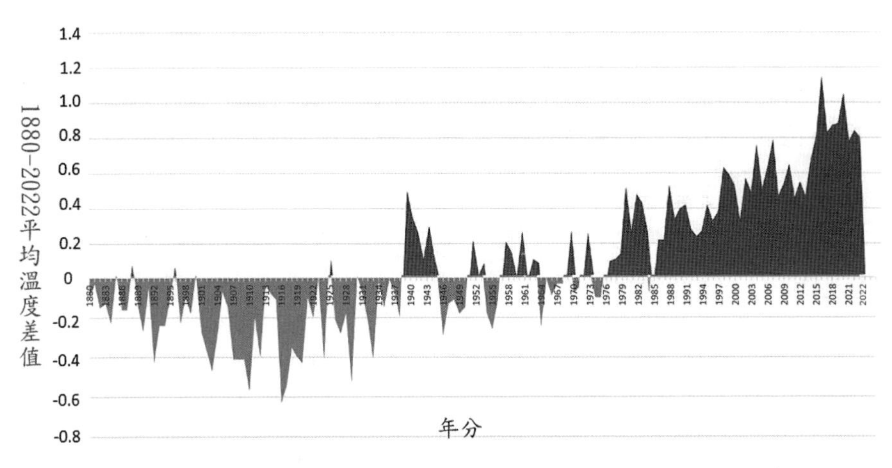

圖1　全球平均地表溫度（1880年至2022年）

資料來源：自行繪製 NOAA Climate.gov, based on data from the National Centers for Environmental Information

因此，控制溫室氣體的排放，是遏止全球暖化以及氣候異常不可或缺的政策。如果沒有政策來控制並降低溫室氣體的排放，全球平均溫度繼續上升，整個世界終將面臨更多、更大的災難。

有關溫室氣體之定義，歐洲環境署（European Environment Agency）指出「溫室氣體乃是導致自然溫室效應的氣體。」。1997年，《聯合國氣候變化框架公約》締約會議上通過的《京都議定書》（*Kyoto Protocol*）定義下的溫室氣體共有六種：二氧化碳（carbon dioxide, CO2）、甲烷（methane, CH4）、氧化亞氮（nitrous oxide, N2O）、氫氟碳化物（hydrofluorocarbons, HFCs）、全氟化碳（perfluorocarbons, PFCs），以及六氟化硫（sulfur hexafluoride, SF6）。另外，根據臺灣受《京都議定書》影響、於2015年在立法院通過的《溫室氣體減量及管理法》，除了上述的六種溫室氣體外，另新增了三氟化氮（nitrogen trifluoride, NF3）等氣體作為其定義。各種溫室氣體中，造成全球暖化最關鍵的是二氧化碳，雖然甲烷的暖化效應為二氧化碳的72倍，但由於二氧化碳是人為排放量最多的溫室氣體，大約貢獻了65%的全球暖化，因此，降低大氣中的二氧化碳濃度，對於抑制全球暖化來說，極為重要。也因為如此，在許多氣候變遷管理相關的用語中，常出現「碳」（carbon）這個字，例如減碳（carbon reduction）、脫碳（decarbonization）等。

事實上，控制溫室氣體排放，包含了上述所有的溫室氣體，並不僅限於二氧化碳，但為了方便易懂，常常以「碳」來描述。不同的溫室氣體對於暖化的影響程度，也常轉化為「二氧化碳當量」（CO2e, carbon dioxide equivalent），用同一個單位來衡量與描述。例如，行政院環境部官網指出，2019年臺灣各種溫室氣體排放當中，二氧化碳（CO2）為最大宗，約占95.28%，其次分別為氧化亞氮（N2O）1.71%、甲烷（CH4）1.67%、全氟碳化物（PFCs）0.49%、六氟化硫（SF6）0.33%、氫氟碳化物（HFCs）0.36%、三氟化氮（NF3）0.16%。而這些溫室氣體的影響全部轉化為二氧化碳當量，為287.06百萬公噸二氧化碳當量。

控制溫室氣體的排放，並非單一組織或國家所能完成，必須仰賴全球各國公、私部門以及各種組織齊心協力，才能有效降低溫室氣體排放。因此，許多國際協議、倡議組織紛紛成立，而許多國家的政府也紛紛承諾減碳或在某個時間點（例如2050年）達到碳中和（carbon neutrality）或淨零排放（net zero emissions）目標，並推動不同的法規，來遏阻全球暖化進一步惡化。

自1995年以來，《聯合國氣候變遷綱要公約》（*United Nations Framework Convention on Climate Change*, UNFCCC）的簽署國每年都聚集在締約國大會（Conference of the Parties，簡稱COP或氣候峰會）上討論氣候變遷之因應措施。COP是全球規模最大、歷史最悠久的氣候會議，其主要目標是評估氣候變化狀況並制定與氣候相關的協議和規範。COP每年由不同的國家主辦，第一屆的COP1於1995年在德國柏林（Berlin, Germany）舉行，第二屆的COP於1996年於瑞士日內瓦（Geneva, Switzerland）舉行，而截至本文撰寫前最新的兩屆COP，是2021年於英國蘇格蘭格拉斯哥（Glasgow, Scotland, UK）所舉辦的COP26，以及於2022年11月6日至18日在埃及沙姆沙伊赫（Sharm El Sheikh, Egypt）舉行的COP27。

歷屆COP氣候峰會產生了許多深具影響力的協議，例如1997年在日本京都舉行的COP3會議，制定了溫室氣體減排目標的《京都議定書》（*Kyoto Protocol*）最終獲得了峰會的核准。2015年，在法國巴黎舉行的第21屆聯合國氣候變遷大會（COP21）會議期間，由各國同意將以《巴黎協定》（*Paris Agreement*）取代《京都議定書》。在《巴黎協定》中，各締約國承諾將致力於減少溫室氣體排放，目標是在本世紀末將全球增溫幅度控制比工業革命前的均溫高攝氏2度以內，同時也指出，如果能控制在攝氏1.5度的增溫幅度以內，將能有效降低氣候變遷所帶來的衝擊與風險。欲達成此一目標，全球溫室氣體排量放必須在2030年減半，並於2050年的時候達到淨零。

第26屆的COP26，原本預計於2020年舉辦，但由於COVID-19疫情影響，延後至2021年底10月31日至11月13日這段期間，於英國蘇格蘭格拉斯哥舉行。COP26與會各國歷經激烈的辯論和談判後於2021年11月13日達成協議，簽署《格拉斯哥氣候公約》（*Glasgow Climate Pact*），訂定控制未來升溫上限於攝氏1.5度以內的目標，同時，也史無前例地明確表述減少使用煤炭的計劃，並承諾為發展中國家提供更多資金，來幫助它們因應氣候變化。而中美兩大國也出乎意料地發表聯合聲明，承諾未來10年加強氣候變遷方面的合作。COP27達成一項突破性協議——為遭受氣候災害重創的國家提供「氣候賠償基金」。但關於哪些國家該向氣候賠償基金付款等具有爭議的問題，乃被延遲至明年的會議再行討論。據聯合國新聞稿，聯合國氣候變化執行秘書西蒙·斯蒂爾

（Simon Stiell）於閉幕會議中提醒，若各國政府持續實施當前的氣候與能源政策，至本世紀末全球溫度將上升攝氏2.5度；若要控制在攝氏1.5度之內，2030年前溫室氣體排放量相較於2010年的排放量最少必須降低45%。

雖然歷屆COP對於全球溫室氣體減排產生了相當程度的貢獻，但目前的承諾以及投入，其實仍不足以將全球升溫於本世紀末之前控制在攝氏2度以內。研究顯示，如果沒有任何政策，全球平均溫度到了2100年將上升攝氏4.1至4.8度；以目前既有的政策來推估，全球均溫到了本世紀末將上升攝氏2.5至2.9度；如果全球各國都能確實執行政策來達到承諾的減排目標，全球均溫到了2100年仍將上升攝氏2.1度。欲將全球升溫在本世紀末之前控制在攝氏2度或1.5度以內，有賴全球各國更積極的投入，才有機會實現。圖2顯示了全球溫室氣體排放以及各種暖化情境的推估與分析。

二、淨零的重要性與影響

全球化使各國產業鏈串聯，面臨俱榮俱損的情況，影響經濟成長的風險與機會因此牽一髮而動全身。近年來，各國除了面對Covid-19疫情所挾帶之衝擊，更需要著手處理愈加迫切的氣候變遷問題。全球多國為此共同制定淨零或是碳中和目標，促使全球政府與大型企業紛紛提出相應政策及轉型。在如此趨勢的推動下，各國企業將面臨高速轉型的風險。首先，有關於法規政策，實行碳稅將直接影響生產成本，例如：歐盟所推出的「碳邊境調整機制」（Carbon Border Adjustment

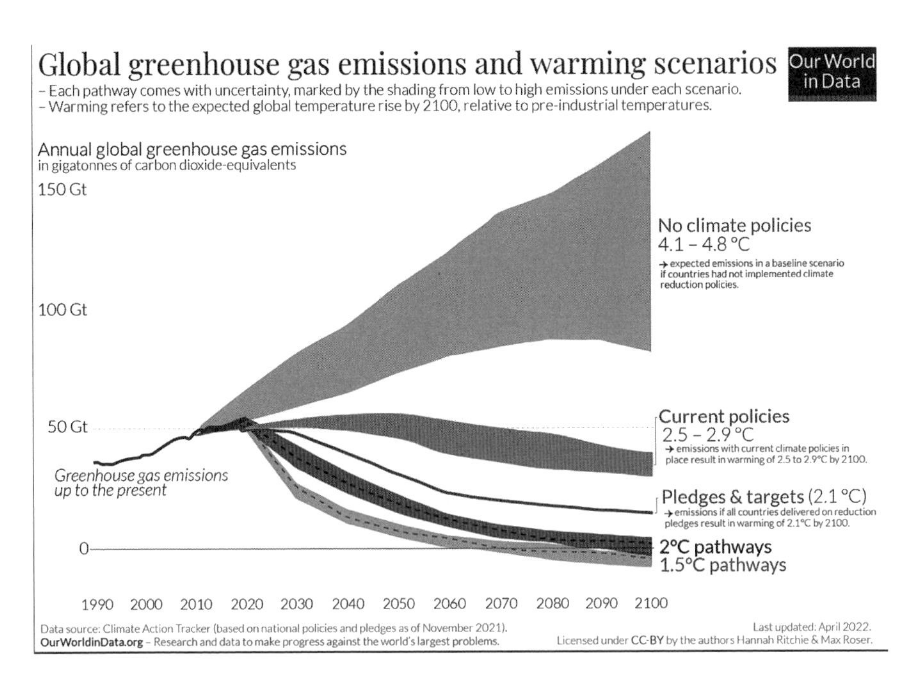

圖 2　全球溫室氣體排放以及暖化情境分析

資料來源：Ritchie, H.; Roser, M. CO_2 and Greenhouse Gas Emissions—Our World in Data. Available https://ourworldindata.org/co2-and-other-greenhouse-gas-emissions（9 /8/ 2022 造訪）

Mechanism, CBAM）即是相應而生之措施，而「供應鏈減碳」牽動著產業上下游的運作，勢必也會成為企業所需面臨的挑戰。企業投資時需考量「科技風險」，其意指科技的進步飛速所帶來的顛覆性技術，將淘汰由舊有技術所支撐的市場。全球環境與政策變化所帶來的各式風險，將會強化投資者對企業 ESG 議題的考量，而企業為獲取資金則需審慎考量 ESG 相關的永續策略並做出對應的承諾。

在日新月異的科技發展之下，未來有幾項趨勢是值得關注的機會，世界經濟論壇主席 Klaus Schwab 提及實現利害關係人責任（Stakeholder responsibility）及全球企業公民責任（Global corporate citizenship），需要以實現全球目標為導向的公共與私人合作平台，更需要系統領導（Systems leadership），連結商業、政治、經濟、社會、環境等全球議題。關於世界經濟論壇打造關於第四代工業革命、產業轉型、自然與氣候、全球與地域合作等中心，及全球科技治理等高峰會，目的也是要連結全球多國共同面對全球風險。

關於2030年的永續計畫的實踐，也屬於未來的潛在機會，像是科技永續：包含6G時代的來臨、自駕車實現 Level 5、再生能源車達市占率的20%、AI 成熟提供服務機器人、元宇宙的發展；或是訂製符合環境永續規範的策略：歐盟所制定的「碳邊境調整機制」（CBAM）將於2026年生效、第26屆聯合國氣候峰會（COP26）決議於2030年達成30%甲烷減量、2050年完成淨零排放目標，2030年，Apple 希望在其供應鏈中實現100%的碳中和等，平台串聯全球及各項組織的碳相關目標，都是值得持續關注的趨勢，並期許接下來能持續有化風險為機會的新科技和作為，再者淨零也帶來綠色產業及能源的發展，像是開發新的農業生產方式，發展促進循環經濟的新能源、材料，或是永續城市的發展都是未來機會，此書，以中小企業業主、公司淨零專案負責人、公司董事會為目標讀者，透過探討各項面對淨零及ESG議題衍生的新名詞和措施，甚或是揭露國內外企業相應的轉型和作為，期待與讀者們共同切磋與掌握未來淨零趨勢。

三、企業淨零之路

企業在面臨國際上各式的永續規範，以及各國陸續針對淨零碳排所研擬之路徑與法規時，為在日後仍具有獲取國際訂單的資格，以及避免被收取碳費、碳稅、碳關稅等成本，將逐步進行企業淨零轉型，以下是企業組織在經歷淨零排放路徑時，需要徹底了解並執行的概念與規定。

（一）盤查

「碳足跡盤查」（Carbon Footprint Verification, CFV）是計算特定地點和時間限制內的碳足跡，並將其提供給監管機構、消費者、員工、股東、投資者和競爭對手等外部對象的過程，使其對企業組織碳足跡計算的準確性、徹底性和開放性更加信任。

「三效合一數位碳盤查」提供企業最具效率的盤查架構，依能盤（能源盤查）、溫盤（溫室氣體盤查）、碳盤（碳盤查）的順序，並分別依據ISO 50001、ISO 14064、 ISO 14067的規範進行。能盤階段建立組織流程、資訊系統框架及推動變革管理；溫盤階段建立供應鏈協作；碳盤階段建立產品系統，並完成產品碳盤查工作。

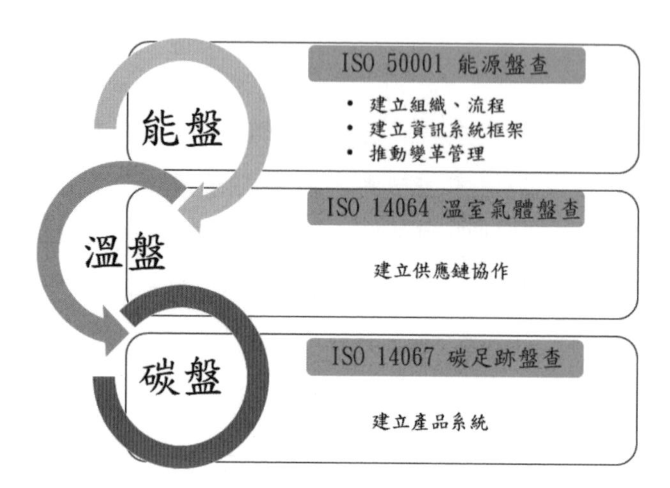

說明：三效合一數位碳盤查，係結合 ISO 50001、ISO 14064 與 ISO 14067 三項國際標準，以促進企業在能源、溫室氣體與碳足跡方面對盤查的重視。

圖 3　三效合一數位碳盤查

資料來源：自行繪製 陳來助 DigiZero 企業邁向碳中和的淨零轉型

對於每年的溫室氣體排放量，產業需登錄環境部的盤查登錄平台，計算其於生產期間所經歷的相關製程中，使用之電力、燃煤甚或造成含氟氣體逸散排放等碳排放來源進行溫室氣體排放之數量估計，其中更會記錄其使用的能源是否為生質能源。

國內進行碳盤查登錄之用意有二：其一，幫助企業確定其製造與業務過程中所排放之的溫室氣體總量和來源，以利未來訂定碳減量標準；其二，於盤查中記錄自身商品的碳含量，以因應未來出口需面臨之各國所定的排碳管制。

（二）碳減量

1997年通過的《京都議定書》對已開發工業國家的減碳義務進行規範。在第一個碳減排承諾期，從2008年到2012年，簽署國必須在1990年的基礎上再減少5%的溫室氣體排放量。儘管它為特定國家規定了碳減排目標，但大多數碳排放率高的國家未能做出相應的承諾。

2015年簽署的《巴黎協定》將升溫限制設定為相較工業化前的水平高出2°C，並努力達成1.5°C的升溫限制標準。此協定當中提及的「國家自願減碳貢獻」（Nationally Determined Contribution, NDC）則是作為實踐目標的主要機制，世界各國需要在經濟發展與碳減量中做出權衡，並訂定合適的減量目標。

參照IPCC所發行的《第六次評估報告》，其指出2010-2019年期間的平均每年溫室氣體排放量仍是持續上升的狀態，不過在此期間的排放量成長率低於2000年到2009年之間的成長幅度。此份報告指出各國所做出的NDC承諾於21世紀內將無法達成將升溫限縮在1.5°C的標準，至於2°C的升溫幅度限制是否能達成需仰賴於2030年後的碳減量作為。然而，國際上各國目前所實施的各項政策，卻是遠遠不足以達成目標的，其將導致全球溫室氣體排放量高於NDC所承諾的總排放量。

（三）碳中和

一個國家、企業、產品、活動或個人在特定時期內，通過減少或抵消碳排放量來達到碳平衡的狀態，這通常是通過減少直接碳排放或通過購買碳權來抵銷剩餘碳排放量來實現，為了實現「相對」零排放，企業將通過自我減排或外部抵消（Offsets）的方式抵消主體自身產生的二氧化碳或溫室氣體排放，並依照《PAS 2060 碳中和示範規範》揭露相關資訊。《PAS 2060 碳中和示範規範》係於 2010 年由英國標準協會（BSI）發布，其成為全球首個碳中和國際標準草案。它提供了全球標準化的定義、認證標準和聲明碳中和的方法。

企業淨零轉型的方法學中，（一）碳盤查階段透過能盤（能源盤查）、溫盤（溫室氣體盤查）、碳盤（碳盤查）量化企業組織的碳足跡，（二）碳定價階段將外部成本內部化，用創新能力達成自我減量，最終在（三）碳中和階段能以交易的方式，將企業組織無法減量的部位透過取得外部的減碳額度，達成碳中和目標。

2005 年在歐洲創建的歐盟排放交易體系（EU ETS）擁有 27 個成員國，是現有碳交易體系中最為成熟的體系。而中國碳交易市場在 2013 年成立，於 2022 年 7 月 16 日正式開放交易。由於市場有限，碳排放集中在少數企業。臺灣目前沒有碳交易，倘若真的成立交易所，也可能會出現流動性不足和參與企業短缺的問題，故現在臺灣的綠電市場上主要以再生能源憑證作為碳資產交易媒介。

（四）淨零排放

「淨零排放」（Net Zero Emission）為全球減碳行動的終極目標，各個經濟體、國家、乃至企業紛紛透過加入國際組織宣示其減碳決心。為了實現《巴黎協定》的目標，於本世紀內將全球平均氣溫上升控制在 2℃標準之內，國際上許多國家及地區皆承諾在未來達成淨零排放（Net Zero Emission），意旨停止或減少所有的溫室氣體排放至淨值為零，只有能夠真正從大氣中去除溫室氣體的技術，例如碳捕獲和儲存，才能用於抵消，若是無法減排的溫室氣體如冷卻用含氟氣體，則須以工業導向的負碳排技術輔助。

根據英國能源與氣候情報部門（Energy & Climate Intelligence Unit）的數據，於 2021 年 2 月，已有 120 多個國家提出其經濟體的淨零碳排放目標。2015 年，這些國家的碳排放總量為 263.38 億噸，佔全球總排放量的 60% 以上。多數國家如美國及歐盟將淨零排放目標訂於 2050 年，中國訂在 2060 年，印度則訂在 2070 年。而不丹及蘇利南共和國兩國皆因產業結構非重工業為主，且境內森林面積廣，目前已達淨零排放。

（五）負碳排

「政府間氣候變化專門委員會」乃是聯合國機構之一，其常見問題集報告中定義：二氧化碳去除（Carbon dioxide removal，簡稱 CDR）也被稱為負碳排放，指的是在特定時間段從大氣將二氧化碳移除的過程。

CDR 有兩種主要的類型：第一，強化從大氣中去除二氧化碳的自然消除過程，在此指的自然消除過程為植物於成長過程中吸收二氧化碳行光合作用，或是空氣中的二氧化碳被土壤、海洋等碳匯所收存。常見的 CDR 方法包含植樹造林，此類型方法也被稱為「生物能源與碳捕獲和儲存」（Bioenergy with carbon capture and storage，簡稱 BECCS）；另一種 CDR 技術則是「直接空氣碳捕獲和儲存」（Direct Air Capture with Carbon Storage，簡稱 DACCS），其使用化學方法將二氧化碳從空氣中提取並存放在地下深處。

Bioenergy with Carbon Capture and Storage (BECCS)
生物能源與二氧化碳捕獲和儲存

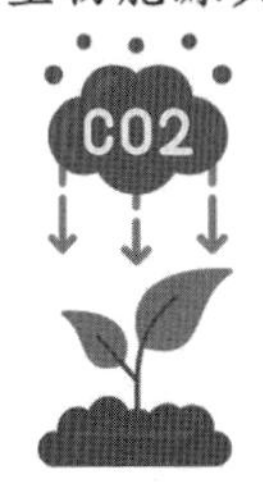

植物和樹木在生長過程中吸收二氧化碳（CO2），然後將植物材料（生物質）轉化為生物能源。

在生產生物能源時釋放的二氧化碳，在到達大氣層之前被捕獲並儲存在地下。

Afforestation and re-forestation
造林和重新森林化

造林(植樹)和重新森林化(在以前存在森林的地方重新植樹)增強了自然的二氧化碳汲取源。

說明：碳消除與碳捕存是兩種將大氣中的二氧化碳氣體移除的方式，其中包含種植樹木使其吸收碳、用碳捕存技術將二氧化碳封存在地底等方法。

圖 4　二氧化碳去除方法示意圖

資料來源：自行繪製 政府間氣候變化專門委員會 二氧化碳去除（CDR）之方法

第二節　全球淨零之目標、倡議與行動

一、COP26

自 1995 年以來，《聯合國氣候變遷綱要公約》（United Nations Framework Convention on Climate Change, UNFCCC）的簽署國每年都聚集在締約國大會（Conference of the Parties，簡稱 COP）上討論氣候變遷之緩解措施，COP 是全球規模最大、歷史最悠久的氣候會議，其主要目標是評估氣候變化狀況並制定與氣候相關的協議和法規。

締約方大會歷來產生了許多著名的決定，包括 1997 年在日本京都舉行的 COP3 會議。制定了主要針對二氧化碳的精確減排目標的《京都議定書》（*Kyoto Protocol*）最終獲得了峰會的核准。2015 年，在法國巴黎舉行的第 21 屆聯合國氣候變遷大會（COP21）會議期間，由各國同意將以《巴黎協定》（Paris Agreement）取代《京都議定書》。《巴黎協定》指出，各方締約國將致力於推進減少碳排放的政策，目標是在本世紀末將世界溫度的上升限制在不超過 2 度的攝氏溫度，更理想的狀態是不超過 1.5 度的攝氏溫標。

第 26 屆聯合國氣候變遷大會（COP26），2021 年底由 197 個締約國所舉行，其舉辦的主要目的是讓各國政府規劃如何於 2050 年實現淨零排放的願景，以及到 2030 年前應如何加大碳減排力度和提升減碳速度，提出具體規劃和路線圖，以達成到本世紀末全球平均氣溫上升不超過 2 攝氏溫度的目標。

二、臺灣

到目前為止，國際上已有 124 個國家宣布其到 2050 年實現淨零排放的承諾，臺灣也身列其中。2022 年 3 月，國家發展委員會發布《臺灣 2050 淨零排放路徑》，期望藉由「能源」、「產業」、「生活」及「社會」之四項轉型戰略，配合「科技研發」、「氣候法制」兩項治理方針，以實踐 2050 年的淨零轉型目標。

此項轉型規劃預計將帶動私部門投資、促進經濟成長並創造綠色就業機會。其中，「2050 淨零碳排路徑圖」，更將淨零轉型細分為五大路徑規劃，選定「建築」、「交通」、「工商業」、「電力」及「負碳技術」五大面向，並依照各階段滾動式調整目標。

建築面向將於 2030 年由公部門示範，其新建公共建築應達到 1 級能效或淨零碳建築的水準、2040 年則需要將一半的建物改善為建築效能 1 級或淨零碳建築、2050 年實現所有新建建物及 85% 以上之建物都屬於淨零碳建築。

交通面向規範電動公車在城市區域的普及率需在 2025 年時提高到 36%、在 2030 年實現城市公車和公務用車 100% 電動化，電動機車與電動車銷量占比分別達到 30% 及 35% 的標準、2040 年則需達成電動機車與電動車皆為 100% 銷量占比之成效。

工商業面向擬在 2030 年實現 15% 的製造業用電使用綠色電力，100% 的商業應用使用 LED 照明，優化空調運行 60%，並於 2040 年由產業引入使用氫的低碳工藝進行煉鐵。

2050年，預計氫能煉鐵技術、二氧化碳回收、碳氫燃料合成等所有低碳技術將全面實踐於工業領域。

電力之面向規劃在2025年後停止建造新的煤氣發電廠、於2030年使積累之光電、風力裝置容量數達40百萬瓩（GW）、2035年實現100%的智慧電表部署普及率；2040年煤氣發電廠導入碳捕獲、封存、再利用（CCUS）技術加以應用、2050年以可再生能源占60～70%，氫氣9～12%，火力加碳捕捉與封存（CCUS）20～27%，抽蓄水力1%作為電力的能源配比目標，並期望智慧變電所比率能達到100%的標準。

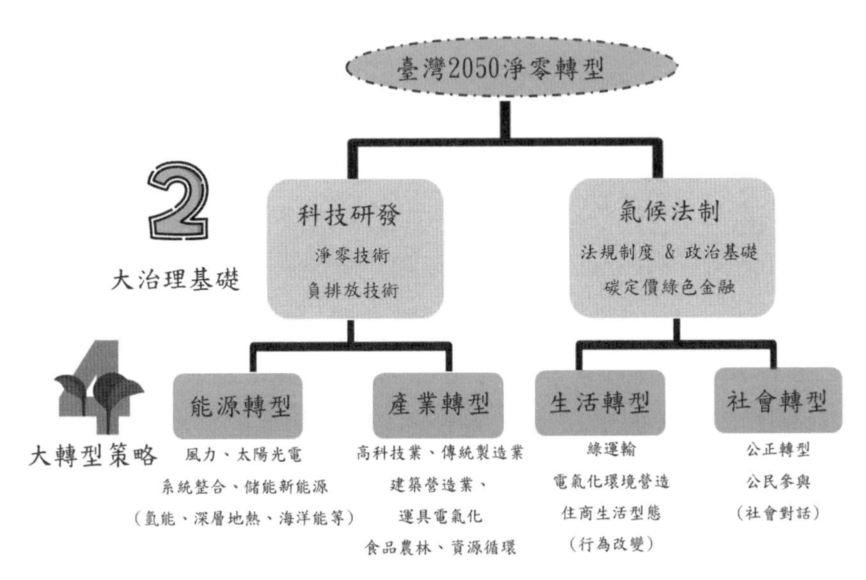

圖5　臺灣2050淨零轉型政策說明圖

資料來源：自行繪製 行政院國發會111年3月30日 臺灣2050淨零碳排路徑及政策說明聯合記者會對外說明簡報

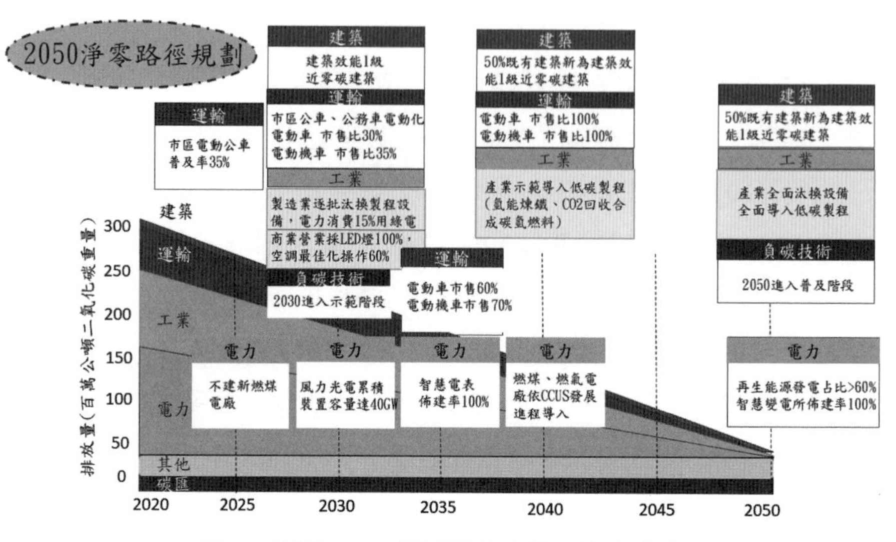

圖 6　臺灣 2050 淨零排放路徑及策略總說

資料來源：自行繪製 國家發展委員會 臺灣 2050 淨零排放路徑及策略總說明

三、美國

美國乃是現今人均碳排放量最多的國家，能源大多依賴石油及天然氣（80% 以上），但可再生能源的使用有增加趨勢。美國宣示在 2030 年將二氧化碳排放量至少減少至 2005 年水平的 50%，並在同年有一半的市售新車為電動車，並承諾將在 2050 年達到碳中和。

四、歐盟

目前德國、意大利和波蘭是歐盟最大的二氧化碳排放國，總體來說，歐盟的溫室氣體之排放量有逐年減少的趨勢，但當前困境是各國財政和技術能力各不相同，可能導致未來幾年的減碳進度不一致。歐盟宣稱將於 2030 年實現 40% 的能源來自可再生能源，並於同年使碳排放量相較 1990 年的水準降低 55%，更承諾到 2050 年達到碳中和的目標。

五、其他國家

（一）中國

目前中國所排放之溫室氣體總數為世界第一，並且經濟與工業體系嚴重依賴煤炭發電。而中國已表示在 2030 年，其碳排放量將達到峰值，而其能源需求當中的 25% 將由非化石能源滿足，到 2060 年實現碳中和。

（二）印度

目前電源供應極度依賴煤炭（70%），以 2030 年將「排放強度」降低 33-35% 為目標，並宣告同年將有 40% 之電力容量來源為非化石能源發電。印度宣示在 2070 年達到溫室氣體淨排放為零，這個目標相較 COP26 多數與會國家晚了十年。

（三）俄羅斯

石油及天然氣是俄羅斯推動經濟的主力，俄羅斯超過 20% 的生產總值（GDP）來自化石燃料。到 2030 年，俄羅斯承諾將其碳排放量自 1990 年的基礎上減少 30%，到 2060 年，則期望能實現碳中和，不過近期俄烏戰爭為其未來的經濟及政策帶來許多變數。

第三節　政府立法草案與規範

一、臺灣

（一）淨零目標

國際社會積極推動2050年淨零排放，促使各國政府訂定相關的碳管制措施。臺灣身為出口導向經濟體，將會面臨出口商品也須受到碳排放含量限制、須支付碳關稅、碳稅或碳費的威脅，因此本國政府宣布與世界同軌，2050 達到淨零排放。國家發展協會因此公布「臺灣2050淨零排放路徑及策略」以引導產業綠色轉型。

（二）臺灣2050淨零排放路徑及策略

國發會於2022年第一季末發布之「臺灣2050淨零排放路徑及策略總說明」，透過規劃到2050年的淨零路徑與策略，以促進業界綠色轉型、增加企業於淨零排碳的相關投資。

其中，《十二項關鍵戰略》整合各公部門資源，為能源、產業、社會轉型制定細項戰略，其中在電力供給面增加風電、光電、氫能與基載型地熱與海洋能等前瞻能源之供應，並改善電力系統與發展儲能技術；於需求面則推廣低碳節能措施、碳捕獲與儲存技術、電動化和無碳運輸。執行造林累積自然碳匯等策略，以利各產業與民間淨零轉型行動計畫的進行。

2030年至2050年淨零轉型計劃之預算接近9000億元，其中的分配如下：可再生能源和氫能占比最多，共有2107億元預算，而其次為電力基礎設施和儲能的2078億元，位列第三名的運具電動化之預算編列為 1683 億元，另外還有 1280 億元用於鍋爐更換和節能措施。

圖 7　臺灣 2050 淨零 12 項關鍵策略

資料來源：自行繪製 國家發展委員會 臺灣 2050 淨零排放路徑及策略總說明

表 1　臺灣 2050 淨零排放路徑及策略總說明

臺灣 2050 淨零排放路徑及策略總說明		
再生能源及氫能	2107 億	24%
電網及儲能	2078 億	24%
低碳及負碳技術	415 億	5%
節能及鍋爐汰換	1208 億	14%
運具電動化	1683 億	19%
資源循環	217 億	2%
森林碳匯	847 億	10%
淨零生活	210 億	2%

資料來源：自行繪製 國家發展委員會 臺灣 2050 淨零排放路徑及策略總說明

二、金融監督管理委員會（簡稱金管會）

（一）淨零目標

金管會與國發會之「2050淨零排放路徑」減碳政策相輔而行，發布「公司治理3.0——永續發展藍圖」，期望推動綠色金融將資金引導至積極推動永續發展之企業。

（二）淨零策略

1. 公司治理3.0——永續發展藍圖（2020）

金管會透過公布「公司治理3.0——永續發展藍圖」推動五大核心願景，以期本國之上市櫃公司能與國際趨勢接軌：

（1）通過加強董事會職能，增加企業永續價值

到2024年，首次公開上市櫃的企業以及實收資本額超過100億元的上市櫃銀行和保險公司，需要有佔三分之一以上的獨立董事席位。2023年後，實收資本額逾20億元以上的上市櫃企業必須設立公司治理主管、成立提名委員會等措施。

（2）增加企業資料開放程度，推進永續管理

為增加企業於環境、社會及治理（ESG）方面之資訊揭露，金管會要求2023年後，實收資本額逾20億元之上市櫃企業編撰並公布其公司之永續報告書。

（3）加強利害關係方溝通，創造有效互動管道

為保障股東參與股東會的權益，金管會限制上市櫃公司之股東會於2022年起，每日召開家數自原本的90家調降至80家。

（4）接軌國際規範，引導盡職治理

由於外資參與本國企業之股票投資的比例持續上升，對股票市場的影響力漸增，金管會將參考國際機制以設定相關的治理規章，並成立利害關係人議和機制於全球投票顧問機構、國內上市櫃企業間，藉此蒐集各方意見，整合至公司的營運計畫中，善盡公司治理。

（5）深化企業永續治理文化，提供多元化商品

為使本國企業重視永續發展，金管會將推動與ESG相關之債券與永續發展金融商品，藉著市場機制引導資金進入注重永續發展的產業與公司。

2. 上市櫃公司永續發展路徑圖（2022）

金管會為配合臺灣2050年淨零目標，制定「上市櫃公司永續發展路徑圖」，規範上市櫃公司需接受溫室氣體盤查的資訊揭露時間表，藉由上市櫃公司與其供應鏈共同合作實現減碳計畫，以達成產業永續發產之藍圖。

三、環境部

（一）淨零目標與策略

國家發展委員會《2050淨零排放路徑及策略》目標指引，強化為因應氣候變遷永續發展議題所制定政策的執行面。另外，為配合國際碳關稅及供應鏈減碳的趨勢，環境部將積極推動碳定價與碳盤查機制。

（二）溫室氣體減量及管理法

於 2015 年三讀通過的《溫室氣體減量及管理法》，其係參考《聯合國氣候變化綱要公約》（UNFCCC）之協議與國內形勢為立法原則。此法以五年為間段，分階訂定階段排放之總量目標，並藉由排放交易及抵換專案等機制，逐漸推動碳排減量。此法之立法目的在於向各國宣示我國積極減碳之決心，以限制溫室氣體排放量等規範，使產業逐漸重視低碳發展，並協助產業朝著低碳排生產環境轉型。

四、美國 SEC Enhance and standardize climate-related disclosures

美國證券交易委員會（Securities and Exchange Commission，簡稱 SEC）在 2022 年首季公告「加強及標準化氣候相關揭露」規範的修正案，其要求國內外上市公司在其發行聲明和定期報告中揭露某些與氣候相關的資訊。此規定之修正旨在為投資者提供足以影響公司業務的氣候風險以及氣候變化時的可靠度及標準化數據，上市企業除了需要向外發布財務報表，也須一併揭露其於氣候轉型風險、溫室氣體（GHG）排放方面的管理措施、營運模式、未來前景與交易計畫。

五、歐盟 CBAM（Carbon border adjustment mechanism）

2021 年第三季初，歐盟所發布之「碳邊境調整機制」草案（Carbon Border Adjustment Mechanism，簡稱 CBAM）乃是「降低 55% 溫室氣體排放套案」（'Fit for 55' package）

其中的一項方案。其預計在2023年後開始三年的施行過渡期，並於2026年實際執行草案之規定。

歐盟要求鋼鐵、鋁、水泥、化肥和電力項目的進口商申報碳排放量。其正式在2026年實行後，若要將碳密集型產品進口到歐盟，要先計算需繳納的碳關稅並扣除已於出口國支付的排碳成本、進口產品於歐盟的免費排放額度，再購買足夠數量的CBAM憑證（CBAM Cerificates）。

CBAM為碳定價與關稅的混合機制，目的是要達到「排碳者付費」的效果，使碳密集型產品之進口商支付與國內廠商相同的碳排放價格，以經濟手段加速減碳。歐盟期望能藉由此草案以實現溫室氣體減排目標——「2030年碳排放量將比1990年減少55%」。

第四節　國際申報與登錄框架

一、GRI（Global Reporting Initiative）

「全球報告倡議組織」（Global Reporting Initiative，簡稱GRI）係因為石油洩漏而舉行的環境破壞抗議行動，於1997年由「聯合國環境規劃署」（United Nations Environment Programme，簡稱UNEP）以及美國非營利團體「對環境負責的經濟體聯盟」（Coalition for Environmentally Responsible Economies，簡稱CERES）所共同成立，並於2002年與CERES機構分離，正式成為聯合國底下的獨立國際化組織，其目的是創建一個問責機制，以確保企業能遵守負責任的環境行為，並將議題擴大到包含社會、經濟和治理問題。

GRI 非政府組織於 2000 年首次發行第一版的《可持續發展報告指南》，為永續發展報告提供了第一個全球性框架。至 2014 年陸續發布 3 個版本（G2~G4）。2016 年後，GRI 從發行指南轉變為制定首個有關可持續發展報告的全球標準——《GRI 標準》。此一標準逐步成為在國際上占有一席之地的永續發展報告框架，受到大量企業與組織的認可與引用。

聯合國可持續證券交易所（SSE）的 ESG 揭露指引數據庫圖表顯示，全球各大證券交易所引用的主流標準佔比如下圖，可以看到有 96% 的證券交易所皆採用《GRI 標準》作為引用工具。

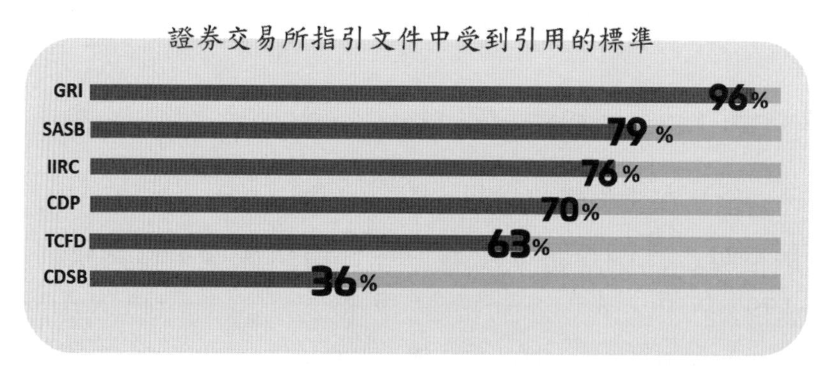

說明：GRI 標準是證券交易所最常參考、最普及使用的 ESG 揭露指引，其次為 SASB、IIRC、CDP 等。

圖 8　證券交易所指引文件中受到引用的標準

資料來源：自行繪製 聯合國可持續證券交易所（SSE）ESG 揭露指引數據庫 證券交易所指引文件中受到引用的標準

2023年年初發布的最新的GRI標準——《GRI通用標準2021版》，要求企業採用三個通用標準：「使用GRI準則的要求與原則」、「組織的背景資訊揭露之報告」與「關於組織的重大主題之揭露與方針」，並使用適合的產業標準（Sector Standards），並參照與企業相符的產業標準選擇自身相關的重大主題，再對照主題專項標準進行揭露。

二、PRI（Principles for Responsible Investment）

「聯合國責任投資原則」（Principles for Responsible Investment，簡稱PRI）是聯合國組織在2006年所公布的全球責任投資準則，其目標在於尋求負責任投資者的支持以實踐永續發展與氣候行動，並使投資業界重視ESG相關議題。PRI原則之簽署者需要遵守其所規範的六大原則：

（一）將環境、社會和治理（ESG）考慮因素納入投資分析和決策過程。

（二）將ESG議題納入所有權決策與活動，讓投資人行使積極所有權。

（三）投資者應要求其所持股公司適當發布ESG相關數據。

（四）鼓勵和促進產業界認可和使用PRI原則。

（五）共同合作提高PRI原則的實施有效性。

（六）將各自發布其實施PRI的活動與進展的報告。

截至2022年4月，共有超過5000名投資人簽署此項投資責任原則，他們所管理的資產總額超過121.3兆美元，資產規模年成長率高達17%。

簽署成長狀況

2022/4/1-2022/6/30

5,020 Signatories

上個季度新增118個簽署，在原本4920個的基礎上增長2.41%。

694 Asset owners

上個季度資產擁有者新增13個，在681個的基礎上增長1.91%。

121.3 US$ trillion

在103.4萬億美元的基礎上增長17%。

說明：截至 2022 年 4 月，有超過 5000 名投資人簽署此項投資責任原則，他們所管理的資產總額超過 121.3 兆美元，資產規模年成長率高達 17%。

圖 9　PRI 簽署成長狀況

資料來源：自行繪製 PRI 2022 April - June Quarterly signatory update（English）

三、TCFD（Task Force on Climate-related Financial Disclosures）

2015 年，「氣候相關財務揭露」（Task Force on Climate-related Financial Disclosures，簡稱 TCFD）係由「國際金融穩定委員會」（Financial Stability Board, FSB）創建，該組織對於企業應揭露的資訊類型提出建議，目的是為了提供與氣候變化相關風險適當的評估與定價標準，讓金融與非金融領域的公司參照並採用，藉此提高市場透明度，使企業能妥善適應低碳經濟環境，了解氣候相關風險所帶來之潛在財務影響，讓氣候機會與風險更容易被定價，從而使資本達成有效與合理的分配。

TCFD 的建議是讓企業揭露其四大元素，包含：「治理」

（Governance）、「策略」（Strategy）、「風險管理」（Risk Management）以及「標準與目標」（Metrics and Targets）。

（一）治理

公開企業要如何應對氣候風險和機遇等資訊，在此需描述管理層的評估以及董事會的監督情況。

（二）策略

揭露公司短期與中長期可能面臨的氣候變化威脅，對其運營、生產與財務面向將造成之實際和潛在衝擊，並描述組織應對不同氣候狀況的策略。

（三）風險管理

組織用於檢測、評估和管理氣候相關風險的方法應公開，並納入公司的整體風險管理。

（四）標準與目標

揭露用於分析和管理氣候相關風險和機遇的關鍵指標和績效目標。

TCFD 工作組成員由彭博公司創始人 Michael R. Bloomberg 作為主席，並由 31 個國際機構之代表所組成，其中包含資本、保險、管顧、大型非金融企業、會計與信用評等機構等。此外，TCFD 更擁有來自 95 個國家、超過 3400 個公、私部門的支持者。

四、SASB（Sustainability Accounting Standards Board）

「永續會計準則」（SASB）為「永續會計準則委員會」（Sustainability Accounting Standards Board, SASB）所制定，其在 2018 年發布之「重大性地圖索引」（Materiality Map）包含了 5 大關鍵要素、11 項產業類別、77 項行業類別與 26 項較普遍之 ESG 議題。參照 SASB 標準的企業需要將該產業財務、運營面向之環境、社會、與治理等 ESG 議題列出，並參考 SASB 準則，將其相關資料納入可持續發展報告。此標準正逐漸被業界接受，以便為投資者提供具有重大財務影響力的永續指標。SASB 準則委員會於 2022 年 8 月開始，被納入「國際財務報導準則基金會」（IFRS Foundation），並成立了首個國際可持續發展標準委員會（The IFRS Foundation's International Sustainability Standards Board，簡稱 ISSB）。ISSB 標準係以 SASB 準則作為基礎，將 SASB 標準所使用的基於產業之方法加入到 ISSB 的標準開發流程中。

投資者可以使用三種形式支持 SASB 標準，包含參與並成為「SASB 投資者諮詢小組」（SASB Standards Investor Advisory，簡稱 IAG）、「IFRS 可持續發展聯盟」（IFRS Sustainability Alliance）或「許可機構」（Licensing Organizations）的一員。

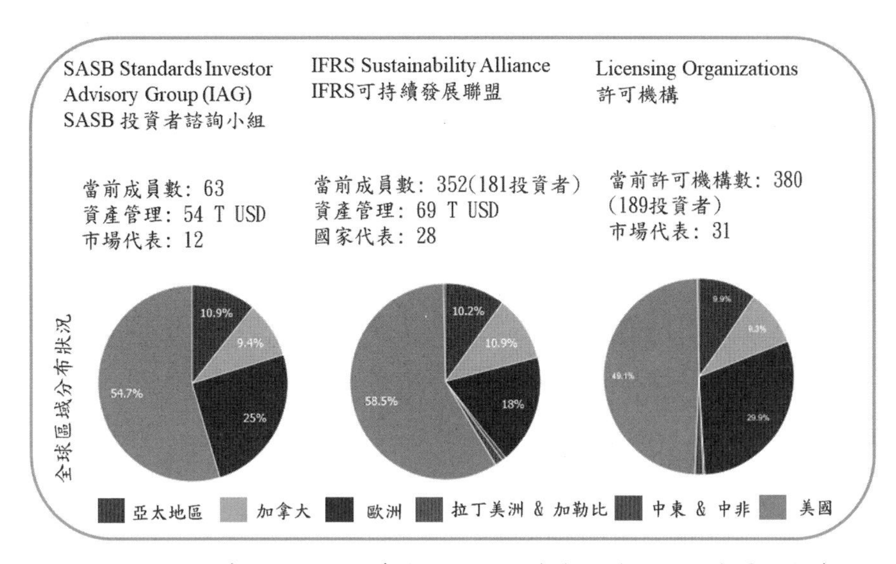

說明：IAG之數據顯示，現今參與SASB投資者諮詢小組的成員總數有63個，所管理的資產共有54兆美元；參與IFRS可持續發展聯盟的組織有高達352個，所管理的資產共有69兆美元；最後，有380個組織申請成為許可機構。另外，三種形式按國家區分的圓餅圖顯示SASB支持者是以歐美為大宗，顯見歐盟與美國之企業對永續面投資指標揭露的重視。

圖10 投資者支持SASB標準主要三種形式

資料來源：自行繪製SASB官方網站Global Use of SASB Standards

五、CDP（Carbon Disclosure Project）

碳揭露項目全球系統（CDP Global System，簡稱CDP Global）是一個國際非營利組織，旨在為公司、城市、州和地區運行全球環境揭露系統。CDP成立於2000年，與擁有超過110萬億美元資產的590多家投資者合作，率先利用資本市場的影響力激勵企業揭露其對環境的影響，並鼓勵各國組織注重溫室氣體排放之減量、保護水資源和保存森林資源。

CDP的願景在於藉由揭露全球各城市、州以及區域政府的氣候變遷與永續發展數據，使世界各國組織對環境影響與其風險做出管理、衡量與應對，讓投資者、公司、各城市和政府專注於發展永續經濟。

2021年10月，有超過13,000家公司、超過64%的全球市值以及有1100個以上的城市、州和地區，藉由CDP揭露了組織內部於2021年的氣候變遷、水資源安全或森林開伐的相關資料。自2020年以來，企業組織簽署者之成長率為37%，各州與地區的政府組織支持者則成長了20%；此外，CDP簽署者可以藉由CDP組織所製作的公司揭露追蹤器，持續性的提取並分析各企業對氣候變化與永續經濟的分數數據集，降低投資時所面臨的氣候風險。

第五節　永續評鑑之計算與檢驗方法

永續發展的實踐績效可以藉由以下多種經國際認可的指標將目標與進度量化，用以評估、追蹤及改善企業於ESG問題上所提出的策略與行動。

一、DJSI（Dow Jones Sustainability Indices）

「道瓊永續指數」（The Dow Jones Sustainability Indices，簡稱DJSI），係由美國標準普爾道瓊指數公司（S&P Dow Jones Indices）與蘇黎世永續評級機構（RobecoSAM）

共同推出之永續發展投資基準，結合知名指數供應組織的經驗與永續投資專家的專業知識，自 61 個產業中選擇最具有永續性發展可能的公司。該指數旨在協助投資人追蹤世界領先企業在經濟、環境和社會標準方面的表現。

DJSI 會根據「企業永續評鑑方法」（Corporate Sustainability Assessment，簡稱 CSA），以道瓊工業指數中的所有個股作為採樣母體，針對企業的環境保護、社會責任、公司治理三大面向評分，並得出各企業的可持續性分數。而 DJSI 將會選出各產業永續指數前 10% 的企業，並將其納入 DJSI 世界指數成分股。

二、S&P ESG index

標普 ESG 指數（S&P ESG index）成分股的選擇關鍵標準是標普道瓊 ESG 分數，此分數是以標普全球 ESG 評分為基準，而該評分係源自標普全球企業可持續發展評估（CSA）；標普全球 CSA── 是一個基於 ESG 的問卷分析過程，旨在確定企業有能力面臨可持續性發展的全球機會與挑戰。標普 ESG 指數於選擇成分股的過程，旨在使 ESG 指數的產業權重與標普 500 的大盤指數保持一致，增加 ESG 因素在投資者核心考量中的權重。

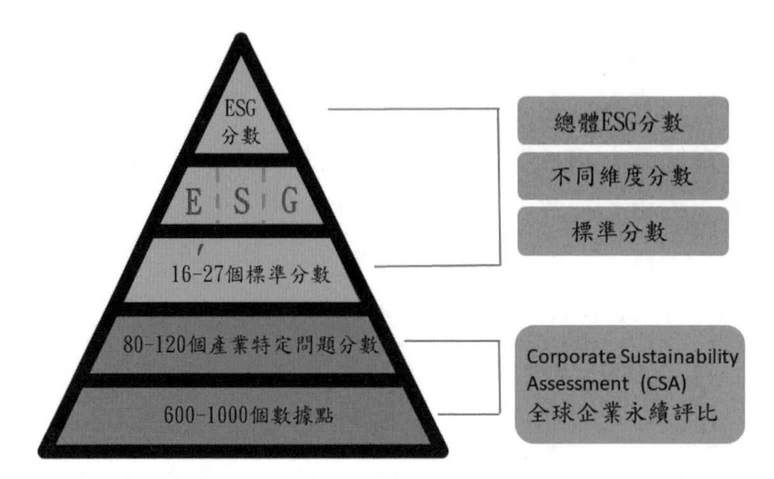

說明：標普 ESG 指數平均有 20 多個行業特定的標準分數可以作為參考，且是依據《標普全球 CSA》問卷所獲得的特定產業分數而定。

圖 11　標普 ESG 指數示意圖

資料來源：自行繪製 S&P DJI ESG Score Methodology

第六節　節能減碳相關之國際標準與規範

一、ISO 50001 能源管理系統

ISO 50001 能源管理系統係在 2018 年提供結構性方法協助組織提高能源效率。從建立管理團隊、制定政策、實施審查、建立目標、強化管理、舉辦內部訓練、內部稽核到落實管理審查，使能源管理從策略面延伸至執行面，有效建立組織所需的能源管理系統，減少能源消耗與支出，達到政府的減碳目標並提升企業競爭力。

二、ISO 14064 溫室氣體排放盤查

「ISO 14064：2018」提供政府及企業一套完整且明確的溫室氣體盤查（GHG inventory）機制，以有效申報和減少溫室氣體排放。ISO 14064 分為三個部分，分別詳述出組織層級、計畫層級的溫室氣體碳排基準與盤查規範。目前，業界已識別和監測七種溫室氣體，包含「二氧化碳」（CO2）、「甲烷」（CH4）、「一氧化二氮」（N2O）、「氫氟烴」（HFC）、「全氟化碳」（PFC）、「六氟化硫」（SF6）和「三氟化氮」（NF3）。

其細項有三：「ISO 14064-1」乃是在組織層面量化和報告溫室氣體減排量和清除量的指南；「ISO 14064-2」是一個包含量化、監控和報告指南的規範；「ISO 14064-3」則是確認和驗證溫室氣體聲明的指引。

根據英國標準協會（BSI），「ISO 14064：2018」以「報告邊界」（Reporting Boundary）取代「ISO 14064-1」，「ISO 14064-1：2006」中歸納碳排放時是使用運營邊界去規範報告邊界文件化的必要性，且必須量化直接溫室氣體排放，而組織外部的間接溫室氣體排放，則需要界定被納入報告邊界的類別。至於溫室氣體盤查類別則分為六類：

（一）直接碳排放和去除。

（二）能源輸入時之間接碳排放。

（三）運輸過程產生的間接碳排放。

（四）產品使用過程中產生的間接碳排放。

（五）與產品使用過程相關聯的間接碳排放。

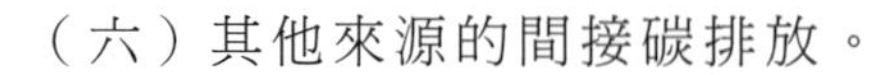

（六）其他來源的間接碳排放。

三、ISO 14067 產品碳足跡標準

ISO 14067 規範產品或服務在生命週期中的碳排放量計算與溝通的方法，以支持低碳經濟發展。根據英國標準協會，「ISO 14067：2018」將「產品碳足跡溝通方案」（Communication Programme）、「產品類別規則」（Product Category Rules）及「關鍵性審查」（Critical Review）有組織地與其他國際標準相連結。

「ISO 14067：2018」相較「ISO 14067：2013」新增了多項名詞，如「全球溫度變化潛力」（Global temperature change potential, GTP），使關注範圍由「全球暖化潛力」（Global warming potential, GWP）進而聚焦至測量溫室氣體排放後，所造成之全球平均表面的溫度變化。「碳足跡系統方法」（CFP systematic approach）指定一組技術來計算同一公司的多個項目的碳足跡，而「宣告單位」（Declared unit）是用於計算部分碳足跡（partial CFP）的產品參考單位。

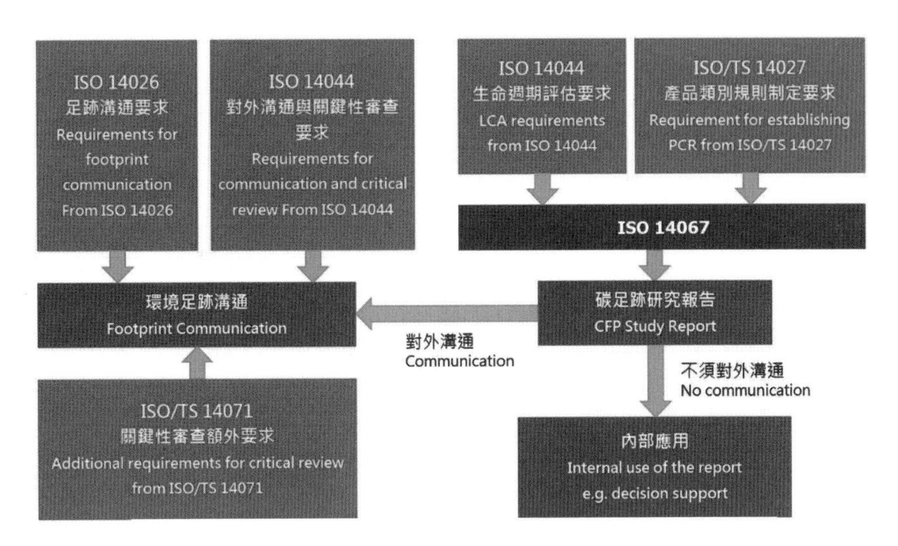

圖 12　ISO 14067 與其他國際標準的關聯性

資料來源：英國標準協會新版「ISO 14067：2018」碳足跡國際標準分析

四、PAS 2060

2010 年，英國標準協會（BSI）公布「PAS 2060 碳中和實施規範」（Specification for the demonstration of carbon neutrality），成為全球碳中和標準的首個國際草案，其中提及其標準定義、認證過程以及達到碳中和之方法。

第七節　永續承諾

一、SBTi（Science Based Targets Initiative）

「科學基礎減量目標倡議」（Science Based Target initiative, SBTi）係由「聯合國全球盟約」（UN Global

Compact）、「世界資源研究所」（World Resources Institute）、「世界自然基金會」（World Wildlife Fund）所發起的一項共有目標，是國際上知名的企業氣候目標標準制定方。

其願景是以基於科學的目標為企業減少溫室氣體（GHG）排放的目標提供明確的方法。至2022年，全球共有3000多家企業已經在與基於科學的目標倡議（SBTi）合作，期望能藉由科學方法讓更多公司實現溫室氣體減量、2050年將溫室氣體排放降至淨零的目標。

企業欲通過科學基礎減量目標審核，需要經由以下的五個申請步驟：

（一）簽署承諾（Commit）：提交並簽署一份資料，確定簽署人有設立基於科學目標的意圖。

（二）制定目標（Develope）：制定符合SBTi標準的減排目標。

（三）提交目標（Submit）：將目標提交給SBTi以進行官方驗證。

（四）宣告目標（Announce）：公布目標並通知利益相關人。

（五）揭露進度（Disclose）：每年報告公司的排放量和目標進度。

（六）由SBTi所提議之減碳排目標訂定法則有三種：

1.「絕對減排法」（Absolute Emissions Contraction）：不分業別，所有產業所設之目標相同，旨在讓各產業的碳排放量等比例下降。

2.「產業去碳化法」（Sectoral Decarbonization Approach, SDA）：將全球碳預算依照產業別的歷史碳排放量、產能等分配，適用於服務或產品單一化的產業。

3.「經濟強度減排法」（Economic Intensity Contraction）：以該企業毛利佔全球GDP的比率分配其碳預算。

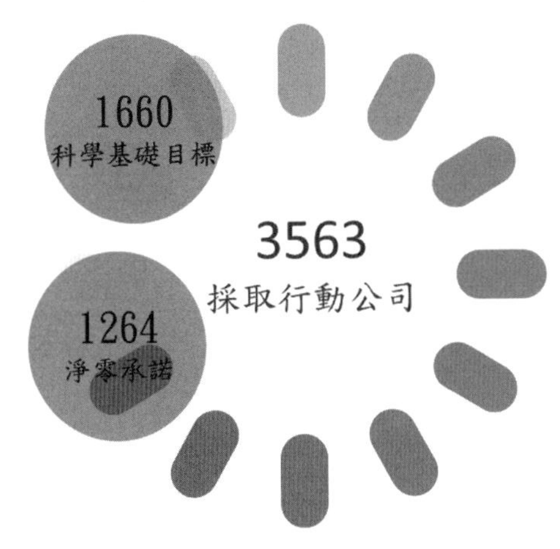

說明：目前SBTi共有1660個基於科學的目標、3563間合作企業以及1264個淨零承諾。

圖13　SBTi企業採行示意圖

資料來源：The Science Based Targets官方網站

二、RE100

「氣候組織」（The Climate Group）與「碳揭露計畫」（Carbon Disclosure Project, CDP）係全球氣候行動倡議——「RE100」的主導者，旨在從電力消耗的角度提升綠色電力的使用，加入此倡議的公司必須公開承諾其將於 2020 年到 2050 年間達成 100% 的綠色電力使用。

目前，全球有 300 多名商業成員是該組織的一部分。參與 RE100 的公司可以提高其業務的全球認知度。參與企業實際的行動包括：蘋果開始要求其在亞洲的供應商使用綠色能源、百威（AB InBev）在美國推出全面使用綠電製造之啤酒等範例。

RE100 的 100 多名成員當中共有 17 名臺灣企業成為其會員，其中包含了「大江生醫」（TCI）、「科毅」（Tridle）、「歐萊德」（Hair O'Right）、「葡萄王」（Grape King）、「台積電」（TSMC）、「菁華工業」（Kingwhale）、「台達電」（Delta Electronics）、「佐研院」（Jola Lab）、「宏碁集團」（Acer）、「聯華電子」（UMC）、「金元福」（KYF）、「華碩」（ASUS）、「美律實業」（Merry）、「安侯建業」（KPMG）、「台灣大哥大」（Taiwan Mobile）、「友達光電」（AUO）、「元太科技」（E Ink）。

三、EP100

除了承諾 100% 使用綠電的 RE100 之外，The Climate Group 也發起了 EP100 能源生產力提升倡議，旨在提升能源生產力（energy productivity, EP），加入的成員必須承諾 100% 建立能源管理系統、使用更少的能源創造更多的經濟價值來實現能源生產力加倍（EP 提升 2 倍）、擁有智慧綠建築並實際使用。國際上 H&M、香港國際機場、江森自控

表 2　RE100 臺灣企業加入時間整理

臺灣 RE100 企業加入時間整理			
大江生醫	2018.05	聯華電子	2021.06
科毅研究開發	2018.09	金元福包裝企業	2021.08
歐萊德	2018.11	華碩	2021.10
葡萄王	2019.12	美律實業	2021.10
台積電	2020.07	KPMG（安侯建業聯合會計師事務所）	2021.11
菁華工業	2020.12		
台達電	2021.02	台灣大哥大	2022.03
佐研院	2021.04	友達光電	2022.03
宏碁	2021.05	元太科技	2022.03

資料來源：自行繪製 RE100

（Johnson Controls）等企業家入，而臺灣則有大江生醫、科毅研究開發、台泥等企業加入。

四、EV100

除了 RE100、EP100 之外，The Climate Group 也發起了 EV100 電動車倡議行動，主要目標在於提倡交通載具電動化，藉由電動化基礎建設，來降低傳統燃油排碳，解決全球暖化和空氣污染問題。加入的成員必須公開承諾在 2030 年以前，將其自有或租賃車隊全面電動化，並建置充電設施鼓勵其員工與客戶使用，或是與電動車車隊以計程車、短租、共乘等方式合作，將運輸工具電動化。國際上已有 Lyft、HP、聯合利華、Ikea、百度、AEON 等企業響應 EV100，而臺灣則有台達電等企業加入倡議。

第八節　企業面對淨零的風險與機會

國際化企業在全球各組織與政府宣布在2050達到淨零排放後，勢必將為了淨零轉型面臨許多經營風險與機會，本節將探討各國尚在研擬的各項淨零政策，以協助讀者參考並理解「市場」、「法規」、「技術」與「資金」層面可能會帶來的淨零機會與風險。

一、碳相關名詞解釋

（一）碳權交易

碳權（Carbon Credit）指的是碳排放權，碳權交易是指在碳排放市場上，碳排放權的買賣交易，而碳權交易的目的是限制溫室氣體排放，通過讓排放高的企業購買排放低的企業的剩餘排放配額來實現減排目標，且交易通常通過二氧化碳排放權交易系統或碳欠權交易系統進行，若組織尚未達到溫室氣體排放量的上限，可以把尚未使用的部分出售給另一家不符合減排目標的公司，透過市場機制可以讓碳排放權達到最適定價與分配。以高排碳量的汽車行業為例，2021年歐盟實施新的「每公里碳排放量95克」門檻，但2019年的數據顯示，歐盟汽車平均碳排放量為每公里122.4克。這使得無法執行碳排放量達到標準的汽車廠商，只能去交易所獲取碳排放權以繼續在歐盟境內販賣車輛。特斯拉是目前汽車市場上碳權交易獲利最突出的公司，根據《經濟日報》的數據，2021年第一季度，特斯拉公司的碳權利銷售額達到5.18億美元，超過了其於汽車製造和銷售的核心業務。

全球目前有四檔與碳權相關的ETF，其中只有KRBN擁有優秀資產。截至2021年底，其資產規模累計高達14.1億美元。KRBN更持有著歐美市場交易量最多的碳權期貨合約，自首次公開發行以來價格已上漲84%，而其目前的價格則相當於每噸37美元的加權碳價。

（二）碳費

碳費是一種政府收費的方式，通過對每單位二氧化碳或其他溫室氣體排放徵收費用來減少溫室氣體排放，目的是通過財政手段來限制溫室氣體排放，促進可持續發展和環境保護，並為政府提供資金來支持這些目標。臺灣於2022年修正的《溫室氣體減量及管理法》是由行政院底下之環境部執行已徵收「碳費」。將「抵換」（Offsets）作為誘因，積極推廣國內企業提出申請，並於2021年首季末公告，針對約290個年排放量超過2.5萬噸的主要碳排放企業，由環境部向其收取「碳費」，而不是財政部對其課徵「碳稅」，並不是將其當作財政工具，而是將碳費作為經濟誘因吸引產業投入其中，而環境部收取之碳費收入將用於支付額外溫室氣體減量工作、發展低碳與負排放經濟、補助企業投資溫室氣體減排、捕存技術等，鼓勵業界積極發展低碳經濟。

（三）碳稅

「碳稅」（Carbon tax），又稱碳排放稅，是指政府對排放二氧化碳的行業和單位徵收的稅款，通常是對碳燃料高度使用者祭出的課稅措施，目的在於減少碳排放量，促進經濟轉型、可再生能源發展，並提高能源效率，減緩氣候變化。碳稅可以通過各種方式實現，如通過直接對碳排放徵稅，或者通過對碳排放高的電力生產商徵收稅款。稅率由政府決定，並交由財政機構負責收取，作為國家稅收的一部分。排碳大戶將為他們所生成的外部成本支付稅金，此乃政府期望企業或團體在經濟發展之餘也需重視節約能源、控制碳排放，以避免被課徵過多稅金，影響其生產成本。

（四）碳關稅

碳關稅是指政府對進口的產品徵收關稅，以彌補其生產過程中產生的碳排放量，目的是鼓勵生產商採用更環保的生產方式，並限制來自高碳排放國家的產品的進口，企業若在碳排放量管制嚴格的國家進行生產，其成本會比在碳排管制寬鬆的國家生產來得更高，使當地的產品喪失競爭優勢，如此會造成「碳洩漏」（Carbon leakage）問題。歐盟與美國先後都決議設置「碳關稅」（carbon border tax），為超過固定額的碳排放量訂定價格，並根據生產相關產品所產生的碳排放量對進口商徵收碳關稅，以抑制全球溫室氣體的排放。

二、市場風險與機會

（一）品牌需求

歷經聯合國和全球品牌大廠的推行與提倡，市場對於ESG的重視度不斷上升，如今成為公司治理的重要議題。為迎合國際低碳轉型的趨勢，各知名品牌方開始積極響應減碳淨零的承諾。至今為止，全球各大企業紛紛依照其品牌需求訂定碳中和、淨零目標，以建立完善的永續品牌形象，更影響其上下游廠商躋身產業轉型行列，降低整體產業鏈之碳排放量。例如，馬士基（Maersk）的碳中和船隻在2023年啟航，蘋果（Apple）、微軟（Microsoft）、谷歌（Google）分別將2030年訂為碳中和、負碳排、零碳排目標年，而沃爾瑪（Walmart）、亞馬遜（Amazon）、富豪汽車（Volvo）等多數企業則將淨零排放年設置在2040年。

（二）產品碳足跡

根據行政院環境部定義，產品碳足跡係指「商品由原料取得、製造、配送銷售、使用及廢棄處理等生命週期各階段；或服務由原料取得、服務及廢棄處理等生命週期各階段產生之溫室氣體排放量，經換算為二氧化碳當量之總和。」

而產品碳足跡其實是由碳足跡一詞延伸而來，據大自然保護協會（The Nature Conservancy），碳足跡（Carbon Footprint）是人類活動產生的溫室氣體總量，目前全球人口平均每年碳足跡接近 4 噸。而全球人口的年平均碳足跡必須在2050年前降至 2 噸以下，才得以防止全球氣溫上升 2 度。各種活動或商品在其生命週期中所產生的直接和間接溫室氣體排放都要列入碳足跡的計算。碳足跡估算需要考慮各個活動或產品中使用之原材料的取得、生產、合成、運輸、消費和處置廢棄物所產生的碳排放。

消費者可以透過選擇少吃肉、購買當季及在地食材、減塑、搭乘大眾運輸工具等方式達到個人減碳，而企業則能透過提升製程效率、以環保材料包裝、使用綠色能源等方式降低產品或服務的碳足跡。2011年，世界上最大的零售商沃爾瑪（Wal-Mart）啟動了「綠色採購」計劃。在銷售之前，來自多達百萬的供應商產品必須逐步獲得低碳足跡認證。於2015年後，所有在沃爾瑪販售的商品都必須貼有環保標籤，標籤上的數據包括碳足跡排放等詳細資訊。沃爾瑪這項「綠色採購」計畫大幅推升全球供應鏈的環保意識，同時促進消費者在選擇商品時基於環保的考量。

三、法規風險與機會

2022年5月，由環保署（現為環境部）所提出的《溫室氣體減量及管理法》修正草案經初審通過，預估最快2024年將開始針對多家排碳大戶企業收取碳費，碳費的收取將會直接影響生產成本，以及各大企業在排碳方面的策略。因此政府開始以法規指引國內企業重視氣候風險之管理。

效能標準

於2021年，由金管會公告之「本國銀行氣候風險財務揭露指引」法規，要求金融業者在2023年後開始揭露氣候相關風險的財務資訊。具體應於協助辦理業務時評估氣候風險、有效監控氣候風險管理之執行面以及進行氣候風險監控有效性的評估與改善。

此指引更規範上市櫃公司應考量相關法律，如：《溫室氣體減量及管理法》，並參考國際公認的標準，例如：TCFD（Task Force on Climate-related Financial Disclosures）、SASB（Sustainability Accounting

Standards Board）的標準，用以評估氣候風險之管理，並編撰企業之永續報告書。

四、技術風險與機會

（一）碳捕存

碳捕存（carbon capture）是指將火力發電廠或其他工業過程中產生的二氧化碳（CO2）從煙氣中捕捉、隔離、貯存的過程，這種技術可以減少對氣候變化的負面影響，因為二氧化碳是主要的溫室氣體之一。「二氧化碳捕存技術」（Carbon Capture and Storage, CCS）分為捕集、運輸及封存三階段，首先將各個發電廠與工廠之碳排放物質進行分離再收集的作業，接著在800 公尺深的岩層將二氧化碳注入其中，如此高壓的環境將使得二氧化碳達到高密度的超臨界狀態，使其轉換為「流體」，流體二氧化碳可能會流動並保留在具有大量開孔的相連儲層的空隙中，從而使二氧化碳在地層中沉降超過一千年而不會釋放到大氣中。二氧化碳捕獲技術可以將發電廠的碳排放量減少 85%-90%，現在被認為是一種很有前景的二氧化碳減排策略（TCCSUA），目前技術以油氣構造及深層地下鹽水層為主要的發展方向。

在 2014 年，根據聯合國政府間氣候變化專門委員會提交的氣候變化評估綜合報告，從 1750 年到 2011 年，人為排放到大氣中的二氧化碳已超過 2.04 兆噸，導致大氣中二氧化碳濃度從 280 ppm 增加到 430 ppm，引起全球暖化、海平面上升和許多其他災害。此外，根據國際能源署（IEA）於 2005

年「世界主要能源統計」數據，預計2030年全球可再生能源使用量與2003年相當，佔能源供應總量的13.5%。在此期間，可再生能源供應的增長率和能源供應總量的增長率預計都將增長56.4%。因此，預計在未來100年，或至少在未來50年，化石燃料將繼續成為主要能源，而如此的現況將使碳捕獲系統等相關應用在未來的重要程度顯著增長。

（二）碳匯

碳匯（carbon offset）是指企業或個人為減少其碳排放量而進行的行為，例如透過投資於綠色能源項目或購買碳權來抵消其直接碳排放，這種方式可以幫助企業或個人實現對氣候變化的負責任，同時也可以支持永續發展和碳減量目標的實現。地球上的主要碳匯是海洋、土壤和森林。海洋每年可能會沉積20億噸碳，而森林綠地則可以吸收大約5億噸的碳。在淨零排放的目標中，碳匯是國家的重要碳資產，憑藉其天然森林碳匯和隨後發展的可再生能源，南美洲的蘇里南、亞洲的不丹和中美洲的巴拿馬都提前實現了淨零排放目標。

（三）生質能源

生質能源（biomass energy）是指利用生物質，如植物、林木、稻米、果實、秸稈、廢物、動物廢棄物等等，經過轉化後產生的能量，這種能源可以通過燃燒、液化、氣化等方式轉換為熱能或電能，生質能源是一種可再生能源，因為它是從綠色植物中轉化而來，而綠色植物可以通過光合作用吸收二氧化碳，其與風能、水力、太陽能及地熱能皆是屬於再生能源的一種。生物能原料取得較其他再生能源來得容易，且更方便補充。目前以液體生物燃料為主流生質能，包含作物製成的乙醇生物燃料、藻類提煉而成的生物柴油等。生質能目前最大的前景是在種植作物以及生質能燃燒的過程中結合碳捕存技術，讓作物在生長的過程中於大氣去除二氧化碳，並在燃燒發電時捕捉溫室氣體，將之儲存於深海或地底下。

（四）氫能

氫能（Hydrogen energy）是指利用氫（H2）作為能源，通常通過燃燒氫或使用燃料電池來產生熱能或電能。氫能被視為最潔淨的能源之一，這是因為氫氣經過燃燒以後只會產生水，並不會釋放溫室氣體與污染物質，是具有高能源轉換效率的再生能源，也是一種可再生能源，因為氫可以通過太陽能、風能、核能等可再生能源的方式製造，因此被視為淨零碳排計畫的重點解決方針。然而目前生產氫氣的方式仍是以化石燃料的製程為大宗，此生產方式會產生大量的溫室氣體，讓氫能發展因此受阻，因此若國際間對於水電解產氫的研發製程逐漸成熟，足以取代化石燃料製氫，發展氫能發電將會成為更重要的能源轉型方法。

五、資金風險與機會

（一）PRI（Principles for Responsible Investment）

聯合國於2006年發布之「聯合國責任投資原則」（Principles for Responsible Investment，簡稱PRI）係為全球負責任投資的準則，其認為環境、社會和治理（ESG）問題會影響投資組合的績效表現，PRI因此提供制訂投資策略的六大原則，期望能使企業重視ESG所帶來的資金風險與機會，打造出一個具備可持續性的全球金融體系。

（二）PSI（Principles for Sustainable Insurance）

2012 年，聯合國可持續發展大會上推出UNEP FI 可持續保險原則（PSI），係保險業在應對環境、社會和治理風險和機會時的一個框架。PSI 準則之目的是希望企業能了解、預防、管理和減少環境、社會和公司治理風險。全球有多達220個組織採用了PSI的四項原則，其中包含一間管理 15 萬億美元資產並佔了全球保費收入三分之一的公司。

（三）PRB（Principles for Responsible Banking ）

於2019年由聯合國所公布之「責任銀行原則」（Principles for Responsible Banking，簡稱PRB）係一套為銀行所制訂的一致性框架，用以協助簽署銀行的業務融入永續發展相關的策略與行動，並確保其符合可持續發展目標，以及《巴黎協定》中的願景。

第九節　小結

本章介紹了淨零排碳的背景與發展、全球各國淨零政策與規範，以及國際倡議行動與揭露框架。在下一章當中，我們將介紹氣候科技這個新興的產業區隔，並由企業的角度出發，探討企業在淨零排碳大趨勢之下，如何擬定淨零策略，讓淨零成為企業的競爭優勢。

FAQ

Q1：根據金管會於2022年3月3日正式啟動的「上市櫃公司永續發展路徑圖」，強制資本額規模不同的上市櫃公司分成四階段揭露碳盤查資料，請問資本額50億元以下的上市櫃個體公司及子公司分別須於哪一年完成盤查？

Ans：資本額50億元以下的上市櫃個體公司（屬第三階段）及子公司（屬第四階段）分別須於2026年及2027年完成盤查作業。

Q2：再生能源憑證（T-REC）是臺灣現行主流的碳資產交易媒介，供給端資格為再生能源發電、售電業者或自用發電設備設置者，需求端透過平台競價，或是私下議約取得憑證。請問目前發行的憑證中以哪種發電方式為最大宗？

Ans：目前發行的憑證中以風力發電為最大宗，佔75%，其次為太陽能發電，佔25%。

Q3：企業零碳轉型方法學的三步驟分別為碳盤查、碳定價及碳中和，步驟一碳盤查中的能盤、溫盤及碳盤分別要依據哪項國際標準執行？

Ans：分別依據ISO 50001能源管理系統、ISO 14064溫室氣體排放盤查、ISO 14067產品碳足跡標準的規範進行。

Q4：碳中和主要有兩項驅動來源——法規驅動及品牌驅動，依現今各國及指標企業提出的目標為依據，哪項驅動來源較早？

Ans：品牌驅動相較法規驅動早10-20年，蘋果（Apple）、微軟（Microsoft）、谷歌（Google）等指標企業分別將2030年訂為碳中和、負碳排、零碳排目標年，而美國、歐盟等多數經濟體將2050年訂為碳中和目標年。

Q5：台積電身為半導體產業指標企業，率先於2021年發布2020年氣候相關財務揭露（TCFD）報告書。在TCFD報告中，企業要依據營運的四大核心元素——治理、策略、風險管理、指標和目標分別揭露事項，並將氣候相關風險歸納為哪兩項風險，以協助組織評估及揭露與業務活動最直接之氣候相關風險與機會？

Ans：與氣候變遷直接相關的「實體風險」，及與政策相關的「轉型風險」。

Q6：何謂碳中和（carbon neutral）、淨零（net zero）、負碳排（carbon negative）、氣候中和（climate neutral），這些名詞不同之處為何？

Ans：碳中和（carbon neutral）是指透過減碳手段，將二氧化碳排放量實現正負抵銷；淨零（net zero）則是指減少所有溫室氣體的排放（包含甲烷（CH4）、臭氧（O3）、氧化亞氮（N2O）、氟氯碳化物（CFCs）、氟氯烴（HCFCs）等溫室氣體）；負碳排（carbon negative）指排放的二氧化碳遠超過減除的二氧化碳；氣候中和（climate neutral）指讓所有溫室氣體朝向零排放，並考慮區域或局部的地球物理效應，例如來自飛機凝結痕跡的輻射強迫效應，平衡進入大氣層的排放量及地球吸收量。

參考資料

Technews. 熱浪來襲，極端高溫與山火衝擊歐洲、非洲、亞洲（2022）。

https://technews.tw/2022/07/16/heatwaves-fires-omg/

NOAA Climate.gov.

https://www.climate.gov/news-features/understanding-climate/climate-change-global-temperature [9/12/2022 造訪]

European Environment Agency.

https://www.eea.europa.eu/help/glossary/eea-glossary/greenhouse-gas

科技大觀園報導 暖化的科學（三）：溫室氣體有哪些？

https://scitechvista.nat.gov.tw/Article/C000003/detail?ID=e31308bc-1e38-4b0d-a6cb-34b38350917e [9/13/2022 造訪]

環境部網站。溫室氣體排放統計

https://www.epa.gov.tw/Page/81825C40725F211C/6a1ad12a-4903-4b78-b246-8709e7f00c2b [9/13/2022 造訪]

Net Zero Stocktake 2022, Net Zero Tracker, June 2022

https://ca1-nzt.edcdn.com/@storage/Net-Zero-Stocktake-Report-2022.pdf?v=1655074300 [9/25/2022 造訪]

金管會上市櫃公司永續發展路徑圖 https://www.fsc.gov.tw/uploaddowndoc?file=news/202203031544210.pdf&filedispl

ay=%E6%96%B0%E8%81%9E%E7%A8%BF%E9%99%84%E4%BB%B6-%E8%B7%AF%E5%BE%91%E5%9C%96%E6%8E%A8%E5%8B%95%E8%A6%8F%E5%8A%83.pdf&flag=doc [10/2/2022 造訪]

Carbon Credits.com. Congress Introduces US CBAM: The "Clean Competition Act" (2022) https://carboncredits.com/congress-introduces-us-cbam-clean-competition-act/ [9/27/2022 造訪]

Ritchie, H.; Roser, M. CO_2 and Greenhouse Gas Emissions—Our World in Data. Available https://ourworldindata.org/co2-and-other-greenhouse-gas-emissions [9 /8/2022 造訪]

第 2 章　企業淨零策略思維

在全球淨零的大趨勢之下，所有的企業都無法置身事外。從被動的層面來說，因應法規以及客戶要求，著手進行碳盤查、節能減碳，或淨零宣誓等「零碳轉型」活動，是所有的企業遲早都必須做到的。愈早進行，做得愈徹底的企業，短中期之內就能夠享有成本優勢以及聲譽優勢。而愈晚起步，或者只是為了消極應付法規與客戶要求，並未改善企業體質，恐怕終將面臨被淘汰的命運。另一方面，從主動層面來看，淨零造就的「氣候科技」（climate tech）本身也是一個新興的產業區隔，企業若能掌握淨零趨勢所帶來的商機，及早布局，未來的發展也將極為可觀。

本章首先將介紹「氣候科技」這個因應氣候變遷以及淨零趨勢而興起的產業區隔，以及其中的商機。接著，將介紹企業淨零之路所需了解的觀念以及做法，最後，將談到企業整體的淨零策略應如何建構。

第一節　氣候科技相關產業

一、何謂氣候科技

許多年前，永續領域曾經掀起一陣潔淨科技（clean tech）風潮。潔淨科技包含了各種有助於減少環境衝擊，或對於環境有正面影響的技術。而近年來，氣候科技（climate tech）這個名詞開始出現在許多永續相關的報導中，儼然成為主流。氣候科技主要聚焦於降低溫室氣體排放（GHG emission）與氣候變遷（climate change）衝擊的各種創新科技與商業模式。其與潔淨科技（clean tech）有許多重疊之處，但不盡相同。例如，乾淨飲水屬於潔淨科技，但對於降低溫室氣體排放並無直接幫助，就歸類於潔淨科技，但不屬於氣候科技。

二、全球溫室氣體排放主要來源

既然氣候科技旨在解決溫室氣體排放與氣候變遷問題，我們就必須了解，以全球觀點來看，溫室氣體的排放究竟從何而來。研究顯示，在 2019 年的時候，以產業別來看，全球溫室氣體排放主要來源，以「發電供暖產業」（electricity and heat）的排放占比第一。其次是「交通運輸產業」（transport），位居第三、第四的產業，則分別為「製造與營建業」（manufacturing & construction）與「農業」（agriculture）。圖 1 顯示了以產業別區分的全球溫室氣體排放主要來源。

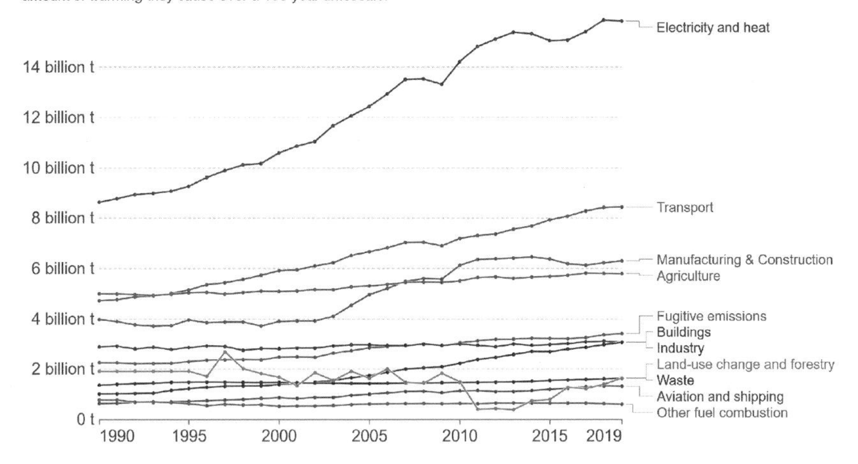

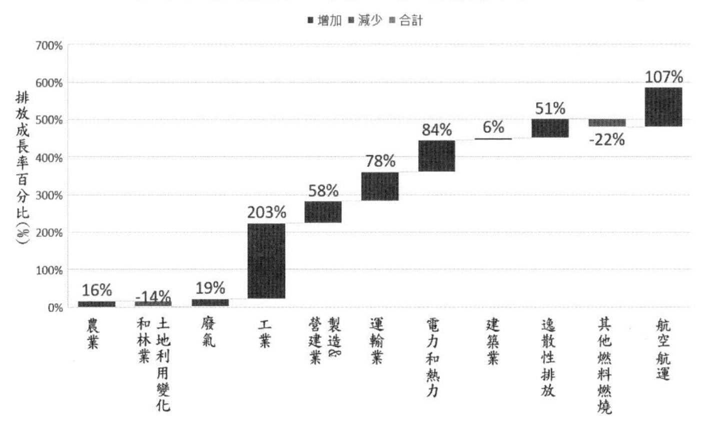

圖 1　全球溫室氣體排放主要來源（產業別）

三、氣候科技涵蓋範圍

為了解決溫室氣體排放以及氣候變遷問題，許許多多企業因運而生，而這些企業被歸類於氣候科技相關企業。可以想見，由於溫室氣體排放來自不同產業，氣候科技相關企業也涵蓋了相當廣的範圍。本書綜合了多個研究報告對於氣候科技涵蓋範圍的分類，將氣候科技分為以下各領域：

（一）交通運輸：例如電動／氫能車、航空／海運／陸運的低碳運輸、電池、充電站、物流／車隊管理等。

（二）能源：例如太陽能、風能、氫能、地熱發電、潮汐發電、生質能、能源儲存、分散式發電／需量反應、智慧電網等。

（三）農業與糧食：例如垂直農業、精準農業、替代食物／低碳蛋白質、永續肥料／飼料、腸道發酵管理等。

（四）工業與製造：例如低碳鋼鐵／水泥／化工品、替代塑膠、碳盤查與耗能管理、廢棄物回收與循環管理等。

（五）建築與居住環境：例如低碳城市、綠建築、高效能空調／照明／用水、智慧家電等。

（六）碳捕捉／再利用／封存：例如 CCS、CCU、直接空氣捕獲（DAC）等。

（七）氣候變遷管理：例如氣候與排放資料蒐集／分析／監控／預測、氣候風險管理等

（八）金融服務：包括與氣候相關的各種金融商品與服務。

（九）氣候相關消費性產品：例如綠時尚、低碳 3C 產品、永續包裝、環境友善餐具等。

表 1 揭露了數個不同單位氣候科技涵蓋範圍與分類，以及本書整理的分類與例子。由表中可以看出，氣候科技涵蓋範圍相當廣泛，而在每一個分類中，都有許多新創公司不斷成立，提供了各種新科技以及新的商業模式，來解決溫室氣體排放以及氣候問題。

表 1　氣候科技涵蓋範圍

PwC	BloombergNEF	CTVC	本書分類	相關科技與創新
Mobility & Transport	Transport	Mobility	交通運輸	電動 / 氫能車、低碳運輸（航空 / 海運 / 陸運）、電池、充電站、物流 / 車隊管理等。
Energy	Energy	Energy	能源	太陽能、風能、氫能、地熱發電、潮汐發電、生質能、能源儲存、分散式發電 / 需量反應、智慧電網等。
Food, agriculture & land use	Agriculture	Food & Water	農業與糧食	垂直農業、精準農業、替代食物 / 低碳蛋白質、永續肥料 / 飼料、腸道發酵管理等。
Industry, manufacturing & resource management	Industry	Industrial	工業與製造	低碳鋼鐵 / 水泥 / 化工品、替代塑膠、探盤查與耗能管理、廢棄物回收與循環管理、低碳 / 智慧製造等。

PwC	BloombergNEF	CTVC	本書分類	相關科技與創新
Built environment	Buildings and infrastructure	Industrial	建築與居住環境	低碳城市、綠建築、永續空間規畫、高效能空調 / 照明 / 用水、智慧家電等。
GHG capture, removal & storage	Carbon and climate	Carbon	碳捕捉 / 再利用 / 封存	CCS（carbon capture and storage），CCU（carbon capture and utilization），DAC（Direct air capture）等。
Climate change management and reporting		Climate	氣候變遷管理	氣候與排放資料蒐集 / 分析 / 監控 / 預測、氣候風險管理等。
Financial services	（N/A）	（N/A）	金融服務	氣候相關金融商品與服務。
（N/A）	（N/A）	Consumer	氣候相關消費性產品	綠時尚、低碳 3C 產品、永續包裝、環境友善餐具等。

資料來源：PwC, BloombergNEF, CTVC，以及作者翻譯與整理

四、氣候科技吸引了可觀的資金投入

近來氣候科技吸引了可觀的資金。顧問公司 McKinsey 發表的 Innovating to net zero 報告中，預估在 2025 年之前，氣候科技每年將吸引 1.5 兆－ 2 兆美元的資金，並有望減低全球 40% 的碳排放量。而 PwC 2021 氣候科技報告（State of Climate Tech 2021）提及，氣候科技市場 2013 年的全

球投資金額僅 4.18 億美元，但每年以 210% 的速度成長，截至 2020 年下半年與 2021 上半年這一年間，氣候科技投資交易總金額就高達了 875 億美元，8 年來成長超過 200 倍。其中，前三大投資領域為交通運輸（61%）、能源（15%）、農業（12%）。BloombergNEF 2022 年調查報告指出，2021 年創投與私募基金投入氣候科技新創公司總金額高達 537 億美元，而其中的 220 億美元投資於交通運輸領域，占投資金額 41%，而第二與第三大投資領域，則分別為能源與農業。BloombergNEF 另一份研究報告則針對企業投入氣候科技領域的資金進行調查，指出全球企業於 2021 年投入氣候科技領域的總金額為 1650 億美元，其中交通運輸與能源領域就占了 82%，第三名則為農業領域，占比為 9%。

由上述研究報告中，我們能夠觀察到一個共通點：前三大投資領域，在所有的研究報告中，均為交通運輸、能源，以及農業與糧食這三大領域。在這三大領域中值得關注的公司與趨勢相當多，本書列舉以下案例。

首先，在交通運輸領域上，除了大眾所熟悉的電動車領域之外，「車用電池」的市場也相當值得關注。目前車用電池主流為三元鋰電池（NCM，鎳鈷錳）與磷酸鐵鋰電池（LFP，磷酸鐵鋰），領導廠商集中於東亞（中、韓、日）。根據研究公司 TrendForce 的預估，磷酸鐵鋰電池的性價比優勢將更突出，未來 2-3 年內或將成為終端市場的主流，磷酸鐵鋰電池與三元電池全球裝機量比例也將在 2024 年由 3：7 轉變為 6：4。

此外，固態電池、鈉離子電池、鈣鈦礦太陽能電池、重力電池，以及氫能等，也都相當具有潛力。例如，固態電池

（solid-state battery）主要是以固態電解質取代傳統鋰電池的液態電解質。它具備的優勢就是不易起火、能量密度高、充電時間短用於電動車上可望加倍續航距離、充電時間降至鋰電池的1/3。然而，目前成本依舊很高，技術瓶頸使得量產不易。另一項新電池技術則為鈉離子電池（sodium-ion batteries），其原理與鋰電池相同，只是將運輸電子的物質由鋰離子換成了鈉離子。最大的優點是不使用鋰及鈷等稀有金屬。鈉的原料是鹽，很容易從海水中提煉，電池原料供應穩定、成本低。但缺點則為能量密度較低。一般認為，鈉離子電池在未來可望取代鉛酸電池，與鋰電池互補，運用於數據中心備用電源、堆高機、電信設備、短程電動車等領域。

而在農業與糧食方面，近年來備受關注的領域，包括了低碳蛋白質 / 人造肉、精準農業（precision agriculture），以及隨著全球城市化的趨勢益趨顯著，帶動垂直農業（vertical farming）的興起。垂直農場主要是以垂直堆疊的結構，類似倉庫、貨櫃箱等，並採用控制環境的種植技術，包含人工照明系統、自動灌溉系統等來優化作物成長。垂直農場對於地狹人稠的地方非常適合，臺灣也相當適合發展這類型的農業。但在推廣的同時，必須特別留意可能的負面衝擊，例如對於農民生計所帶來的衝擊等。

五、企業需善用並考慮投入發展氣候科技

氣候科技在零碳之路上扮演相當重要的角色。目前在氣候科技上的巨額投資，也確實推進節能減碳，未來也需積極思考

如何確保財務效益、環境效益的投資效益，並重新思考需求的本質，來找出適切的減碳路徑，才有機會達成零碳的目標。如此鉅額的投資，一方面創造了許多新的科技，來解決溫室氣體排放與氣候變遷問題，另一方面，也造就了許多新創企業。對於全球所有的企業來說，如何善用氣候科技，是邁向零碳旅程中不可或缺的。除了使用氣候科技之外，企業亦可考慮投入發展氣候科技。處於不同產業中的企業，有著不同的專長與核心能力，得以在氣候科技中不同的領域發揮。氣候科技在各個領域都深具市場潛力，若能投入氣候科技的發展，可望為企業帶來新的營收來源。

第二節　企業淨零相關觀念與標準

一、能源管理、溫室氣體盤查、碳足跡

許多企業在淨零的旅程中，首先遇到的常常是法規要求（例如第 1 章中所提到的「金管會上市櫃公司永續發展路徑圖」）或客戶要求揭露溫室氣體排放資訊。因此，溫室氣體盤查往往是企業邁向淨零首先構思或進行的工作。但事實上，較為理想的做法，是先進行能源管理工作，建立適當的組織與流程，並建立資訊系統框架，才能有效率、確實地蒐集相關資料。接著，在能源管理工作中，透過建構的資訊系統了解耗能狀況，並進行節能改善。等到耗能降低之後，再進行溫室氣體盤查，以及碳足跡盤查。這樣才是一個長遠有效的做法。許多企業碳排最大的來源，常常是能源（尤其是電力）的使用。如

果能夠先有效降低能耗，碳排馬上就能跟著降低。若只是為了應付法規或客戶要求，很表面地急就章手動蒐集溫室氣體排放資料，不可能改變企業整體能源的使用，降低碳排，更遑論達到淨零的目標。

業界 DigiZero 也呼應上述原則，提出「三效合一數位碳盤查」的盤查架構，依「能盤」（能源盤查）、「溫盤」（溫室氣體盤查）、「碳盤」（碳足跡盤查）的順序進行，並分別遵循 ISO 50001、ISO 14064，以及 ISO 14067 的規範進行。在「能盤」階段，建立組織流程、資訊系統框架，並推動變革管理。在「溫盤」階段，盤查整個組織的溫室氣體排放，並建立供應鏈協作系統。而在「碳盤」階段，則盤查個別產品（或服務）的溫室氣體排放，並建立產品系統。

在盤查的三個階段，牽涉到三個不同的國際標準規範。以下分別介紹。

（一）ISO 50001

此標準為國際標準組織（International Organization for Standardization, ISO）所訂定的能源管理國際標準。最新版的 ISO 50001: 2018 於 2018 年 8 月 21 日正式公告，標準目的在於使組織建立 PDCA（Plan-Do-Check-Action）的機制，以及及相關準則與方法，以改善能源績效，其中包括績效監督量測、重要管理流程文件化與績效報告、設備之設計與採購流程，以及所有對能源績效有影響之人員，使組織達成其政策承諾，採取所需行動以改善其能源績效與展現符合法規及客戶要求。

（二）ISO 14064

此標準為ISO建立的組織型溫室氣體盤查標準。新版ISO 14064系列標準包括三個主要的子標準，分別規範組織與專案層級，以及確證與查證的規範與要求事項：

ISO 14064-1:2018：規範指引組織層級溫室氣體排放減量與移除之量化與報告。

ISO 14064-2:2019：規範指引專案層級溫室氣體排放減量與移除增進之量化、監督及報告。

ISO 14064-3:2019：規範指引溫室氣體主張確證與查證。

在此標準系列中，ISO 14064-1於2006年版本中，規範組織溫室氣體排放涵蓋的三個範疇如下：

範疇一（scope 1）：係指來自於製程或設施之直接排放，如工廠煙囪、鍋爐、通風設備、製程操作過程或員工餐廳使用化石燃料，或原物料產生的排放、交通運具使用化石燃料產生的排放，以及冷氣、飲水設備等之冷媒逸散排放。

範疇二（scope 2）：係指來自於外購電力、熱或蒸汽之能源利用所產生之間接排放。

範疇三（scope 3）：係指非屬自有或可支配控制之排放源所產生之排放，例如，因租賃、委外業務、員工通勤、商務旅行、上下游運輸和配送活動等造成之其他間接排放。

ISO 14064-1: 2006 中的範疇一、二、三，與世界資源研究院（World Resources Institute, WRI）以及世界企業永續發展協會（World Business Council For Sustainable Development, WBCSD）共同發起的「溫室氣體盤查議定書」（Greenhouse Gas Protocol）大致上相容。而新版的 ISO 14064-1: 2018 中，則制訂了更詳細的類別，將範疇三又分為運輸中的間接溫室氣體排放、使用產品的間接溫室氣體排放（上游）、與使用產品有關的間接溫室氣體排放（下游），以及其他來源的間接溫室氣體排放（無法分類）。圖 2 說明了範疇一、二、三所涵蓋的範圍。

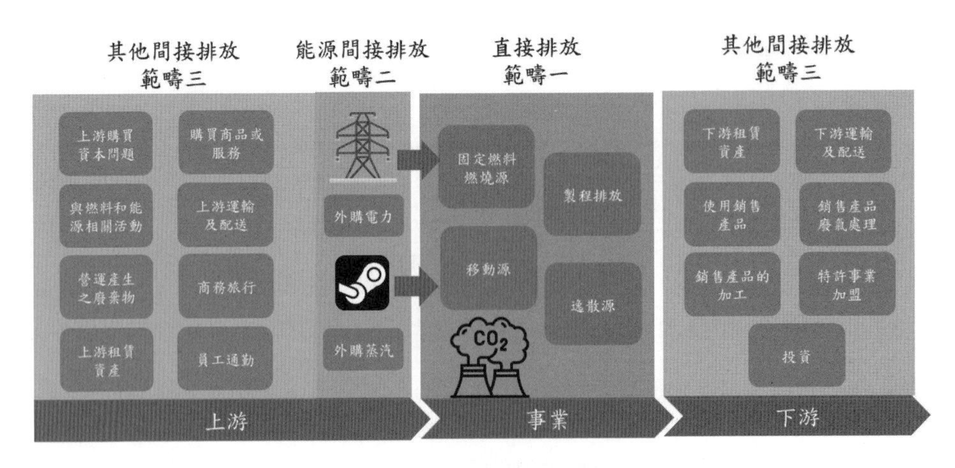

圖 2　溫室氣體排放範疇示意圖

資料來源：環境部溫室氣體排放量盤查作業指引

大致上來說，範疇一和範疇二指的是企業內部營運活動的溫室氣體排放，而範疇三指的是企業外部間接的溫室氣體排放，亦即某些並非由該企業擁有或掌控的資產（但這些資產與該企業營運有關），所排放溫室氣體。許多企業每年盤查溫室氣體時，多只聚焦在範疇一及範疇二的溫室氣體排放。當我們看到企業承諾淨零排放目標，甚至表示已達成目標時，承諾或達成的範圍也可能只限於範疇一及範疇二的溫室氣體排放。對於企業來說，範疇三的溫室氣體排放，確實最難掌握與管理，因為其牽涉到供應鏈中眾多企業的排放。

然而，範疇三的排放量卻極為重要。據估計，許多大型企業的排放量，有 80 - 97% 落在範疇三。尤其是許多跨國知名消費品品牌商（例如 Apple, Unilever 等）或零售商（例如 Walmart），多仰賴供應鏈生產製造或提供產品。當這些企業做出淨零排放承諾時，為了避免被消費者指控「漂綠」（greenwashing），常會涵蓋範疇三的溫室氣體排放，要求供應商配合提出數據並降低排放量。此外，金融機構本身碳排並不高，但其範疇三涵蓋了客戶的排放量，也就是放款及投資對象，因此，金融業宣示淨零時，投融資對象所產生的溫室氣體排放，成為關注的焦點。許多金融機構進行「永續投資」，選擇碳排績效或 ESG 績效傑出的企業作為投資標的，或「永續連結貸款」，在融資給客戶時，除了評估客戶還款能力之外，也同時評量客戶的碳排績效或 ESG 績效，並給予碳排績效或 ESG 績效較佳的客戶較為優惠的利率。

隨著全球淨零意識的高漲，品牌商對供應商溫室氣體排放的要求將日趨嚴格，而金融業對投融資對象的碳排或 ESG 績效也會有更高的要求。對於眾多處於全球供應鏈的臺灣企業來說，來自於客戶以及金融機構的壓力與日俱增。若無法配合客戶要求降低溫室氣體的排放，很有可能危及接單。在籌資與融資方面，也可能由於碳排過高，使得資金成本高於同業，或甚至無法取得貸款。因此，淨零也從環境保護議題，轉而成為產業議題以及企業競爭力議題。未能及時進行「零碳轉型」的企業，終將面臨生存危機。

（三）ISO 14067 產品碳足跡標準

此標準規範了產品或服務於生命週期階段之溫室氣體排放量計算。「產品碳足跡」是指產品（或服務）在整個「生命週期」中因直接及間接活動所排放的溫室氣體總量。「生命週期」中的直接及間接活動，包括了從產品原料取得、生產製造、配送銷售、使用，一直到生命終結處理（end-of-life treatment）（例如廢棄處理與回收等）的各項活動，也就是俗稱搖籃到墳墓（Cradle-to-Grave）的各項活動。這些活動所產生之溫室氣體排放量，經由正確換算後，轉換為二氧化碳當量之總和，即為該產品的碳足跡。必須留意的是，ISO 14067 規範的標的為「產品」，與 ISO 50001 以及 ISO 14064-1 規範的標的「組織」不同。

依環境部公告之指引規範，產品若要申請碳足跡標籤，產品必須完成碳足跡計算並獲得第三者查證。「碳足跡標籤」（carbon footprint label）又稱碳標籤（carbon label）或碳排放標籤（carbon emission label），是一種用以顯示公司、生產製程、產品（含服務）及個人碳排放量之標示方式。英國政府於 2001 年成立的 Carbon Trust，於 2006 年所推出之碳減量標籤（Carbon Reduction Label），是全球碳足跡標籤的始祖。實行碳足跡標籤制度，能夠使產品各階段的碳排放來源透明化，並確實揭露與表示產品的碳排放量，讓消費者清楚了解產品的碳排放量，並透過消費者選擇碳排較少的產品，來促使廠商改善產品的碳。環保署（現為環境部）自 2010 年開始推展產品碳足跡標籤制度。圖 3 提供了臺灣的碳足跡標籤圖形與意涵說明。為了鼓勵廠商除了揭露產品碳排量之外，能夠更進一步降低產品碳排量，其又於 2014 年起推動碳足跡減量標籤（Carbon Footprint Reduction Label），又稱減碳標籤（Carbon Reduction Label）。申請減碳標籤使用權之產品，其五年內碳足跡減量需達 3% 以上，經審查通過後即可取得減碳標籤使用權。圖 4 顯示了減碳標籤的圖示以及意涵。

圖 3　臺灣碳足跡標籤圖形與意涵說明

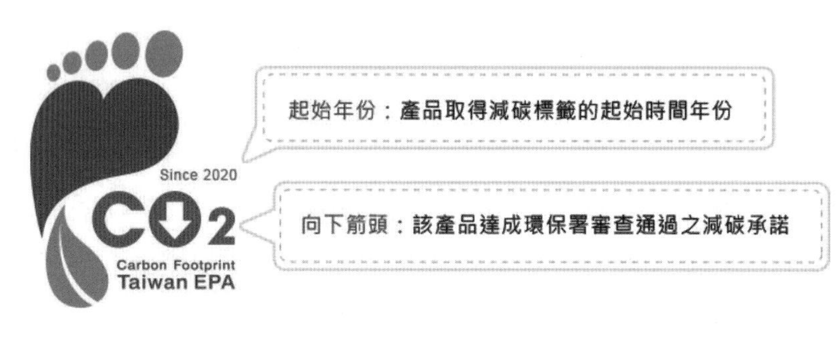

圖 4　臺灣減碳標籤圖形與意涵說明

二、淨零（net zero）與碳中和（carbon neutrality）

除了上述能源管理、溫室氣體盤查、碳足跡計算之外，許多企業也積極進行淨零（net zero）或碳中和（carbon neutrality）承諾。根據非營利研究組織 Net Zero Tracker 的統計，截至 2022 年 6 月為止，富比士全球 2000 大企業（Forbes Global 2000）中，已經有 702 家宣誓了淨零承諾，其中大多數企業（超過 95%）承諾於 2050 年之前達到淨零；而承諾於 2040 年以前達到淨零的比例約佔總數的 1/3，承諾於 2030 年以前達到淨零的比例，則占總數的 20%。

在觀念上來說，淨零與碳中和大致上指的是「溫室氣體放量與移除量的正負抵銷」，但由於許多不同的單位對於這兩個名詞提供不同的定義，造成眾說紛紜的狀況。本章後續會詳細說明。在本書寫作與出版的時間點，一個企業或組織宣誓淨零或碳中和的做法，多為在某段期間排放出的溫室氣體總量，透過技術上的實際移除或捕捉，來減低排放量，若技術上的減量仍低於排放出的總量，則以購買碳權（carbon credits）或使用碳匯（carbon sink）（例如森林、海洋、土壤等，經過一定的認證程序取得碳權）來抵銷（offset）的方式，達成淨零或碳中和的目標。例如，上述702家宣誓淨零承諾的企業中，有40%表示將使用碳權抵銷（offsets）來達成淨零目標，其餘60%並未表明是否使用碳權抵銷，而僅有2%明確表示將完全使用技術上實際減量的方式，而不會使用碳權抵銷的方式來達成淨零目標[1]。

以碳權抵銷的方式，受到許多環保團體的批評，認為反而會降低企業或組織實際減排的意願，或助長「花錢了事」的心態。但以現階段而言，減碳技術的發展仍然不足以大幅降低溫室氣體排放量，碳權的機制恐怕是個階段性、不得不的作法。對於企業來說，在規劃淨零或碳中和的時候，必須首先培養企業內部的減碳能力、精進減排技術，實際降低溫室氣體的排放量，剩餘的排放量再以購買碳權的方式來抵銷。如果一開始就打算以購買碳權抵銷的方式來達成淨零，並未確實培養累積減碳能力，一段時間之後，和同業的減碳能力差距愈來愈大，終將在減碳工作上處於高成本的劣勢，失去競爭力。

本節以下將介紹「淨零」與「碳中和」這兩個名詞的發展沿革與異同，並說明目前對於這兩個名詞仍缺乏一致定義的狀況。接著介紹現行的淨零 / 碳中和標準，提供企業參考。

（一）碳中和與淨零仍缺乏一致的定義

碳中和、淨零，以及其他氣候變遷相關名詞，在眾多媒體報導、文章，以及網站中，有著不同的定義與解讀。也由於

1　資料來源：https://ca1-nzt.edcdn.com/@storage/Net-Zero-Stocktake-Report-2022.pdf?v=1655074300　10/8/2022 造訪

相關的觀念、規範，以及標準仍在持續發展中，加上許多不同單位對於淨零做出的宣示也存在很大的差異，一時之間眾說紛紜。

聯合國氣候變遷政府間專家委員會（Intergovernmental Panel on Climate Change, IPCC）於2018年發表的「全球升溫1.5°C特別報告」（Special Report: Global Warming of 1.5°C, SR15）（以下簡稱IPCC SR15）附錄中詞彙表（glossary）所提供的定義，區分了「淨零碳排」（net zero CO2 emissions）與「淨零排放」（net zero emissions）：如果在某段特定的期間內，人為的二氧化碳排放能夠透過人為的方式移除，在全球尺度上取得平衡，即可稱為「淨零碳排」。而IPCC SR15將「碳中和」（carbon neutrality）視為與「淨零碳排」等同。IPCC SR15對於「淨零排放」，則定義為「在某段特定的期間內，人為的溫室氣體排放能夠透過人為的方式移除，在全球尺度上取得平衡」。簡言之，IPCC SR15對於「碳中和」、「淨零碳排」，以及「淨零排放」的定義，皆從全球尺度出發，但「碳中和」與「淨零碳排」僅牽涉到二氧化碳的排放，而「淨零排放」則涉及了所有溫室氣體的排放。

在IPCC SR15發表之後，由於宣示淨零的單位眾多，包括國家、區域、城市，以及個別企業，因此，「碳中和」、「淨零碳排」、「淨零排放」等觀念與定義，也逐漸由全球或國家尺度，轉移至其他較微觀的尺度。例如，聯合國與多個單位所共同發起的「奔向淨零」（Race to Zero）倡議活動，參與者主要為「國家以外的行為者」（non-state actors），包括地區、城市、金融機構、教育機構、醫療健康機構，以及企業。

其所提供的「奔向淨零辭典」（Race to Zero Lexicon），以這些「個別行為者」（individual actors）為分析單位，對「碳中和」（carbon neutrality）、「溫室氣體中和」（GHG neutrality），以及「淨零」（net zero）做出以下定義：

碳中和（carbon neutrality）：個別行為者的碳排放量，全部由該行為者所進行的二氧化碳減量或移除活動所抵銷，使得該行為者對於全球二氧化碳排放的淨貢獻為零（不考慮二氧化碳減量或移除量的多寡，以及其所牽涉到的期間）。

溫室氣體中和（GHG neutrality）：個別行為者的溫室氣體排放量，全部由該行為者所進行的溫室氣體減量或移除活動所抵銷，使得該行為者對於全球溫室氣體排放的淨貢獻為零（不考慮溫室氣體減量或移除量的多寡，以及其所牽涉到的期間）。

淨零（net zero）：個別行為者遵循科學途徑（science-based pathways）減少自身溫室氣體排放量，並採取等量（like-for-like）移除方式，來中和剩餘的溫室氣體排放量。此處所指的等量移除，可以在價值鏈中達成，或透過購買有效的抵銷權（offset credits）來達成。

然而，許多不同的機構或組織，對於碳中和以及淨零又有不同的定義。例如，有些機構僅區分「碳中和」與「淨零」，將「碳中和」定義為「二氧化碳排放量與移除量的正負抵銷」，而將「淨零」定義為「溫室氣體放量與移除量的正負抵銷」。因此，我們不難發現，定義上的不一致，使得許多組織或機構在宣示淨零承諾的時候，也產生許多差異。而「碳中和」有時也不侷限於二氧化碳的排放，也用來描述所有溫室氣體放量與移除量的正負抵銷。企業或各類組織發布新聞稿宣示淨零承諾時，也常混用「淨零」與「碳中和」這兩個名詞。許多時候，如果不細究內涵，很難看出「淨零」與「碳中和」的差異，而宣稱「淨零」或「碳中和」，也並不代表優劣高下之分。同時，「淨零」或「碳中和」究竟涵蓋的範疇為何（僅涵蓋範疇一、範疇二，或也包含範疇三），往往也很難從字面上或簡單的新聞稿或報導中看出。

因此，一般大眾或消費者在評量企業或組織的淨零或碳中和宣示時，必須留意其所宣稱的「淨零」或「碳中和」所涵蓋的溫室氣體種類（僅涵蓋二氧化碳或所有的溫室氣體）、涵蓋的範疇（僅涵蓋範疇一、範疇二，或也包含範疇三）、達成的時間與檢核點（例如，何時達成淨零或碳中和、達成之前有哪些檢核點、每個檢核點的溫室氣體減排狀況等），以及如何達成（例如，完全透過溫室氣體排放的減量與移除而達成，或一部分透過購買碳權來達成，而碳權抵銷占比多高等等）。而企業在宣誓其淨零承諾時，也應留意清楚完整地揭露資訊，以避免被指控有「漂綠」之嫌。而遵循現有的「碳中和」或「淨零」相關標準，接受查證取得確信，可以增強「淨零」或「碳中和」宣誓的公信力，是值得考慮的方式。

（二）碳中和與淨零相關標準

目前「碳中和」與「淨零」有兩個較廣為接受的標準，一為 PAS 2060，另一為 SBTi。必須留意的是，兩個標準均強調所謂的「碳中和」或「淨零」，不能全數以購買碳權抵銷來達成，必須先實際降低溫室氣體排放量，剩餘的排放量再以購買碳權的方式來抵銷。以下分別介紹兩個標準。

1. PAS 2060

PAS 2060 為英國標準協會（British Standards Institution, BSI）於 2010 年 4 月公布的碳中和標準（Specification for the demonstration of carbon neutrality），為當時世界第一個碳中和標準。此標準之制定旨在「提出清晰、一致的實施碳中和規範要求，以維護碳中和概念的完整性及作為可共同的比較基準」。2014 年時，環保署（現為環境部）為推展減碳行動，與英國標準協會共同合作，根據 PAS 2060:2014 標準，發布了中文化的「實施碳中和參考規範」。PAS 2060 適用於多種實體（entity），包括了區域或地方政府、組織或組織的一部分（包括分支機構）、社群、家庭及個人等。採用 PAS 2060 的實體，可以選定特定的標的（subject），包括組織、產品、服務、建築物、活動、專案、事件等，來宣告碳中和。

PAS 2060 所規範的碳中和宣告分為以下兩種：

（1）碳中和承諾宣告（The declaration of commitment to carbon neutrality）

進行此種宣告的實體首先必須建立宣告標的物的碳足跡報告，並以文件記錄碳足跡管理計畫（carbon footprint management plan），說明該標的物將如何達到碳中和。

（2）碳中和達成宣告（The declaration of achievement of carbon neutrality）

進行此種宣告的實體必須實際完成減量行動，並抵銷

（offset）殘餘的溫室氣體排放量。此種宣告只能應用於經過查證確信的特定時間範圍內的特定範疇。若該實體想要延長宣告的時間或擴大範疇，必須重新進行查證確信。

碳中和推動可分成規劃期、實施期及持續期。規劃期主要的工作為事前的承諾，並宣告何時達成碳中和；實施期進行的工作，包括碳中和主題標的物的碳盤查、減量及抵銷，最後達成碳中和，經由第三方進行確證後，提出達成碳中和宣告。持續期指的是持續維持碳中和，亦即持續進行下一期碳中和的規劃，開展新的循環。而其中碳盤查的部分，則可視碳中和的標的選擇，遵循 ISO 14064-1 或 ISO 14067 產品碳足跡相關標準來盤查其溫室氣體排放量。

2. SBTi

科學基礎減碳目標倡議（Science Based Targets initiative, SBTi），是由碳揭露專案（CDP）、聯合國全球盟約（UN Global Compact）、世界資源研究所（World Resources Institute）及世界自然基金會（World Wildlife Fund）於 2015 年共同發起，旨在響應《巴黎氣候協定》目標，提供工具協助企業將其減碳目標與氣候科學結合，藉由科學方法計算特定公司的合理減碳額度。截至 2022 年 10 月 10 日為止，全球已有 3821 個企業加入 SBTi 倡議，臺灣則有 73 家公司加入。《巴黎協定》設定的全球共同目標，是將全球平均升溫限制在 2℃以內，並努力將升溫限制在 1.5℃之內。SBTi 根據此一目標，協助企業訂定近期減排目標（near-term target）（5-15 年或 5-10 年）以及遠期淨零目標（net-zero target）（2050年前）。例如，聯電在2021年6月宣示2050年淨零排放承諾，並根據所核定的減碳目標，訂定近期減排目標為將直接排放（範疇1）與電力間接排放（範疇2）在內的總排碳量，於2030年前降至2020年的75%（即降低25%），同時在價值鏈（範疇3）的排碳將較2020年減少12.3%。

綜合來說，企業淨零轉型之路，可以先從能源管理（ISO 50001）、溫室氣體盤查（ISO 14064），以及碳足跡計算（ISO 14067）著手。在規劃規劃淨零 / 碳中和路徑時，遵循SBTi的科學基礎目標方式設置減碳路徑，以確保組織之減碳計畫符合聯合國氣候大會之目標。此外，也可依照PAS 2060為基礎的「實施碳中和參考規範」，來規劃產品、活動，或組織整體的碳中和相關工作內容，並在適當的時候宣告達成碳中和。

第三節　讓淨零成為競爭優勢

對於全球每一個企業來說，淨零的大趨勢都是不可忽視的。在這個浪潮下，所有的企業都必須思考長遠的策略，積極看待氣候科技，掌握其所帶來的商機，並建構節能減碳能力，讓淨零成為競爭優勢。這樣的思維，和消極被動因應法規與客戶要求，進行碳盤查、提供排碳資料的心態，是完全不同的。當企業把淨零當作競爭優勢的來源時，各種淨零活動的支出，會成為一種投資。相反地，若企業被動因應法規與客戶要求而進行各種淨零相關活動時，所支出的金額，都會被視為成本或費用。投資著眼於未來創造更高的收益，而成本與費用造成獲利的減損，為了提高獲利，必須嚴格管控。兩者之間的差異，只要稍具財務會計知識的人都很容易理解。企業對待淨零的心態，攸關其長遠的競爭力。

然而，企業如何能夠讓淨零成為競爭優勢？本書認為以下幾項工作是不可或缺的。首先，企業必須關注氣候科技的發展，掌握相關的商機，構思多角化策略跨入相關領域，或甚至全面轉型，讓氣候科技成為公司的核心業務。其次，企業必須培養內部節能減碳的能力，才能在中長期具有競爭優勢。再者，妥善調整組織的設計，提高永續與ESG在組織中的層級，以利建構企業整體的永續策略並籌各項相關工作，也是淨零策略中的重要工作。此外，企業也必須明確訂定排碳與ESG相關的績效指標，將永續績效納入績效評核系統中，才能有效落實永續策略。

一、關注氣候科技的發展，積極掌握相關商機

科技的進步在產業與經濟發展中扮演了關鍵角色。從歷史角度來看，工業革命、個人電腦的問世，乃至於網際網絡的興起，一次又一次大幅改變了人類的工作與生活型態，也同時造就了許多新產業，帶動了一波又一波的經濟榮景。我們認為，氣候科技的發展，將會是科技進展的下一個浪潮，一方面幫助緩解氣候變遷對地球所造成的衝擊，另一方面，也將創造出許多新興產業與新創公司。

在第一節中，我們看到氣候科技近年來吸引了可觀的資金投入。事實上，氣候科技的發展還在萌芽階段，而這些相關的投資才剛起步，未來的發展潛力將更為可觀。微軟創辦人比爾蓋茲曾在一個研討會中表示，投資氣候科技的未來報酬率，將遠超過目前科技巨擘所創造的，甚至會造就出8個到10個特斯拉（Tesla）。而類似微軟、谷歌、亞馬遜這樣的大型科技公司，未來也將在氣候科技領域出現。

對於許多企業而言，氣候科技是值得投入的領域。在淨零的大趨勢之下，高碳排企業面臨史無前例的壓力，無不積極轉型找尋新的方向。例如，在氣候變遷以及環保意識高漲的環境中，石油公司成為眾矢之的。2021年一家倡議氣候因應政策，名為引擎一號（Engine No.1）的小型基金，原本只持有石油巨頭埃克森美孚（Exxon Mobil）0.02%的股份，卻出人意表地於董事會改選時，由12個董事席位中取得了3席董事，將環保人士送進了董事會。自此之後，許多石油公司意識到巨大壓力，更加速了轉型的步伐，其中，以歐洲的石油公司最為積極。根據《華爾街日報》報導，荷蘭皇家殼牌（Royal Dutch Shell）、英國石油公司（BP），以及法國的道達爾能源（TotalEnergies）於2021年資本支出中，分別有12%、15%，以及18%投注於氣候科技。

其實，石油公司轉型早有成功案例。例如，總部位於丹麥的風電大廠沃旭能源（Ørsted），前身為DONG Energy（丹麥石油與天然氣公司），在2008年時，其供暖及發電業務有85%的能源使用仰賴化石燃料，僅15%來自再生能源。該公司於2009年1月宣布，2040年前將達成85%的業務營收來自於再生能源的目標。原本預計在40年內反轉這樣的比例，最終在10年內就已經達成。而公司本身也積極跨入風電產業。2017年公司改名為「沃旭」（Ørsted），以彰顯從黑能到綠能的策略轉型，及2023年達到零燃煤使用之目標。此後風電逐漸成為沃旭能源的核心業務，並在全球風電市場上取得領先地位。根據媒體引述《彭博》新能源財經2018年的資料，「沃旭能源全球開發的風場裝置容量達8.9GW、市佔率28%，位居全球之冠」。

其他高碳排企業，例如處於鋼鐵業、塑化業、水泥業，其他高碳排製造業等產業中的企業，也面臨了巨大的轉型壓力。對於這些企業來說，本身所處產業面對極大的的零碳轉型壓力，足以動搖產業的根本，必須及早思考多角化甚至退出策略。進行多角化，投資或購併氣候科技新創公司，跨入氣候科技領域，是值得考慮的方向。而對於碳排量不高的企業來說，氣候科技領域也是具有高度投資價值的新興產業領域。

二、培養節能減碳能力

在淨零大趨勢之下，節能減碳能力將成為企業未來競爭優勢的來源。在企業策略管理領域中，獨特的競爭優勢是企業賴以獲利與長久生存的關鍵。而競爭優勢的來源有很多，例如在產業中的獨占力、與時機相關的先進者優勢、掌握關鍵資源、雄厚的財力、企業內部的特殊能力，以及企業本身的策略型態所形成的各種與產品、客戶、規模、地理涵蓋範圍等相關的優勢。除了上述各種競爭優勢之外，本書認為，節能減碳能力也將會是許多企業競爭優勢的來源。首先，企業進行減碳能力活動，短期來說也許由於技術開發、人才培養，或購置機器設備投資等，使得支出增加，獲利降低，但如果節能減碳能力培養得宜，中長期來說，企業將會享有成本優勢以及聲譽優勢。在全球各國先後加入淨零承諾的行列之後，各國政府遲早會推出類似歐盟「碳邊境調整機制」（CBAM）的溫室氣體排放法規來抑制碳排，而碳權的價格也將日益高漲，節能減碳能力不足而僅仰賴購買碳權來抵銷碳排的企業，成本將愈來愈高，在某一個時間點之後，開始蒙受成本劣勢所帶來的損失。而排碳表現較佳的企業，也能夠享受聲譽優勢。簡言之，培養節能減碳能力的投資，會是「短空長多」。

培養節能減碳能力除了對企業本身的競爭力有幫助之外，企業若具備卓越的節能減碳技術，也有機會將這些技術授權給其他企業使用，賺取授權金，成為新的營收來源，或以這些技術為基礎成立新公司，由原本的企業分拆（spin off）出去，成為新的事業體。

三、調整組織設計

美國企業史學家錢德勒（Alfred D. Chandler）曾提出「組織結構追隨策略」（Structure follows strategy）的看法，認為策略必須由組織設計的配合才能得以落實。在淨零策略上，組織設計亦極為重要。淨零碳排或ESG的工作是一種跨功能（cross-functional）的活動，有賴不同的企業功能部門協力完成。其中牽涉到的包括技術研發、生產製造、財務、行銷、人力資源、資訊管理等各個企業功能領域。技術研發部門在產品設計上必須能夠從節能減碳出發，設計出低耗能、低排碳產品。生產製造部門必須能夠在每一個生產的環節中做到節能減碳，或甚至重新設計生產流程，融入循環經濟等的觀念，才能有效節能減碳。財務部門除了傳統的公司理財功能之外，也必須對於非財務揭露有足夠的了解與認識，並做好相關工作。而行銷部門也必須肩負起和社會大眾、投資人、客戶等各種利益關係人有效溝通的責任，充分清楚說明企業的淨零與ESG作為；如果對於淨零或ESG的知識不足，無法清楚表達或在溝通時發生失誤，往往會引來「漂綠」的指控，對企業形象造成負面影響。人力資源部門必須充分了解零碳永續方面人才需要具備甚麼樣的知識與能力，在招募相關人才的時候才能發揮功效，並提供培訓讓員工具備足夠相關知識。資訊管理部門也必須建構相關資訊系統，在碳盤查以及淨零相關的工作中迅速確實蒐集與分析資料。因此，妥善調整組織的設計，提高永續與ESG在組織中的層級至企業策略的決策層級，例如包含CEO, COO, CFO等的高階管理團隊層級，才能夠建構企業整體的永續策略並籌各項相關工作。如果僅將碳盤查的工作交給環安衛部門來執行，恐怕只會徒增工作量而無法形成有效的淨零策略，更遑論提升企業的環境或ESG績效。

四、明確訂定排碳與ESG相關績效指標

在調整組織設計，將淨零與永續提升至策略決策層級之後，訂定碳排與ESG績效指標，是下一個極為重要的工作。

以碳排績效指標為例，「內部碳定價」（internal carbon pricing）是許多企業落實淨零策略時常採行的措施。所謂內部碳定價是指企業內部將每公噸的碳排放（二氧化碳當量）定出價格，並向內部各單位收取排碳費用。由於排碳需要付費，因此產生誘因，讓排碳的單位減少排放，促使企業內部各單位控制其碳排量，並促使各單位能夠尋求更低碳排的生產流程、研發低碳排技術，或調整內部與外部供應鏈等。CDP 2021 年 4 月發表的研究報告指出，全球 500 大企業中，已有接近一半（226 家）企業已經採用、或規劃於未來 2 年內採用內部碳定價。與 2017 年的研究報告對照，採行內部碳定價的企業數，增長了 2 倍多。CDP 的資料庫中的資料也顯示，2020 年臺灣已有 128 家企業已經採用、或規劃於未來 2 年內採用內部碳定價。

至於每公噸碳排的定價應該為多少，個別企業訂出不同的政策。例如，微軟於 2012 年開始實施內部碳定價，並於 2019 年將每公噸碳排的價格提高至 15 美元。臺灣的台達電子，於 2021 年訂出了每公噸 300 美元的高價，遠高於歐盟碳定價以及全球 500 大企業的內部碳定價平均水準。根據上述 CDP 研究報告顯示，歐盟 2021 年的碳定價為每公噸 40 歐元（以當時匯率換算約為 44.8 美元），而 CDP 資料庫中，所有揭露內部碳定價的企業的中位數則為每公噸 25 美元。

除了內部碳定價之外，企業若能將碳排與 ESG 績效納入部門或員工個人績效指標，並將績效表現與高階主管甚至所有員工薪酬產生連動，將更有助於促進企業整體碳排與 ESG 績效的表現。根據永續評級與研究公司 Sustainalytics 的研究指出，2021 年全球約有 10% 的企業已經將高階主管薪酬與 ESG 績效進行連結。

第四節　小結

本章主要介紹了「氣候科技」這個因應氣候變遷以及淨零趨勢而興起的產業區隔，以及其中的商機。接著，將介紹企業淨零之路所需了解的觀念以及做法，包括能源管理、溫室氣體盤查、碳足跡、碳中和、淨零排放等觀念以及相關標準。最後，則談到企業整體的淨零策略應如何建構。我們認為，企業應關注氣候科技的發展並積極掌握相關商機，培養節能減碳能力，調整組織設計將淨零永續的層級提升至企業策略決策層級，並將排碳與 ESG 相關績效指標納入績效評核系統，並與高階主管薪酬連動，才能讓淨零成為企業競爭優勢的來源。在本書的下一章中，我們將介紹至關重要的企業非財務揭露標準與做法。

參考資料

Hannah Ritchie, Max Roser and Pablo Rosado (2020) "CO_2 and Greenhouse Gas Emissions". Published online at OurWorldInData.org. Retrieved from: 'https://ourworldindata.org/co2-and-greenhouse-gas-emissions' [Online Resource] [9/27/2022 造訪]

McKinsey: Innovating to net zero: An executive's guide to climate technology https://www.mckinsey.com/business-functions/sustainability/our-insights/innovating-to-net-zero-an-executives-guide-to-climate-technology [9/27/2022 造訪]

PwC State of Climate Tech 2021 https://www.pwc.com/gx/en/services/sustainability/publications/state-of-climate-tech.html [9/27/2022 造訪]

BloombergNEF, Venture Capital, PE Invest $53.7 Billion in Climate Tech https://about.bnef.com/blog/venture-capital-pe-invest-53-7-billion-in-climate-tech/ [9/27/2022 造訪]

Bloomberg NEF, Energy Transition Investment Trends 2022 https://assets.bbhub.io/professional/sites/24/Energy-Transition-Investment-Trends-Exec-Summary-2022.pdf [9/27/2022 造訪]

TrendForce：預計 2024 年全球磷酸鐵鋰電池裝機量占比將達 60%，成動力電池市場主流。https://www.trendforce.com.

tw/presscenter/news/20220419-11200.html [9/27/2022 造訪]

環境部溫室氣體排放量盤查作業指引

https://ghgregistry.epa.gov.tw/ghg_RWD/D_files/Main/%E6%BA%AB%E5%AE%A4%E6%B0%A3%E9%AB%94%E6%8E%92%E6%94%BE%E9%87%8F%E7%9B%A4%E6%9F%A5%E4%BD%9C%E6%A5%AD%E6%8C%87%E5%BC%95(2022.05)-final.pdf [10/2/2022 造訪]

The Energy Advice Hub (2020). Scope 3 emissions: your frequently asked questions. https://energyadvicehub.org/scope-3-emissions-your-frequently-asked-questions/ [10/8/2022 造訪]

環境部環境新聞專區

https://enews.epa.gov.tw/page/3b3c62c78849f32f/defcd1a8-51b3-42c0-99e5-4451ee59cc79 [10/11/2022 造訪]

環境部產品碳足跡資訊網

https://cfp-calculate.tw/cfpc/Carbon/WebPage/InstitutionDesc.aspx [10/11/2022 造訪]

IPCC, 2018: Annex I: Glossary [Matthews, J.B.R. (ed.)]. In: Global Warming of 1.5°C. An IPCC Special Report on the impacts of global warming of 1.5°C above pre-industrial levels and related global greenhouse gas emission pathways, in the context of strengthening the global response to the threat of climate change, sustainable development, and efforts to eradicate poverty [Masson-Delmotte, V., P. Zhai, H.-O. Pörtner, D. Roberts, J. Skea, P.R. Shukla, A. Pirani, W. Moufouma-Okia, C. Péan, R. Pidcock, S. Connors, J.B.R. Matthews, Y. Chen, X. Zhou, M.I. Gomis, E. Lonnoy, T. Maycock, M. Tignor, and T. Waterfield (eds.)]. Cambridge University Press, Cambridge, UK and New York, NY, USA, pp. 541-562, doi:10.1017/9781009157940.008. https://www.ipcc.ch/sr15/chapter/glossary/ [10/10/2022 造訪]

Race to Zero. https://climatechampions.unfccc.int/join-the-race/ [10/10/2022 造訪]

National Grid. https://www.nationalgrid.com/stories/energy-explained/carbon-neutral-vs-net-zero-understanding-difference)、Ecometrica (https://ecometrica.com/carbon-neutral-net-zero/) 等 [10/10/2022 造訪]

英國標準協會網站

https://www.bsigroup.com/zh-TW/blog/esg-blog/trends-in-net-zero-emissions-and-carbon-neutrality/ [10/10/2022 造訪]

環境部網站

https://ghgregistry.epa.gov.tw/upload/Tools/PAS2060-%E7%92%B0%E4%BF%9D%E7%BD%B2%E5%B9%B3%E5%8F%B0%E7%94%A8.pdf [10/10/2022 造訪]

SBTi 官網資料

https://sciencebasedtargets.org/companies-takingaction#do-i-need-a-license-to-use-the-data [10/10/2022 造訪]

聯華電子官網

https://www.umc.com/zh-TW/Html/climate_change_initiative [10/10/2022 造訪]

CNBC ESG IMPACT. Bill Gates says climate tech will produce 8 to 10 Teslas, a Google, an Amazon and a Microsoft.

PUBLISHED WED, OCT 20 20211:54 PM EDT UPDATED THU, OCT 21 20218:54 AM EDT.https://www.cnbc.com/2021/10/20/bill-gates-expects-8-to-10-teslas-and-a-google-amazon-and-microsoft.html [10/11/2022 造訪]

The New York Times. Exxon's Board Defeat Signals the Rise of Social-Good Activists. https://www.nytimes.com/2021/06/09/business/exxon-mobil-engine-no1-activist.html [10/12/2022 造訪]

The wall Street Journal. Exxon, Chevron Lack a Certain Je ne Sais Quoi. https://www.wsj.com/articles/exxon-chevron-lack-a-certain-je-ne-sais-quoi-11632826980 [10/12/2022 造訪]

沃旭能源官網

https://orsted.tw/zh/about-us/our-green-energy-transformation [10/12/2022 造訪]

司徒達賢。（2001）。策略管理新論：觀念架構與分析方法。台北：智勝。

Chandler Jr, A. D. (1969). Strategy and structure: Chapters in the history of the American industrial enterprise (Vol. 120). MIT press.

CDP(2021). Putting a price on carbon: The state of internal carbon pricing by corporates globally. https://www.cdp.net/en/research/global-reports/putting-a-price-on-carbon [10/15/2022 造訪]

微軟官網

https://blogs.microsoft.com/on-the-issues/2019/04/15/were-increasing-our-carbon-fee-as-we-double-down-on-sustainability/ [10/15/2022 造訪]

台達電子官網

https://www.deltaww.com/services/csr/corporate_citizen/recent_milestones_ch.htm [10/15/2022 造訪]

Sustainability. Mapping Pay to Performance: ESG-Linked Compensation Around the World

Posted on June 20, 2022. https://www.sustainalytics.com/esg-research/resource/corporate-esg-blog/mapping-pay-performance-esg-linked-executive-compensation-around-world [10/15/2022 造訪]

第3章　永續會計與碳揭露

第一節　前言

本文是以資誠聯合會計師事務所永續發展服務部門，趙永潔會計師，於國立陽明交大EMBA學程零碳轉型課程之中，以「永續會計準則與氣候相關財務揭露」為主題的演講為主要軸線，搭配兩篇《哈佛商業評論》的專文，探討永續會計與碳揭露的議題。

第二節　氣候變遷與企業責任

在氣候變遷的挑戰之下，企業所應擔負的責任格外引人關注，ESG已經不只是單單影響企業聲譽的問題而已，其相關議題影響企業經營本質的程度是越來越重，以蘋果為例，近年來蘋果可說是嚴格緊盯它的供應商，確保供應商在各項指標如勞工環境上有無違規，甚至進行一些處置的方式，光是2020年中國南昌的歐菲光及臺灣許多企業，都發生蘋果以特定事由進行懲處甚而暫止合作。

又以美國市值最大的石油公司埃克森美孚（Exxon Mobil）為例，依《哈佛商業評論》2021年，由羅伯·艾克斯（Robert G. Eccles）和約翰·馬利肯（John Mulliken）

所發表的文章：〈公司最大的負債，是「碳」？〉（Carbon Might Be Your Company’s Biggest Financial Liability）中指出，2020年埃克森美孚排放了1.12億公噸的二氧化碳「當量」（CO_2 equivalent）；意即除了碳，它還排放了大量甲烷等其他的溫室氣體。若用每噸100美元來計算，他們每年將會因自己排放的碳，欠下110億美元債務。這家公司在過去五年平均只賺80億美元。再加上這家公司每年供應鏈的排放量約有6億公噸，如此計算的碳負債為600億美元。

埃克森美孚的經營團隊當時並未有效而即時面對此困境，有個積極專注於影響力的投資公司Engine No. 1，雖然僅持有埃克森美孚0.02%的股份，但卻以落實「積極所有權（active ownership）」的實踐，一方面展現其願意與管理層合作（而非發起激進運動）的方式進行改革，另一方面積極遊說投資人面對上述潛在碳負債的事實，成功在2021年董事會改選時，更換埃克森美孚董事會3名成員，這項運動引起了人們廣泛的注意，也根本地改變了該公司經營理念和面對碳排的態度，經過一連串的改革及努力，2022年標普500 ESG指數，在意外的移除電動車大廠特斯拉（Tesla, Inc.）之時，反而納入了埃克森美孚這家石油公司，此個案展現了ESG動態多元的呈現和考量面向。

因此艾克斯和馬利肯在文章中討論，碳價格在某些區域可能還是零，但不可能永遠都是零。在政府干預與碳交易市場發展的共同作用下，世界各地的碳最終勢必都會被訂價；每家公司都有因為碳排放而產生的「碳空頭」（Carbon Short）空頭部位，而目前幾乎沒有公司對這個部位採取風險控管，現在則是必須正視這個隱藏負債的時候。

進一步來看這個碳空頭部位，除了源自公司本身營運所排放的碳（GHG Protocol中的範疇一和範疇二碳排），還有在銷售產品與提供服務的過程中所排放的碳（範疇三，類別10），絕大多數公司並未評估這些可能的負債，一方面因為範疇三碳排的衡量相當困難，另方面因為這些碳排放量現在的價格為零，企業似乎很自然就會認為其未來的價格也會是零，但埃克森美孚近年面對碳排的歷程告訴我們，即便國家尚未對碳排制定具體配額、稅收或費用，投資人其實已經對碳空頭部位，有實在的虛擬定價，進一步已實際地影響企業股票價格或實體經營方式。

艾克斯和馬利肯在文章中提到另一個案例：瑞安航空（Ryanair），該公司2020年排放的碳，讓他們付出了1.5億歐元，自那時候起每噸二氧化碳的排放價格已經上漲一倍，然而該公司已經購買二氧化碳選擇權來對沖這項風險。此外，瑞安航空希望藉由高效率運用燃料的機隊，與專注於營運效率來創造競爭優勢，他們聲稱任何搭乘瑞安而非傳統航空公司的乘客，都能使自己的碳足跡降低50%，其目標是「到2050年達成零碳排，並且持續降低我們消耗的燃料，讓搭乘瑞安航空變得更加環保。」這是一個因應環境和碳排衝擊，藉由積極轉型進而形成業界ESG永續領先者的例子。既然環境友善和碳排已成為企業不可忽視的經營考量，本文接下來就回顧近年來非財務的資訊揭露，其發展歷程和影響。

第三節　非財務永續資訊的揭露

從會計的角度而言，會特別關注投資人或是利害關係人，乃至於企業本身到底想要看到什麼樣的財務資訊，足以反映現在全球 ESG 的風潮。在 10 年來永續報導準則與框架之下，從 GRI（Global Reporting Initiative, GRI）準則，到專注投資人需求的 SASB（Sustainability Accounting Standards Board），亦或者是針對特定議題的揭露如氣候相關財務揭露（Task Force on Climate-related Financial Disclosures）在氣候變遷上的著重，乃至於全球性的組織，如會計準則制定單位的 IFRS 基金會下之國際永續準則委員會所發布之 IFRS S1 及 S2，另外還有聯合國的 SDGs（Sustainable Development Goals）等，及雨後春筍般地各式永續效評分/評選機構等等，我們面臨要如何在 ESG 的面向去彰顯企業的價值，具體而言即從公開資訊來看，到底要有哪些 ESG 揭露資訊，圖 1 彙整了臺灣主要依據的三個揭露準則框架：GRI、SASB 和 TCFD，其面向、揭露內容和特徵。

一、GRI（Global Reporting Initiative）準則

全球永續性報告協會（Global Reporting Initiative, GRI）於 2016 年 10 月推出了新一代永續性報告的全球標準，取代原 G4，2018 年 7 月生效，為企業提供了一種公開非財務資訊的通用語言，2021 年 3 月進一步發布「2021 版準則」，已於 2023 年 1 月 1 日生效。GRI 準則除了基礎（foundation）

	永續面向		環境相關揭露
永續揭露	GRI準則	永續會計準則 (SASB)	氣候相關財務揭露
面向	永續	永續	氣候變遷
指引型態	指標	指標	框架
重大性	社會與環境重大性	財務重大性	財務重大性
揭露內容	• 所有產業適用 • 10個產業補充指引	特定產業	• 所有產業適用 • 金融業及5產業特定補充指引
目標讀者 (Target Audience)	所有利害關係人	投資人	投資人
發布管道(Reporting Channel)	與投資人溝通主要管道	永續報告書	主流財務報告書

圖1　在臺灣現有的各式非財務報導資訊

資料來源：資誠聯合會計師事務所整理

揭露，呈現企業如何使用該準則和提出報告的依據外，還有一般揭露（general disclosures）來貫穿報告全文，包括組織概況、營運與員工、治理、策略、政策與做法、利害關係人等，最後還有特定主題的呈現，GRI準則將34個主題分為經濟、環境和社會三大屬性，涵蓋面向廣泛。

因此我們可看出GRI準則強調經濟環境社會等重大性主題，它主要是去回應所有利害關係人，臺灣上市櫃公司編製與申報永續報告書報告書作業辦法（以下稱「作業辦法」），要求採用GRI準則，然而既然其目標讀者為利害關係人包括政府機關、媒體、員工、銀行、供應商、消費者、投資人和競爭對手等，GRI準則的使用就相當多元，投資人必須從中萃取與企業價值直接或間接的相關資訊來解讀。因此，以投資人為溝通對象的永續會計準則委員會（SASB）準則需求因應而生，專注於特定產業的ESG資訊揭露應具備的財務重大性及決策有用性，以利連結企業在 ESG 面向的價值評估。

二、SASB（Sustainability Accounting Standards Board）準則

永續會計準則委員SASB會於2011年在美國舊金山成立，是一個非營利永續會計準則機構，是為了使投資人更加了解企業並減少評價的落差，其準則是一兼具質性與量化並行的永續資訊揭露標準，2018 年公布了涵蓋 5 大面向、11 項產業別（sector，再下分 77 項行業別，industry）、與 26 項永續議題的「重大性地圖索引（Materiality Map）」，將可能影響財務狀況與營運績效之 ESG 議題列出，為一套可自願性採用的準則，並逐漸被企業採用。

其 5 大面向為：環境、社會資源、人力資源、商業模式與創新、領導力及公司治理。11 項產業別為：消費品、提取物和礦物加工、金融、食品與飲料、衛生保健、基礎設施、可再生資源和替代能源、資源轉化、服務、科技與通訊和運輸。每個產業所對應要揭露的永續議題各自不同，平均而言每個行業大約有 6 個揭露主題、13 個會計指標，詳細的 26 項永續議題及其對應面向請參考圖 2。

環境	領導及治理	商業模式及創新	人力資本	社會資本
• 溫室氣體排放 • 空氣品質 • 能源管理 • 水與廢水管理 • 廢棄物與有毒物質管理 • 生態衝擊	• 企業倫理 • 競爭行為 • 法遵管理 • 重要事件風險管理 • 系統性風險管理	• 產品設計與生命週期管理 • 商業模式韌性 • 供應鏈管理 • 原物料採購與有效使用 • 氣候變遷實體衝擊	• 勞工概況 • 員工健康與安全 • 員工議合、多元與包容	• 人權與社區關係 • 顧客隱私 • 資訊安全 • 可取得與可負擔性 • 產品品質與全安 • 顧客福祉 • 銷售實務與產品標示

圖2　五大永續面向與26個永續議題類別

資料來源：資誠聯合會計師事務所整理

由此可看出SASB準則每個面向其實非常多元，投資人可以透過其架構去找出各產業應該聚焦的ESG資訊，來判斷如何在該產業的ESG重點議題，及ESG的付出與責任。不同產業可能會聚集在截然不同的議題，比方說飲料業製造商，會著重在水與廢水的管理、水資源指標，乃至取水量、耗水量、具高度風險基線水資源壓力等資訊；軟體IT公司則會著重能源管理議題，如硬體設備環境的足跡、總能源消耗量、外購電力使用量佔比、再生能源使用量佔比等，所以不同的產業就有適合其特質的揭露項目。

現在SASB準則已經漸漸成為ESG主流的溝通語言，已有ESG新興商品依據其而建構，在2020年全球資產管理公司就發行了兩檔以SASB準則設立的ETF基金，估計有200多家機構投資者支持或使用SASB準則，來決定其投資決策或提供決策資訊。以SASB官網統計，近年全球SASB報告書總量由2019年的136增加為2021年的1,005，臺灣在2019年還沒有一家公司有揭露SASB報告書，2020年是8家，到了2021年是18家。

SASB 準則之應用

以臺灣最大的電子製造業為例，SASB 準則在五大面向裡特別著重人力資本、環境資本和商業模式及創新三面向，在人力資本面向就必須關注勞工實務和勞工概況的議題，環境資本面向則關注水資源管理和廢棄物管理，而在商業模式與創新面向就要有產品生命週期管理和原料採購，永續活動指標就包括製造設備的數量、製造設備的面積和員工人數等等，詳細架構可參考圖 3。

ELECTRONIC MANUFACTURING SERVICES & ORIGINAL DESIGN MANUFACTURING
Sustainability Accounting Standard

五大面向	永續議題類別	揭露指標
人力資本	勞工實務 勞工概況	V
社會資本	-	-
環境資本	水資源管理 廢棄物管理	V
領導及治理	-	-
商業模式及創新	產品生命週期管理 原料採購	V

增加可標準化同業數據比較的活動指標 (Activity Metrics)

活動指標 Activity Metric
製造設備數量
製造設備面積
員工人數

圖 3　以 SASB 對電子製造業的要求揭露為例

資料來源：資誠聯合會計師事務所

再進一步舉例，SASB 準則對電子製造業要求揭露的內涵，以勞工概況指標為例，由於電子製造服務及其原廠委託設計行業，其工人待遇與工人權利保護議題，越來越受到客戶、監管機構、和標竿公司的關注，這個指標的關鍵面向就是揭露工作條件、環境責任以及員工健康與安全，尤其員工在製造過程中是否暴露於危險物料和具危險性的設備之下。而此行業公司營運於高度成本競爭的環境當中，容易高度依賴低成本的約聘勞工，因此該行業企業對分包商、人力仲介和供應商的依賴，就易導致難以改善員工工作安全的困境。公司又常常位於直接成本相對較低的國家，並且在保護工人方面有不同程度的監管與執法，這種動態或會增加公司面臨聲譽風險，以及短期和長期成本對銷售變動的彈性影響，這種影響常來自於為人注目的工安或勞工事件而加強監管與執法。因此擁有完善的供應鏈標準、監控和與供應商合作，來去解決勞工問題的公司，就更有能力去長期保護股東的價值，因此 SASB 就在本指標裡面特別要求具體揭露如供應商稽核概況統計、缺失統計、改善統計等等。延伸來看，這項勞工概況指標，就會進而影響一些關鍵的財務面向如銷售成本、市佔率、非經常性費用、有形資產或負債的準備等。

總體而言，使用 SASB 準則能夠提升企業 ESG 管理效益有 4 個方面：策略管理、績效管理、資訊品質和溝通管理。在策略管理部分，投資人可以整合財務與非財務績效指標，辨識企業發展機會與營運風險，及企業如何創造企業長期價值；在績效管理的部分，透過同產業可比較之永續指標，以及前後期差異分析，了解企業永續的表現；在資訊品質方面，因定義明確可改完善資料蒐集機制，通過確信提升永續數據品質與公信力；在溝通管理的部分，企業如何回應投資方對於永續資訊的需求，提供具備財務重大性與決策管理性之內容，聚焦產業的討論。

最後本節列舉幾項應用 SASB 準則的實例，首先 SASB

準則可作為企業發展商業策略的媒介或者是 KPI，例如紐約大學一項以汽車產業為對象的研究，所採用的 18 項永續策略，就有 16 項已為 SASB 所辨識，該研究進一步以 SASB 準則的指標：歷年召回次數的趨勢，來辨識追蹤研究產品安全的驅動因子，以分析汽車產業的產品安全策略，發現一輪產品的召回會造成超過美金 5 億 5000 萬的成本。而加拿大的能源公司 Cenovus，藉由揭露多年度的永續資訊，有助投資人了解永續績效表現趨勢；英國的 Diageo 公司，則是透過外部機構的確信，提升資訊揭露品質與公信力；美國的道富公司則以不同的報告架構，包括 GRI 和 SASB 準則，向利害關係人來溝通永續的資訊。

三、TCFD（Task Force on Climate-related Financial Disclosures）

氣候相關財務揭露（Task Force on Climate-related Financial Disclosures, TCFD）工作小組於 2015 年由國際金融穩定委員會（Financial Stability Board）所成立，目的為擬定一套具一致性的氣候相關財務資訊自願性揭露的建議，協助投資人與決策者瞭解組織重大風險，一方面可更準確評估氣候相關企業暴露之風險與機會，另一方面可積極以金流引導全球走向低碳經濟。

近年全球極端的氣候事件頻傳，自然災害在全球造成嚴重的經濟及保險損失，2019 年為自然災害造成的經濟損失估計美金 2.02 兆元，保險損失估計美金 8 千 9 百億元，氣候變遷的挑戰讓人們不能再忽視工業發展對環境帶來的傷害。因此，由1992年通過的《聯合國氣候變遷綱要公約》（*United Nations Framework Convention on Climate Change*, UNFCCC），就從1995年開始每年召開締約方會議（Conferences of the Parties, COP）以評估如何積極應對氣候變遷。

1997年COP3，《京都議定書》達成，使溫室氣體控制或減排成為已開發國家的法律義務，明確規範38個工業國家減碳責任；2009年COP15的《哥本哈根協議》，表明如要避免危險的氣候變化，應保持氣溫上升低於攝氏2度；2015年COP21的《巴黎協定》，認知應努力將氣溫升幅限制在工業化前水準攝氏1.5度之內，並以不威脅糧食生產的方式增強氣候抗禦力和溫室氣體低排放發展，並使資金流動符合溫室氣體低排和氣候適應型發展的路徑。2021年COP26的《格拉斯哥氣候公約》，把氣候變遷列為最重要的風險，確認要求把全球氣溫升高幅度控制在攝氏1.5度內，逐步減少煤炭的使用，並將於2022年底提出更激進的減排目標。

這些共識也為國家、企業帶來了極大的推動力，根據zerotracker.net網站2023年8月最新數據統計，全球已經有150個國家回應2050淨零碳排目標，合計佔全球92% GDP以及88%碳排放量，臺灣亦將溫室氣體管理法變革為氣候變遷法，並對用電大戶強制使用10%的再生能源，研議課徵碳費制度。以金融面為例，全球UNEP下成立「格拉斯哥淨零聯盟（the Glasgow Financial Alliance for Net Zero）」，承諾在不同金融服務面向，如銀行、保險、資產管理等，推

動全球邁向淨零排放，臺灣亦推動綠色金融引導金流投入綠色 /ESG 產業。以供應鏈來看，國際品牌 Apple、Google、Nike、Adidas 等要求供應鏈碳中和或使用一定比例的綠電。截至 2023 年 3 月，臺灣已有 22 家公司如台積電、台達電等響應 RE100 承諾使用 100% 的再生能源。

TCFD 的緣起就是利害關係人能藉其瞭解氣候對於企業財務衝擊的影響，進一步能引導全球走向低碳經濟。各國規範其企業以 TCFD 揭露的時程各有不同，如圖 4 所示，英國在 2025 年就會強制所有行業要揭露，日本是在 2023 年規定上市企業要全部揭露，香港在 2021 年金融業就已施行了，新加坡是 2022 年試行金融業，2023 年強制關鍵行業，臺灣則在 2023 年強制銀行、保險與資本額 20 億以上上市櫃公司進行 TCFD 相關揭露。

	2021	2022	2023	2025
英國	針對各主管機關管轄的不同類型的產業及退休基金，訂定不同的路徑與時間表			強制(所有行業)
日本		強制(部分上市企業*)	強制(所有上市企業)	
香港	試行(金融業)			強制(相關行業**)
新加坡		試行(金融業)	強制(關鍵行業**)	
紐西蘭			強制(金融業)	
臺灣			強制(銀行、保險業、上市櫃)	

*companies listed on its prime blue chip(藍籌股，績優大公司)market **尚未決定產業別

圖 4 各國規範 TCFD 相關揭露時程

資料來源：資誠聯合會計師事務所依 TCFD status report 整理

圖 5 表列了 TCFD 四大核心的揭露要求，於 2017 年公布指引、2021 年增修策略、指標與目標揭露的建議，其面向有四：治理、策略、風險管理和指標與目標。分項來看，「治理」的主要內容是揭露組織與氣候相關風險與機會的治理情況，如董事會如何監督這個議題，與管理階層如何評估與管理這個議題；「策略」則針對組織業務、策略及財務規劃，揭露實際及潛在的氣候相關的衝擊，如公司要辨認出短中長期氣候相關風險與機會，此議題對於公司創業股模式策略與財務規劃的衝擊，和情境分析比方說 2℃或更嚴苛的情境之下的情境分析；「風險管理」揭露氣候相關風險的鑑別和評估流程，氣候相關風險的管理流程，說明上述及辨識及管理風險流程是如何整合至公司整體風險管理制度；最後，「指標與目標」針對重大性的資訊，揭露用於評估和管理氣候相關議題的指標與目標，如評估指標是否與公司策略與風險管理一致，揭露範疇一至三溫室氣體排放的和相關風險，管理目標與相關績效。

2017年公布指引，2021年增修策略、指標與目標揭露建議

面向	治理	策略	風險管理	指標與目標
主要內容	揭露組織與氣候相關風險與機會的治理情況	針對組織業務、策略和財務規畫，揭露實際及潛在與氣候相關的衝擊	揭露組織如何鑑別、評估和管理氣候相關風險	針對重大性的資訊，揭露用於評估和管理氣候相關議題的指標和目標
揭露要項	a.董事會如何監督此議題。 b.管理階層如何評估與管理此議題。	a.公司辨認出的短中長期氣候相關風險與機會。 b.此議題對公司的商業模式、策略與財務規劃的衝擊。 c.情境分析（包括2°C 或更嚴苛的情境）下的韌性策略。	a.氣候相關風險的鑑別和評估流程。 b.氣候相關風險的管理流程。 c.說明上述之辨識及管理風險流程是如何整合至公司整體風險管理制度。	a.評估指標是否與公司策略與風險管理一致。 b.揭露範疇 1、範疇 2 和範疇 3（如適用）溫室氣體排放和相關風險。 c.管理目標及相關績效。

圖 5　TCFD 四大核心揭露要求

資料來源：資誠聯合會計師事務所整理

以台達電公司為例，在最早於2016年年報就揭露了TCFD的四大要素，董事會轄下建構台達永續委員會是台達內部最高層級氣候風險與機會的監督組織，在管理階層之下它又下設了企業永續發展辦公室，來負責關注國際氣候變遷的趨勢，統籌氣候變遷相關的專案，匯整相關的指標，建立運作架構以及辦理氣候變遷教育訓練，邀集各功能主管及事業群主管使管理階層掌握氣候相關的議題等，同時顯示其短中長期的風險與機會，還有使用2℃情境分析，在不同情境之下對於儲能相關產品的商業機會分析；以國際科學方法來去設定減碳目標並使用KPI進行追蹤在範疇一和二的碳排，提高再生能源使用的比例，購買國際再生能源憑證，推動節能方案，而在範疇三的部分則導入綠色設計技術產品生命週期，分析碳足跡的盤查等；在那麼風險管理的部分，從由各執行單位評估風險，並從減緩與調適面向進行管理。

簡言之，氣候變遷的挑戰，對財務影響的全面評估，不易有統一的標準和指引，產業和企業內部對於可能量化的資訊，未必有相對應的資料收集機制，紀錄財務影響評估的合理性，成為企業內部是否納入營運業務決策的關鍵，而管理制度整合的困難和氣候風險管理涉及部門廣泛，如何有效整合不同單位的權責，並透過整合性的角度評估氣候變遷風險與機會實為一大挑戰，若僅由CSR/永續部門推動，容易面臨缺乏內部協調與資訊較難掌握，及組織內部的實際狀況溝通落差、不同部門與專業背景看待氣候變遷的觀點不同等困難，公司主動揭露永續準則如SASB、TCFD等，就能成為凝聚內部共識、引導企業發展、確實評估風險與機會的重大起點。

四、IFRS 和 SEC 氣候相關揭露要求

為了讓會計原則邁向永續接軌，IFRS 基金會在 COP26 啟動 ISSB（International Sustainability Standards Board，國際永續性標準委員會），就以 TCFD 為基礎，整合 SASB 的要求，利用 IFRS 治理的獨立性和成功經驗，發展全球永續準則從者當前零散 ESG 揭露的生態系，與目前會計準則整合接軌，已於 2023 年 6 月 26 日發布永續揭露準則第 S1 號「永續相關財務資訊揭露之一般規定」（下稱 S1）及第 S2 號「氣候相關揭露」（下稱 S2），提供國際一致適用之永續揭露規範，增加資訊之可比較性並防止漂綠。

（一）S1：永續相關財務資訊揭露之一般規定

強調永續資訊與財務報表資訊的連結，包括報導個體、重大性標準、重大假設均須與財務報表一致，且永續資訊應與財務報表同時報導並發布，以利投資人投資決策時整體考量企業價值。

（二）S2：氣候相關揭露

除了整合氣候相關財務揭露（TCFD）的相關建議外，更強化轉型計畫、氣候韌性及溫室氣體排放之揭露，同時參考永續會計準則委員會 SASB 納入產業指標。

當 ESG 資訊的揭露朝全球統一的準則邁進，財報的使用者可以一方面了解公司與氣候相關的風險與機會之財務狀況、財務業績和現金流量的影響，並幫助使用者評估企業價值；另一方面了解管理階層對資源的使用與投入、活動、產出的結

果，如何支持公司因應其氣候相關風險與機會的策略；此外也能評估企業應迎氣候相關風險和機會，而調整規劃營運模式的能力；那麼企業應該揭露的範圍就是實體風險、低碳轉型風險與企業相關的氣候相關機會。

爰此，美國SEC（Securities and Exchange Commission，證券交易委員會）也在2022年3月，發布了《上市公司氣候數據披露標準草案》，圖6彙整了其未來會要求企業揭露的範圍，包括氣候變遷相關的資訊以及溫室氣體排放的狀況。具體來看，氣候變遷相關的資訊有：（1）氣候相關風險治理與氣候相關風險管理流程，（2）識別氣候相關風險對營運合併財報，可能產生短期、中期、長期的重大影響，（3）已識別的氣候相關風險如何影響或可能影響企業的策略、營運的模式和前景，（4）氣候相關事件和轉型活動，對企業合併財報項目的影響，和財報中使用的財務估計和假設的影響。而溫室氣體排放情況，就需揭露（1）直接和間接溫室氣體的排放（需於2023年首次揭露），和（2）供應商和合作夥伴製造的溫室氣體所造成之實質影響（需於2025年首次揭露），或涵蓋在公司減碳目標中企業應該揭露價值鏈的排放量。

第四節　環境負債之會計概念

在前述〈公司最大的負債，是「碳」？〉的文章中，作者艾克斯和馬利肯對於如何抵銷碳空頭的風險，有具體的建議，認為首先應使用範疇一至三的方式，計算公司營運與供應鏈的

U.S. SECURITIES AND EXCHANGE COMMISSION

Press Release

SEC Proposes Rules to Enhance and Standardize Climate-Related Disclosures for Investors

FOR IMMEDIATE RELEASE
2022-46

Washington D.C., March 21, 2022 — The Securities and Exchange Commission today proposed rule changes that would require registrants to include certain climate-related disclosures in their registration statements and periodic reports, including information about climate-related risks that are reasonably likely to have a material impact on their business, results of operations, or financial condition, and certain climate-related financial statement metrics in a note to their audited financial statements. The required information about climate-related risks also would include disclosure of a registrant's greenhouse gas emissions, which have become a commonly used metric to assess a registrant's exposure to such risks.

https://www.sec.gov/news/press-release/2022-46

美國證券交易委員會（SEC）2022年3月21日發布《上市公司氣候數據披露標準草案》，要求企業未來提交註冊聲明、年度財務報告或其他文件時，須揭露：

- 氣候變遷相關的資訊：
  - 氣候相關風險治理和氣候相關風險管理流程
  - 識別氣候相關風險對營運和合併財務報表可能產生短期、中期或長期的重大影響
  - 已識別的氣候相關風險如何影響或可能影響企業的策略、營運模式和前景
  - 氣候相關事件（惡劣天氣事件和其他自然條件）和轉型活動對企業合併財務報表項目的影響，及對財務報表中使用的財務估計和假設的影響。
- 溫室氣體排放情況：
  - 造成的直接（Scope 1）和間接（Scope 2）溫室氣體排放；
  - 若供應商和合作夥伴製造的溫室氣體造成實質影響，或涵蓋在公司減碳目標中，企業須揭露價值鏈的（Scope 3）的排放量。

PwC Taiwan　　90

圖 6　美國 SEC 亦發佈《上市公司氣候數據披露標準草案》

資料來源：資誠聯合會計師事務所整理

排放總量與碳密集度，即衡量用碳排衡量空頭部位。進而確定碳密集度會隨營收提高而變化，為未來排放建立模型。再決定套用的價格與實施的時機，碳價格可利用遠期價格曲線為遠期排放定價。最後將「碳現金流」折現，運用公司的資本成本，來折合未來的碳價格，並以現值呈現這總共會造成多少經濟影響。

該文的建議雖鉅細靡遺且看似可行，然而碳現金流的現值要能準確，完全仰賴碳排放量準確的估計，範疇一和二或許沒問題，但範疇三的碳排估計，即供應鏈當中的上游作業，以及企業的顧客和終端消費者的下游活動，所排放的溫室氣體之衡量，卻有根本上的問題和挑戰，我們本節即以卡錫克・拉馬納（Karthik Ramanna）、羅伯・柯普朗（Robert S. Kaplan）兩位學者的文章：〈精算企業的「環境負債」，讓你的 ESG 報告更可信（Accounting for Climate Change）〉來討論此

議題。

拉馬納和柯普朗表示全球經濟活動排放的溫室氣體（Greenhouse Gas），是造成氣候變遷的核心原因，大氣中的二氧化碳含量，已經比工業化之前的水準高出50%，企業面對來自投資人、倡議團體、政治人士，乃至企業領導人本身日益加深的壓力，要求減少營運以及供應鏈和配銷鏈裡的溫室氣體排放。美國的S&P500指數企業裡，目前約有90%發表某種形式的ESG報告，而且幾乎都包括公司溫室氣體排放量的估計值，也是針對最重要和迫切的ESG問題，制定一些明確而客觀的衡量指標的理想起點。

如前文所說，「溫室氣體盤查議定書」（GHG Protocol）將公司直接和因使用電力間接排放的氣體，定義為範疇一和二，範疇三則為公司的供應鏈當中的上游作業，以及公司的顧客和終端消費者的下游活動，所排放的氣體。納入範疇三排放，是鼓勵企業設法影響自己無法直接控制的氣體排放，例如與範疇一排放量較低的公司做生意，並與供應商和顧客合作，在整個價值鏈當中減少溫室氣體排放。但是要追蹤分散在多層次價值鏈上，多個供應商和顧客所排放的氣體是很困難的，公司似乎根本不可能可靠地估計範疇三的數字。也因此許多提出ESG報告的公司，根本不理會範疇三的衡量方式，如此則限制了企業們大幅減少自身整個供應鏈和配銷鏈的氣體排放，也扭曲了在採礦、生產和配銷過程中，排放大量氣體的供應商應負的責任，也免除了企業的客戶和消費者，在造成嚴重汙染的零組件上，所應承擔的責任。

拉馬納和柯普朗兩位學者，就提出類似成本會計中「附加價值（value added）」的概念，來計算所謂「環境負債（E-liability）」的倡議，其實總體經濟中衡量GDP時也運用類似的作法。所謂營運成本附加價值，指的是任何一家公司在價值鏈中材料轉移，在每一階段都是以成本進行，以一家車門製造商為例，其向直接供應商採購的成本包括：開採原料的總成本（採礦公司），加上所有的人力和機器作業的成本，以及那些原料在後來一連串供應商那裡處理和加工的間接成本，直到這些原料運送到車門廠商那裡，此時該車門製造商就會把所有成本清算出，假設每個車門為US$4,000，若該車門製造商直接的組裝、運輸等成本為$500，賣出$5,000，則毛利$500，附加價值為$1,000，對其下游的車體組裝車商而言，$5,000為車門總成本，其中車門製造商貢獻了$1,000。

依此類推，環境負債也是如此層層追蹤計算，仍以該車門製造商為例，上游有採礦公司開採冶金用的煤礦和鐵礦，最後用於製造車門，這家公司結合化學和工程技術，衡量本身在一個申報期內所有的範疇一氣體排放量，然後分配計算給這段期間開採的煤、鐵礦和所有其他原料的噸數，所呈現所生產的每一種原料，平均每一噸排放了多少溫室氣體，我們把開採每一噸原料所排放的溫室氣體單位，就標示為環境負債，反映其對社會造成的環境成本，採礦公司把煤和鐵礦交給運輸公司時，運輸公司承接了採礦公司的環境負債，列入本身的環境會計帳簿中，再把運輸所需推動貨輪引擎所製造的溫室氣體數量，列入自身環境負債會計科目。

煉鋼廠用煉鋼爐製造鋼板時，也產生了範疇一氣體排放，透過相同的會計程序，把購買和承接的環境負債，歸給它製造的每一噸鋼板。然後鋼板運到車門製造商的貨物裝卸區，由車門製造廠接收環境負債，這時每一噸鋼板的環境負債，就轉移給車門製造商。這個流程繼續進行，直到最後，購買新車的消費者會收到一份報告，裡面說明這輛車在整個生產和運送過程中產生的溫室氣體排放量。最後車門製造商，會在它的財報中，揭露類似圖 5 的環境負債變化，從期初的 3,600，到這一年新增的 42,400（承接上游的 39,800 + 自己排放的 2,600），扣除轉移給下游的 32,600，本期淨增 9,800，因此期末存量為 13,400。

環境負債流通		二氧化碳噸數
期初環境負債		**3,600**
加入從供應商獲得的環境負債		39,800
電力	5,600	
鋼板	10,600	
玻璃	5,400	
布料和塑膠	1,200	
其他品項／零組件	4,800	
資本設備	12,200	
加上營運作業直接產生的環境負債		2,600
減掉轉移給顧客的環境負債		(32,600)
期末環境負債		**13,400**
本會計期間環境負債的改變		9,800

圖 7　車門製造商的環境負債帳目表

資料來源：〈精算企業的「環境負債」，讓你的 ESG 報告更可信〉

拉馬納和柯普朗所提出的環境負債做法有幾個特色，首先，公司無法藉著低報轉移給顧客的環境負債而受益，因為如此公司本身的期末環境負債淨值將持續增加，顯示公司的產品所產生的汙染，超過顧客所能接受的程度。其次，公司如果企圖多報轉移給下游顧客的環境負債，會遭到更想與汙染較少的供應商往來的買主抗拒。再者，公司的期末環境負債結餘可接受稽核，就像財務資產和負債科目接受稽核的那種方式進行，因此估計的準確性較有保障。最後，主要的 ESG 報告標準都規定，只要有環境考量對公司構成重大的財務風險，公司就必須公開揭露，而環境負債系統可以針對溫室氣體訂定量化清楚「重大性」的門檻。

當然，公司可能選擇從大氣中直接移除溫室氣體，例如採用碳捕集或重新造林，經過稽核後把這些消除掉的排放量，從本身的環境負債會計科目中扣除，因而減少它在整個配銷鏈當中直至最後，轉移給終端消費者的環境負債。從上面車門製造商的例子可看出，它事實上轉移給下游的 32,600，比承接上游的 39,800 還少，或許就彰顯該公司進行某種碳的捕獲與封存活動，讓其貢獻的 2,600 最小化。

環境負債的做法還有幾個優點，首先其消除了重複計算排氣量的問題，這種問題普遍存在目前的範疇三衡量方法裡。其次此系統也減少了作弊和操縱的誘因，公司無法像現在可透過生產作業的外包，就減少所申報的範疇一的排放量；在環境負債系統裡，外包供應商產生的任何溫室氣體排放，都會在公司採購時轉移回給公司。最重要的，公司也無法直接忽視範疇三的排放量，只因目前直接估算衡量的方式很困難且容易有錯誤。也不會促使一些公司轉為私有，或讓私有公司不IPO，以迴避環境指標的衡量和揭露。

最後，環境負債系統還可消除把某些產業貼上過度簡化標籤的做法，例如把化石燃料和採礦列為「罪惡」產業，進而要求投資人不應投資這些產業的公司。這種簡化標籤做法不可能有助於減少全球氣體排放，因為如果「清潔」的公司，本身生產和消費時都不使用那些「罪惡企業」的產品，後者不可能有如今的規模。拉馬納和柯普朗兩位學者強調我們應體認到整個經濟體系裡汙染活動的性質是整合在一起的，不論屬於哪個產業，都應該在做出有關產品設計、採購和銷售的決定時，考慮到溫室氣體的排放。國有企業和政府機構，包括國防、交通、能源和醫療機構，都產生和消費許多噸的氣體排放，也都應該在此環境負債系統中。

第五節　結語

根據資誠會計所發布2022 Global Investor Survey調查顯示，近一半（44%）的受訪投資人認為，企業應將氣候變遷納入前五大優先事項之中，然而，投資人可取得的資訊有限，導致對企業永續報告的信任度較低。許多投資人認為，企業永續報告中關於永續績效的聲明是未經證實的。78%的受訪者表示，企業永續報告含有「未經證實的聲明」，因此能夠信任企業永續報告的資訊，對投資人來說至關重要。關於確信的議題，75%的投資人表示，合理的確信（必須符合財務報表確信的水準）方能讓他們對企業永續報告有信心。

這些資訊顯示，在永續資訊對投資人和其他利害關係人的決策愈來愈重要的同時，投資人卻對永續報告缺乏信任。企業須改善永續資訊、系統和治理的品質，監管機關也須持續發展全球一致的報告和確信標準。完善的永續會計揭露與確信會是企業建構 ESG 文化必要而關鍵的工具、路徑與檢核指標，本文期許在各國組織和企業的努力下，我們能迎向更透明、美好的商業文化，以及多元、永續的生活環境。

FAQ

Q：非上市的中小企業，為何也得關注環境負債制度的發展？

Ans：一方面下游廠商或客戶端會要求提供明列，所購買的商品、原物料或服務，所承載的環境負債，而且若下游廠商或客戶依循減碳的倡議，會以此作為採購的決策依據，希望購買的項目能達到減少環境迫害的目標。另一方面，上游廠商會將其原物料所產生環境負債轉嫁過來，此時若不將其環境負債轉報至下游廠商或客戶，該企業就得概括承受。因此，任何組織，別說非上市的中小企業，包括政府機構、非營利團體等，都應納入環境負債制度的申報。

第 4-1 章　標竿企業個案：正隆公司

一、零碳轉型國際、企業趨勢、臺灣趨勢

工業革命以來，人類在食衣住行育樂各層面，生活更便利進步的代價是伴隨而來急速攀升的碳排量，過量的溫室氣體加劇全球暖化現象，也使極端氣候日益頻繁。聯合國政府間氣候變遷專門委員會（Intergovernmental Panel on Climate Change, IPCC）於 2021 年發布的氣候變遷報告指出，地球升溫攝氏 1.5 度時程將提前，面臨人類存亡之際，2050 年淨零碳排（Net zero emission）成為目前唯一可能解方（IEA, 2021; IPCC, 2021）。淨零碳排成為全球共識、社會潮流，各國政府忙於提出法規、規劃稅收加強碳排管制，如歐盟在討論的「碳邊境調整機制」（Carbon Border Adjustment Mechanism, CBAM），即是對碳定價的警訊（The EU, 2021）。臺灣政府也不落人後宣布淨零減碳的轉型目標。2022 年行政院正式公布「2050 淨零排放路徑及策略總說明」報告，以「能源轉型」、「產業轉型」、「生活轉型」、「社會轉型」四大轉型策略為主軸和「科技研發」、「氣候法制」兩大治理基礎，為臺灣淨零碳排地圖勾勒出更具體樣貌（國家發展委員會，2022）。環境部也將於 2024 年首先向高碳排產

業如電力、水泥、鋼鐵、光電半導體等徵收碳費（環保署，2021）。

國際大廠紛紛響應政府2050零碳政策，將之納入公司商業戰略規劃，並開始要求合作供應商朝向綠色生產共同加入減碳行列，並列為優先合作挑選依據。科技業大廠微軟在「供應商行為準則」報告中，即明訂間接供應商需申報碳排放，並將之納入微軟碳核算報告。國內大廠台積電也在2021年加入全球再生能源倡議（RE100），致力實現百分百採用綠電，宣布攜手旗下供應鏈700多家廠商邁向綠色製造（CDP, 2022）。臺灣內銷市場有限，企業部分營收倚賴出口貿易，財政部統計，2021年出口值達4,464.5億美元創歷年新高、全球排名16（財政部統計處，2021）。過去臺灣企業因減碳行動需耗費在廢棄物處理上的額外成本，持以較被動的態度，但今日面對企業減碳力等於競爭力的產業環境壓力下，臺灣企業身為全球供應鏈重要一環，零碳轉型非做不可。而這個被國內多數企業視為燙手山芋的難題，臺灣紙業龍頭正隆早已於二十年前即開始正視低碳轉型布局，並將之納入企業策略且實際從生產製程中改善，表現卓越，為臺灣永續治理的標竿企業。

二、公司簡介

正隆股份有限公司，創立於1959年新北板橋，以造紙與紙業加工為核心，並持續創新，逐步擴張產品線，擁有多樣紙類產品。正隆集團在全球多達 26 個生產據點，亞洲據點包括臺灣、中國、越南，並以「精進臺灣、精實中國、擴展越南」為策略方針，擴張海內外生產規模，員工人數近 7000 人，產品年產能達 250 萬噸，為全方位紙包裝服務公司、全球百大紙業公司，也是臺灣最大工紙和紙器公司。主要產品包含工業用紙、紙器、家庭用品、紙品包材、文創紙藝品牌「紙樂屋」，推出紙製兒童益智玩具、寵物玩具及文創商品。臺灣近一半紙箱用紙由正隆生產，旗下品牌以家庭用品品牌「春風 Andante」、環保家庭用紙品牌「蒲公英」為大眾熟知。正隆重視產品研發，以綠色生產為己任，包括以自動化設備導入高效率規模化再生技術、積極推動低碳製紙，透過不斷調整、優化產線製程，不只經營績效顯著上升，也是第一屆國家企業環保獎和第一屆國家永續發展績優獎得主，更與台積電共同入選為「2022 全球前 200 大潔淨企業（2022 Clean200）」，是臺灣唯二獲選企業（Corporate Knights, 2022）。

圖 1　正隆旗下家庭用紙品牌產品

資料來源：正隆，2022

臺灣地狹人稠，長年天然資源稀缺，正隆秉持「能用就是資源」的觀念，早年已開始使用回收紙再生，至今每年再生使用約180萬公噸回收紙，超過9成的產品由回收紙品製成，再生紙處理規模為全臺第一，平均年貢獻減碳約1,040萬噸，相等於2.67萬座大安森林公園的碳吸附量。2021年在疫情與原物料飆漲的雙重挑戰下，全年稅後純益40.11億元，年增率達7.1%，EPS每股盈餘與ROE股東權益報酬率均創新高。2021年每位臺灣人使用了199公斤的紙張和紙箱，因疫情帶動網購紙箱需求遽增以及家庭用紙使用量，人均消費量成長6%。每一張紙，都是樹的延伸，因砍樹製紙，千萬株樹正在消失中，同時臺灣還面臨焚化爐處理量不足的危機。正隆以「創新綠能，永續共榮」為願景，期望提供產品同時顧及社會環境福祉，深耕「循環經濟」，呼應國際零碳趨勢。

三、氣候治理成就

剖析正隆的溫室氣體排放源頭可分生產過程排放和工廠電力產生之間接排放，因此正隆專注於製程減碳和工廠管理。回首自身在氣候治理方面的重要里程碑，可分為「碳管理」、「深化ESG」、「淨零轉型」三階段。

初期在碳管理階段，2003年竹北廠引進亞洲最大風力發電機示範機組，2005年取得全球第一張ISO 14064-1溫室氣體盤查認證，進而推展至全臺11個工廠，2006年減碳觀念已深入團隊中。2008年取得臺灣第一張國際CVS碳權確證證書，2010年更獲臺灣第一張家庭用紙碳足跡標籤。

中期邁向深化ESG，2013年成立企業社會責任委員會（2021年更名為企業永續委員會），跨部門整合氣候相關資源與行動，負責永續行動的規劃與成效追蹤，更出版全臺紙業第一本永續報告書，說明公司在環境（E）、社會（S）、治理（G）各構面的措施及績效。2015年全公司導入ISO 50001能源管理系統，2020年將CSR與聯合國「永續發展目標」（Sustainable Development Goals, SDGs）做結合，成立6大工作小組：「公司治理」、「環境永續」、「員工關懷」、「供應鏈管理」、「產業服務」及「社會共融」，完善CSR組織，並設立2030 ESG中長期目標。

展望未來淨零轉型階段，正隆在2021年底規劃成立氣候變遷暨循環經濟辦公室，以2021年為淨零元年，目標2050年達成碳中和。並已於2021年導入氣候相關財務揭露架構（Task Force on Climate-related Financial Disclosures, TCFD）並簽署倡議成為TCFD支持者，倡議內容包括自願性揭露治理、策略、風險管理、指標和目標四大核心要素，展現面對氣候風險公司有充足適應力。同年亦完成TCFD符合性查核，表示正隆之氣候相關財務揭露成熟度模型（maturity model）為最高評等「優秀」，為臺灣第一家獲TCFD第三方查核的紙業企業，也是臺灣首家獲CDP氣候變遷評比A-領導等級紙業。目前規劃中的綠能發電量已破1.26億度，於2013年到2022年間累計執行436件節能專案，顯著節電9千萬度、減少6萬9千公噸二氧化碳當量。

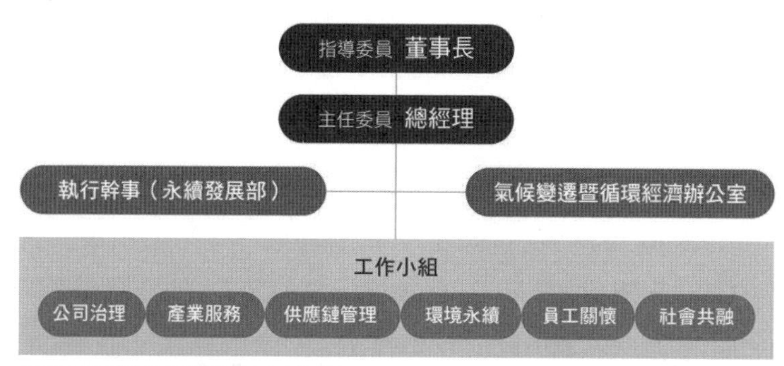

圖 2　正隆企業永續委員會架構圖

資料來源：正隆，2022

四、正隆永續六大策略

正隆以「忠誠信實」的經營理念，作為政策和管理的最高指導原則，以 PDCA 管理循環，持續精進公司、工廠、產品品質。正隆立下永續目標「紙。為世界的美好前進」，積極將 SDGs（永續發展目標）納入企業策略與造紙產業價值鏈中，如圖 3 所示。規劃以「循環經濟」、「低碳綠能」、「智慧創新」三大核心策略做為推動方向，制定六大策略內容涵蓋「穩健治理」、「循環經濟」、「能資源整合」、「永續供應鏈」、「社會關懷」和「幸福職場」，以及數十項 ESG 管理指標做成果檢視和修正，以達成 ESG 委員會制定的最高指導原則「共創」、「共善」、「共融」。

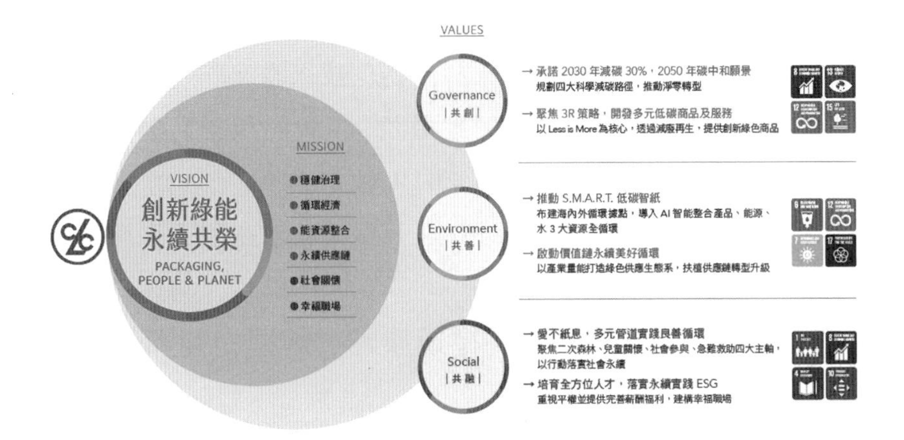

圖 3　正隆價值鏈

資料來源：正隆，2022

（一）策略一：推動 S. M. A. R. T. 低碳智紙，打造多贏循環商模

正隆以 S.M.A.R.T.（Subtraction 資源減用、Material 轉廢為能、AI 產銷智能、Recycling 回收再生、Technologies 先進製程）五步驟走向低碳智紙，整合產品、能源、水，三大資源全循環規模化製程，轉型為綠色智慧工廠。分為三個循環面：1）產品循環面，將臺灣四成回收紙製成環保產品，工業用紙回收紙利用率達 97%，以纖維再利用方式，平均一張紙可使用七次。2）能源循環面，以建風力和光電場、沼氣發電系統，使能源再生，並將廢棄物資源化，將回收紙夾雜的可燃物殘渣回收製成 SRF（Solid Recovered Fuel）固體再生燃料。3）水循環面，造紙過程需耗費大量水資源，正隆透過完善的水資源管理和製程用水循環、回收及再利用，製程用水回

收率達 96%，透過產品、能源和水三大資源全循環為臺灣年減碳 1,040 萬噸。造紙廠本身為自動化技術密集，為有效傳遞 know-how 技術，正隆積極引進數位 AI 智能產銷，為臺灣第一家導入產銷智能化紙業，於 2019 至 2022 年間成功推動 17 項專案，以數位轉型提升產銷效率、高減碳效益和顧客服務。

（二）策略二：布建海內外循環據點，轉型為亞洲低碳綠能新紙業

為響應永續包裝材料潮流和後疫情時代興盛的線上購物，正隆積極於海內外投資布局循環經濟據點和擴大產能，包括臺灣大園造紙廠、越南平陽廠、濱吉紙器廠、北越北江紙器廠，已躍身成為越南造紙龍頭之一。產能規劃方面，預計在 2023 年產能將提升 6 ～ 20%，包括新增再生白漿 6.6 萬公噸、紙張與紙板 40 萬公噸、紙器 1.2 億平方公尺。產業布局面，積極投入員工的全人教育，目標培育辨別市場先機和風險的專業人才。正隆主要產品工業用紙、紙器、家庭用紙於臺灣的市佔率分別約為 40%、30%、20%，且穩定成長中。

（三）策略三：以四大科學減碳路徑，邁向 2050 碳中和願景

正隆期望以四大科學減碳路徑，實現碳中和願景。

1. 路徑一

投注資金發展再生能源，正隆依臺灣 11 個造紙廠區與紙

箱廠址不同的地理條件及生產特性，增設風電、太陽光電、沼氣等綠電設施，如大園廠 2022 年啟用沼氣發電系統、竹北廠 2023 年引進全臺最大高效能生質熱電系統、后里廠生質熱電和沼氣系統建造中（未來規劃將此綠色商模施行至越南廠區）。2005 年取得 ISO 14064-1 溫室氣體盤查證書為全球第一個獲此證書的企業，更在之後開始推行範圍涵蓋全臺生產線的減排管理政策，2008 年再取得臺灣第一張 CVS 碳權交易證書，也是紙業唯一取得風力再生能源憑證，至 2022 年累計達 11,917 張。

2. 路徑二

提升能源使用效率，正隆領先導入智能 AI 智能產銷，採用先進設備，將製程最適化，建置 ISO 50001 進行工廠的能源管理。同時將廠內堆高機及公務車等運具電氣化，減少碳排。自 2019-2022 年間已成功執行 436 件節能專案，達成每年節能 1% 目標。此外還推行智紙 4.0，投入數十億資金於十七項數位轉型專案，包含智慧工廠、智能汽電、數位巡檢、CRM 客戶管理等，最大化產銷效率。

3. 路徑三

深化循環經濟使用低碳燃料，正隆將剩餘的製程餘料篩除其中不可燃廢棄物後全數轉製成可取代煤炭的固態再生燃料（SRF，Solid Recovered Fuel）。SRF 具備存放、運用便利、經濟效益高等優點，為今日國際上常被採用的廢棄物燃料化方案（能邁科技，2022）。正隆以 SRF 低碳燃料取代化石燃料，並利用農林剩餘資材等生質燃料成為生質能汽電系統的替代燃料，並將全臺紙器廠燃油鍋爐皆替換為天然氣，顯著提升替代燃料率，將廢棄物轉換為能源。

4. 路徑四

前瞻創新應用負排碳技術。為加速國內負排碳技術發展和公司淨零轉型策略，正隆成立公司層級的節約能源小組和農林資材資源化小組，投注研發量能與政府和外部專家合作研究固碳、碳捕捉等負排碳技術，並積極投入農林資源再生循環，與發展自然碳匯以對應氣候變遷。

（四）策略四：專注 3R 原則，開發多元低碳商品和服務，助力社會脫碳

正隆秉持 3R 生產原則（Reduce 減量、Reuse 再利用、Recycle 回收再生），從一張衛生紙做起減碳，為全臺唯一三項家紙產品獲減碳標籤，年銷五千萬包衛生紙，幫助減碳 1 千 5 百萬公噸。如蒲公英環保衛生紙使用 100% 再生紙製造，並運用風力發電製造，獲業界唯一「環保標章」、「FSC ™ COC」、「碳足跡」三重綠色認證，有效減少空氣污染、碳排和水污染。身為包裝供應鏈的一環，正隆在不減產品保護力前提下，運用自身創新能量，研發設計綠色產品且積極申請專利，致力協助供應鏈共減碳足跡、幫助消費者落實綠色消費，創新發明如一體成形去塑紙提把，產品去塑環保且全紙材可回收、免膠帶網購箱減少塑膠垃圾等。多元的綠色產品和服務也助正隆被國際大廠相中成為綠色包裝供應鏈夥伴。

（五）策略五：積極扶植供應鏈轉型，以產業量能打造永續生態系

臺灣資源回收率高但分類不夠落實，其中更高達 15% 的回收紙屬家戶垃圾，導致造紙產業鏈競爭力弱，需耗費更多資源在處理非可回收紙。有鑒於此，紙業龍頭正隆視領導供應商落實 ESG 為己任，首先訂定 SOP、實地評鑑和輔導機制，攜手 300 家關鍵供應商辦理「正隆供應商 ESG 大會」，藉此公開管道分享產業趨勢和業界可行減碳做法，持續精進「低碳產品」、「創新應用」、「責任生產」、「員工發展」及「社會共榮」等 ESG 面向，搭建起永續共生的供應鏈生態，更成立臺灣造紙業首個「產業碳中和聯盟」，帶領上下游產業鏈共同減碳。近年的 ESG 大會更聚焦淨零碳排議題，研討永續發展策略及表揚在年度評鑑結果傑出的供應商夥伴，此外在「正隆供應商 ESG 大會」上承諾 2030 年達成 70% 在地採購、45% 綠色採購的 ESG 目標。其次，2018 年起率先啟動「回收紙供應鏈升級輔導」，辦理供應商教育訓練，實際入廠輔導並關懷前線，印製說明海報書本和超過 167 家回收商說明溝通，從根本正確分類資源做起，並每年選定重點兩家輔導。實際成效包含紙渣減降達 50%、成功扶植十家業者轉型升級，也有效分流因外送遽增的廢紙餐盒。2020 年開始啟動輔導 2.0，擴大關懷第一線近 500 位資源回收個體，透過了解他們的困境來回頭檢視自身策略，立下 2030 年要達成關懷 1000 名個體戶的目標。

（六）策略六：多元管道實踐良善循環

在社會共融方面，正隆以愛不紙息為願景，善用企業資源和正隆相關基金會，規劃四大公益管道「二次森林」、「兒童關懷」、「急難救助」、「社會參與」。

1. 二次森林

回收紙也可以再造森林，教育是社會進步的動能，正隆的二次森林扎根教育，自2014年起正隆鎖定偏鄉小學，至今已於全臺打造20多座「綠色書香紙圖書館」，期望透過推廣環境永續知識和紙回收教育，將環保意識從小深植下一代心中。此外正隆透過開放工廠參觀，透過了解工廠實際運作和傳遞紙業知識與技術，讓青年更了解循環經濟的運作。

2. 兒童關懷

正隆以「正隆關懷兒童基金會」提供「正隆關懷獎助學金」照顧廠區周邊小學學童、攜手家扶基金會陸續推行「小樹茁壯讓愛飛揚」安學公益活動鼓勵家扶寄養兒少、「呵護孩子的溫柔城堡」線上遊戲，以遊戲化手段期望提升社會大眾對兒童照護問題的關注。

3. 急難救助

鄭火田慈善基金會自2009年起，連年贊助「寒冬暖流關懷家扶弱勢家庭活動」，在年末時節提供旗下品牌家庭用紙、食物贊助弱勢族群，累計受惠95,776戶家庭。

4. 社會參與

正隆以公開表揚、給予公益假、提供專業服務訓練課程、協助成立志工性社團等手段鼓勵公司同仁積極參與公益活動，每年正隆員工參與志工服務累計時數超過 1,800 小時，志工活動包含環境保育和社會關懷，如辦理小學永續營隊宣導回收紙分類、認養維護贊助公廁、成立淨灘水巡守隊淨溪、關懷安養中心長輩等，期望將零碳精神傳遞給社會各處，並對環境有所保護與貢獻。

正隆目前回收紙處理量能為全臺第一，幫助臺灣回收紙資源利用率達 80%，屢獲永續治理大獎。正隆核心忠旨是要培育全方位人才，打造健康正向的學習型組織，預防公司人才斷層。透過每年五十多小時的員工訓練和完善員工福利打造幸福職場，落實永續 ESG，讓公司對內對外持續擁有善的循環，在確保企業競爭力的同時，攜手員工、投資人、客戶、供應鏈夥伴、政府、社會等利害關係人邁向與社會共好共榮。

永續發展目標	正隆永續目標	2022 正隆成果
SDG1 消除貧窮 (1.5)	愛不紙息 走向社會共好 目標 1：每年公益捐贈 1,000 萬以上關懷社會和弱勢族群	• 正隆公司含兩基金會公益支出逾 1,421 萬元
SDG4 教育品質 (4.4、4.5、4.7、4.a)	提倡終身學習 推廣永續教育 目標 1：紙在你左右，每年增設 2 所以上綠色書香紙圖書館	• 建立 4 座紙圖書館，全台迄今共 25 座，嘉惠超過 1.6 萬孩童，除啟動離島首座 - 金門縣金鼎國小紙圖，更攜手統一超商好鄰居文教基金會打造深山第一座 - 台南市六甲國小湖東分校
	目標 2：紙引未來，推動產學專班 / 專案，累積青年就業能量	• 自 2017 年起持續與明新科技大學、國立中興大學森林學系、國立聯合大學等進行產學專班 / 專案 • 攜手國立中興大學，和 11 家企業共同成立亞洲唯一「循環經濟研究學院」，培育產業創新技術研發人才

永續發展目標	正隆永續目標	2022 正隆成果
SDG4 教育品質 (4.4、4.5、4.7、4.a)	目標 3：成立獎助學金，關懷弱勢教育	• 發放獎助學金 326 萬元，自 2006 年迄今發放逾 2,000 萬元，更將愛的種子延伸到海外越南廠，頒發海外第 1 屆獎助學金，讓愛不止息無國界限制
	目標 4：推動員工多元發展，提供完整教育訓練資源	• 人均教育訓練時數 56.0 小時 / 年 ，年增 10.8 小時
	目標 5：內部講師 300 名	• 內部講師重視永續職能培訓，育成超過 300 位內部講師，落實產業經驗傳承
SDG6 淨水及衛生 (6.3、6.4、6.b)	節約用水 優化水資源管理 目標 1：製程節水每年達 1% 以上	• 工紙事業部單位產品用水量 -0.88%（累計）
	目標 2：落實水資源保育，持續認養公廁、成立水環境巡守隊	• 安全合規的放流水提供溪流、濕地等穩定水源，固碳延緩溫室效應。認養全台公廁 90 座；大園廠及新竹廠持續參與淨溪活動，成立社區 / 溪流巡守隊
SDG7 可負擔能源 (7.2、7.3、7.a)	提升能源效率 實現綠能轉型 目標 1：產品單位耗能每年減降 1% 以上	• 推動 49 項節能方案，節電 1,032 萬度、減排 6,639 公噸 CO2e，單位產品耗能 2.26% • 海外導入 ISO 50001 能源管理系統
	目標 2：2030 年替代燃料能源比率達 20%	• 替代燃料比例 10.32%
	目標 3：2025 年再生能源裝置容量達契約容量 10%	• 2017-2022 年累積 11,917 張，可供 3,310 家庭用電。2022 年於大園廠啟用沼氣發電、后里廠增設太陽能板，2023 年竹北廠全台最大生質熱電系統投產後將提高綠電輸出
SDG8 就業與經濟成長 (8.2、8.4、8.5、8.8)	提升就業成長 成為低碳綠能新紙業 目標 1：持續增設海內外循環經濟生產據點	• 增設大園廠再生白漿線；越南平陽造紙廠第二期計畫已於 2022 年底試車，2023 年上半年商轉；南越濱吉紙器廠、前進北越的第一座紙器廠 - 北江紙器廠於 2023 年上半年投產，提高循環經濟營運動能
	目標 2：AI 製紙 推動數位轉型	• 導入 5 項專案，深化產銷智能化
	目標 3：打造共融成長、健康安全職場	• 連續 16 年調薪，調幅約為 1.5~3%/ 年、每位員工福利支出 5.0 萬元，年增 2.04% • 健康促進活動 5,614 人次（含實體及線上）
SDG10 減少不平等 (10.2、10.3)	消弭不平等 建立友善和諧職場 目標 1：關心和傾聽，不定期辦理員工心聲大調查	• 2019 年起進行員工心聲大調查，針對調查結果持續精進「職場環境」、「職涯發展」以及「主管激勵」等面向，訂定優化目標和行動方案

永續發展目標	正隆永續目標	2022 正隆成果
SDG12 責任消費與生產 (12.2、12.4、12.5、12.6、12.8)	實踐循環經濟 建構綠色產銷循環體系 目標 1：2030 年工紙回收紙利用率 97%、廢棄物資源化比例達 96%	• 再生利用回收紙 157.2 萬公噸，利用率達 92.5% • 廢棄物資源化比例 95.6%（+3.2%）。2023 年引進全台最大高效能生質熱電系統，提高廢棄物資源化能量 • 擴大料源、物盡其用，創造廢紙容器及淋膜修邊紙去化管道，2022 年使用 3.01 萬公噸
	目標 2：推廣綠色消費 宣導正確分類永續意識	• 開放工廠參觀回收再生製程，年逾 1,000 人 • 線上行銷影響上百萬人次 • 攜手利樂包裝、未來親子和地方政府辦理 10 場國小永續教師研習營，累積培力近 500 位永續教師，影響 338 個班級、6,902 個學生 • 旗下家紙品牌共有 6 項產品規格取得「碳足跡」認證，增加 3 項，全年銷售量達 1.07 億包
SDG13 氣候行動 (13.3)	節能減碳 發展低碳產品與服務 目標 1：2050 年碳中和	• 正式成立「氣候變遷暨循環經濟辦公室」與農林資材資源化小組專案組織，深化全循環經濟藍圖 • 首度正式參與國際 CDP 氣候變遷評比，取得領導等級「A-」 • 越南平陽造紙廠取得越南紙業第一張 ISO 14064-1 證書 • 首創造紙業「產業碳中和聯盟」，攜手產業鏈上下游夥伴進行低碳轉型
	目標 2：積極開發永續包材，擴大家用品產品線	• 開發保鮮 / 高防水多功能紙箱、蒲公英環保家庭清潔系列產品
	目標 3：2030 年綠色採購金額占比 50%	• 綠色採購金額創新高達 91.7 億元，占整體總採購金額 47.1%，年增 6%
SDG15 陸地生態 (15.2)	落實森林永續管理 目標 1： 2030 年 FSC™ 紙漿佔比達 100%，保育生物多樣性	• FSC™ 紙漿採購占比 92.6% • 自 2009 年認養總公司正前方占地二千坪土地，打造正隆公園，園內種植近二十種原生植物 • 認養桃園洽溪 8 年，攜手中央大學打造生態監測系統洽溪生態復育有成
SDG17 全球夥伴 (17.16、17.17)	產業共好 深化夥伴關係 目標 1：扶植在地供應商，每年輔導 2 家業者轉型升級	• 持續推動回收紙供應鏈 2.0 升級輔導計畫，累計 10 家業者成功轉型，關懷 485 位第一線資收人員
	目標 2：2030 年供應商實地評鑑 100%	• 連三年辦理供應商 ESG 大會，實地評鑑 68 家關鍵供應商，完成 50%，累計 156 家，同時規劃第三方「資安風險評鑑服務」，加強供應鏈風險管理
	目標 3：每年志工參與公益達 2,000 小時	• 投入公益 907 人次、時數 1,831 小時（受疫情影響，減少實體志工活動）

圖 4　聯合國永續發展目標與正隆永續目標

資料來源：正隆，2022

FAQ

Q1：正隆公司概況？

Ans：正隆公司創立於1959年新北板橋，全球共有26個生產據點，亞洲據點包括臺灣、中國、越南，員工人數將近7000人，產品年產能達250萬噸。

Q2：正隆公司主要產品為何？

Ans：正隆公司以造紙及紙業加工為核心，為全方位紙包裝服務公司，是全臺最大工紙和紙器公司。主要產品包含工業用紙、家庭用品、紙箱，臺灣近一半紙箱用紙由正隆生產。

Q3：正隆集團旗下營運品牌有哪些？

Ans：正隆旗下品牌以家庭用紙品牌「春風 Andante」、「蒲公英」為大眾熟知。近期也跨向文創紙藝品牌「紙樂屋」，推出紙製兒童益智玩具、寵物玩具及文創商品。

Q4：正隆公司核心理念？

Ans：正隆以「忠誠信實」的經營理念，並立下永續目標「紙。為世界的美好前進」。正隆致力於成為紙業與包裝之領導企業，並秉持積極創新精神，向國內外多角化發展。

Q5：正隆公司為何開始重視「循環經濟」？

Ans：為製紙需求，千萬株樹逐漸消失外，臺灣還面臨焚化爐處理量不足的危機。因此正隆以「創新綠能，永續共榮」為願景，盼能在提供產品同時顧及社會環境福祉，深耕「循環經濟」，往零碳目標邁進。

Q6：正隆公司針對氣候治理採取了什麼行動？

Ans：正隆公司在氣候治理方面已行之有年，公司的溫室氣體排放源頭可分生產過程排放與工廠電力產生之間接排放，正隆將綠能的實施重點專注於製程減碳和工廠管理。其中可分為幾項重要里程碑，分別為「碳管理」、「深化 ESG」、「淨零轉型」三階段。

Q7：前文提到正隆的「碳管理」階段，請問有何指標性行動？

Ans：正隆在推行 ESG 初期，屬於碳管理階段。2003 年竹北廠引進亞洲最大風力發電機示範機組，2005 年取得全球第一張 ISO 14064-1 溫室氣體盤查認證，進而推展至全臺 11 個工廠，2006 年減碳觀念已深入團隊中。2008 年取得臺灣第一張國際 CVS 碳權確證證書，2010 年獲臺灣第一張家庭用紙碳足跡標籤。

Q8：前文提到正隆的「深化 ESG」階段有何指標性行動？

Ans：正隆公司在氣候治理中期階段邁向深化 ESG。正隆於 2013 年成立企業社會責任委員會（2021 年更名為企業永續委員會），跨部門整合氣候相關資源與行動，並出版臺灣紙業第一本永續報告書。2015 年全公司導入 ISO 50001 能源管理系統，2020 年結合 CSR 與聯合國「永續發展目標」（Sustainable

Development Goals, SDGs），成立6大工作小組：「公司治理」、「環境永續」、「員工關懷」、「供應鏈管理」、「產業服務」及「社會共融」，完善CSR組織，並設立2030 ESG中長期目標。

Q9：前文提到正隆的「淨零轉型」階段，有何指標性行動？

Ans：正隆實施氣候治理的第三階段為展望未來淨零轉型階段。正隆在2021年底規劃成立氣候變遷暨循環經濟辦公室，以2021年為淨零元年，目標2050年達成碳中和。正隆已於2021年導入氣候相關財務揭露架構（Task Force on Climate-related Financial Disclosures，TCFD）並簽署倡議成為TDCF支持者，且於同年11月完成TCFD符合性查核，是臺灣第一家獲得TCFD第三方查核的紙業企業。目前規劃綠能發電量已破1.26億度，於2013年到2022年間累計執行436件節能專案，顯著節電9千萬度、減少6萬9千公噸二氧化碳。

Q10：正隆的ESG永續治理核心目標為何？

Ans：正隆的ESG永續發展目標，以「循環經濟」、「低碳綠能」、「智慧創新」三大核心策略做為推動方向，制定6大策略內容涵蓋「積極治理」、「循環經濟」、「能資源整合」、「永續供應鏈」、「社會關懷」和「幸福職場」，以及數十項ESG管理指標做成果檢視和修正，以達成ESG管委會制定的最高指導原則「共創」、「共善」、「共融」。

Q11：正隆的 ESG 六大策略為何？

Ans：正隆針對永續發展之六大策略分別為：

策略一：推動 S.M.A.R.T 低碳智紙，打造多贏循環商模。

策略二：布建海內外循環據點，轉型為亞洲低碳綠能新紙業。

策略三：以四大科學減碳路徑，邁向 2050 碳中和願景。

策略四：專注 3R 原則，開發多元低碳商品和服務，助力社會脫碳。

策略五：積極扶植供應鏈轉型，以產業量能打造永續生態系。

策略六：多元管道實踐良善循環。

Q12：正隆在策略一提到低碳智紙，何為 S.M.A.R.T. 低碳智紙？

Ans：正隆的 S.M.A.R.T. 智紙，是指 Subtraction（資源減用）、Material（轉廢為能）、AI（產銷智能）、Recycling（回收再生）、Technologies（先進製程），透過這五步驟整合資源全循環規模化製程，轉型為綠色智慧工廠。

Q13：請問正隆如何達成循環商業模式？

Ans：在產品循環面，正隆回收臺灣 4 成的紙，工業用紙回收紙利用率達 97%，纖維再利用讓一張紙平均可使用 7 次；能源循環面，建風力和光電場、沼氣發電系統，並將廢棄物資源化。水循環面，透過完善的水資源管理和製程用水循環，製程用水回收率達 96%，透過產品、能源和水等三大資源全循環為臺灣年減碳 1,040 萬噸。數位轉型方面，正隆導入 AI 智能產銷，提升產銷效率，達成減碳效益。為臺灣第一家導入產銷智能化紙業。

Q14：正隆於策略二中提到欲轉型為亞洲低碳綠能新紙業，如何提升產能？

Ans：正隆於海內外布局循環經濟據點，包括臺灣大園造紙廠、越南平陽廠、濱吉紙器廠、北越北江紙器廠。2023 年產能提升 6 ～ 20%，包括再生白漿 6.6 萬公噸、紙張與紙板 40 萬公噸、紙器 1.2 億平方公尺。

Q15：策略三提到四大科學減碳路徑，請問這四大路徑為何？

Ans：正隆提出之四大科學減碳路徑分別為：

路徑一，投注資金發展再生能源。正隆增設風電、太陽光電、沼氣等綠電設施，取得 ISO 14064-1 溫室氣體盤查證書，推行生產線減排管理，取得碳權交易證書，以及風力再生能源憑證累計達 11,917 張。

路徑二，提升能源使用效率。正隆導入智能 AI 智能產銷與 ISO 50001 工廠能源管理，製程最適化、運具電氣化，減少碳排。2013 年迄今已執行 436 件節能專案，達成每年節能 1% 目標。此外正隆推行智紙 4.0 數位轉型專案，最大化產銷效率。

路徑三，深化循環經濟使用低碳燃料。正隆將製程餘料篩除不可燃物後轉製成固態再生燃料（SRF，Solid Recovered Fuel）。SRF 具備存放、運用便利、經濟效益高等優點。正隆以 SRF 低碳燃料搭配生質能汽電系統，並將燃油鍋爐替換為天然氣，提升替代燃料率，將廢棄物轉換為能源。

路徑四，前瞻創新應用負排碳技術。正隆成立公司層級的節約能源小組和農林資材資源化小組，與政府和外部專家合作研究固碳、碳捕捉等負排碳技術，以及農林再生循環和自然碳匯解方。

Q16：策略四提到 3R 生產原則，請問正隆的實際行動為何？

Ans：正隆秉持的 3R 生產原則包含 Reduce（減量）、Reuse（再利用）和 Recycle（回收再生）。正隆為全臺唯一三項家紙產品獲減碳標籤。如蒲公英環保衛生紙使用 100% 再生紙，並運用風力發電製造，獲業界唯一「環保標章」、「FSC ™ COC」、「碳足跡」3 重綠色認證。此外，正隆開發創新減碳產品，如一體成形去塑紙提把，產品去塑環保且全紙材可回收、免膠帶網購箱減少塑膠垃圾等。

Q17：策略五提到扶植供應鏈轉型，請問正隆在供應鏈方面有何實際措施？

Ans：正隆訂定 SOP、評鑑和輔導機制，並攜手 300 家關鍵供應商辦理「ESG 大會」，持續精進「低碳產品」、「創新應用」、「責任生產」、「員工發展」及「社會共榮」，搭建起永續共生的供應鏈生態。

Q18：正隆的供應鏈評鑑和輔導機制是否有實際成效？

Ans：正隆於 2018 年啟動「回收紙供應鏈升級輔導」，辦理供應商教育訓練，實際入廠和超過 167 家回收商說明溝通，從根本正確分類資源做起，並每年選定重點兩家輔導。實際成效包含紙渣減降達 50%、成功扶植 10 家業者轉型升級。2020

年啟動輔導2.0，擴大關懷第一線近500位資源回收個體，並回頭檢視自身策略。

Q19：在策略六中提到良善循環，正隆的實際做法為何？

Ans：良善循環主要實踐在社會共融方面，正隆以愛不紙息為願景，規劃四大公益管道「二次森林」、「兒童關懷」、「急難救助」、「社會參與」。正隆的二次森林扎根教育鎖定偏鄉小學，打造逾25座「綠色書香紙圖書館」，將環保永續意識深植下一代心中。兒童關懷部分，正隆以「正隆關懷兒童基金會」提供獎助金照顧廠區周邊學童、攜手家扶基金會推行「小樹茁壯 讓愛飛揚」安學公益活動鼓勵家扶寄養兒少、並以「呵護孩子的溫柔城堡」線上遊戲，提升社會大眾對兒童照護問題的關注。社會參與方面，正隆以公開表揚、給予公益假、提供專業服務訓練課程、協助成立志工性社團等方式鼓勵公司同仁參與公益活動，期望將零碳精神傳遞給社會各處。而急難救助部分，鄭火田慈善基金會自2009年起，連年贊助「寒冬暖流關懷家扶弱勢家庭活動」，在年末時節提供旗下品牌家庭用紙、食物贊助弱勢族群，累計受惠95,776戶家庭。

參考資料

CDP. (2022). RE100. https://www.there100.org/

Corporate Knights. (2022). Report: Meet the top 200 companies investing in a clean energy future. https://www.corporateknights.com/clean-technology/2022-carbon-clean200/

IEA. (2021). Net Zero by 2050—A Roadmap for the Global Energy Sector. 224.

IPCC. (2021). Climate Change 2022: Impacts, Adaptation and Vulnerability. https://www.ipcc.ch/report/ar6/wg2/

The EU. (2021). Carbon Border Adjustment Mechanism. https://ec.europa.eu/commission/presscorner/detail/en/qanda_21_3661

國家發展委員會。（2022）。臺灣 2050 淨零排放路徑。https://www.ndc.gov.tw/Content_List.aspx?n=FD76ECBAE77D9811&upn=5CE3D7B70507FB38

正隆。（2022）。 https://www.clc.com.tw/

環保署。（2021）。環保署說明碳費徵收規劃。https://enews.epa.gov.tw/page/3b3c62c78849f32f/eda88f0a-b3d0-4b10-a25b-1b2eddfd935d

能邁科技。（2022）。「固體再生燃料」(Solid recovered fuel, SRF) 最新環保規範。https://www.tisamax.com/article/view/353/

財政部統計處。（2021）。財政統計通報。https://www.mof.gov.tw/multiplehtml/384fb3077bb349ea973e7fc6f13b6974

第 4-2 章　標竿企業個案：台中精機

一、個案公司背景說明

（一）公司創立：1954 年 9 月。

（二）公司上市：1990 年。

（三）資本額：20 億。

（四）員工數：800 名。

（五）主要產品：包含工具機、塑膠射出成型機與其關係企業所生產之精密齒輪及專業齒輪箱、塑料回收利用等產品。

二、國際認證是：ISO 9001、ISO 45001、ISO 50001、ISO 14001、ISO 14064 導入中：ISO 14067

台中精機於 1954 年成立，黃奇煌等三位創辦人從傳統工具機——牛頭刨床的製作，一路發展到目前具高度附加價值與技術密集的現代工業型態。以「一地研發、兩岸生產、全球行銷」的營運方針，在臺灣有四大生產基地：精科廠（營運總部）、工業區廠、彰濱鹿港鈑金廠、后里鑄造廠。另外，在中國也有上海廠（台中精密）及廣州廠（中台精機），並在美國、法國、德國、南非、馬來西亞、印尼、泰國設立七大行銷服務中心。台中精機係由第三代協助導入數位轉型，並成立戰情中心，透過產線生產管理、ERP 系統等，獲取即時數據做出適當的決策判斷，化解缺料以及人力補位，同時將綠色轉型推廣到供應鏈，並協助終端客戶也一同往節能減碳的方向發展。

三、減碳動機、標準與規範

台中精機從 2011 年起推動 ISO 14064 溫室氣體盤查，臺灣大道廠及后里廠分別於 2016 年及 2022 年 5 月取得 ISO 50001 能源管理系統認證，目前持續進行各廠區業務流程的碳盤查，並於 2022 年 8 月啟動四個廠區的 ISO 14064 溫室氣體盤查及 ISO 14067 碳足跡認證，目標於 2023 年取得。

四、減碳目標、時程與路徑

從零碳轉型路徑圖可見，台中精機預計透過組織的數位轉型、電子流程的導入及設備系統的精準設置與節能技術創新，同時推向供應鏈夥伴，於 2025 年減碳 25%，2030 年減碳 30%，並於 2050 年達淨零排放。

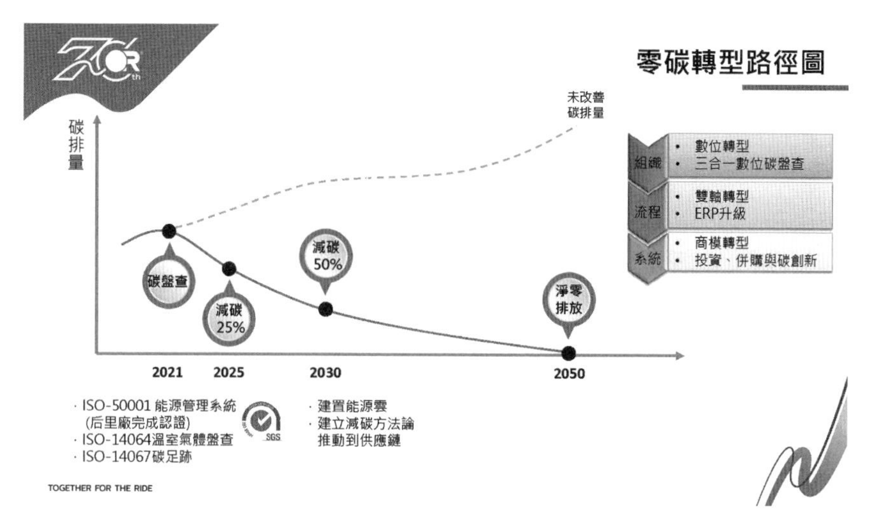

圖 1　台中精機零碳轉型路徑圖

資料來源：台中精機

五、淨零策略與作為

台中精機於產品設計時導入綠色思維，智慧工廠搭載太陽能發電並在廠區內積極造林累積碳匯，更建立全廠區 LED 燈節能照明以及雨水回收系統，節約水資源，促進減碳效果。

台中精機致力於節能減碳，並實際以多項策略、方法實踐之。首先，於 2020 年落成的全球營運總部暨智慧工廠榮獲銅級綠建築標章，獲得國外多項建築設計獎項的殊榮。其智慧工廠搭載多項智能系統與綠能系統，智能系統如中央監控系統，收集多項環境因素協助建築感知周遭環境，並將訊息傳遞於照明、空調、通風及噴灌等系統，降低能源耗損。如：使用 CFD 模擬技術於模擬風向與開窗效果，分析室內對流效果達到降溫效果。

上述提及之綠能系統，包含了雨水回收系統、地管引風系統、儲冰式空調系統等，這些系統有效地利用智慧工廠之環境降低水資源、電力的使用量。

雨水回收系統利用回收的雨水進行四周植栽澆灌，並供應廁所馬桶用水，有效降低自來水用量；地管引風系統由80公尺的地下涵管引進外氣的溫度降低約3到5度，連接空調系統，可節省約10%的用電；儲冰式空調系統則透過夜間離峰電力進行儲冰，白天尖峰時間融冰，以節省電費的支出；此外，智慧工廠共搭載13,000平方公尺的太陽能發電面積，其他建置太陽能的廠區有工業區廠及彰濱鹿港廠。

台中精機於智慧工廠的加工現場建構四條「V4.0自動化加工產線」，使用物聯網架構和機械手臂自動加工145種少量多樣的零件。廠內總計有9604個高架自動倉儲位，分為棧板式及料盒式，使入出儲效率提升60%，存放空間坪數增加三倍。而無人搬運車（Automatic guided vehicle, AGV）以電池為動力源來自動操縱行駛，運行成效平均每月節省66小時人工作業，為自動化工廠措施之一。此外，戰情室設置有八個生產監控看板，每個看板有不同監控目的，掌握不同時間和單位的生產資料，提供主管檢視生產台數及達交率等及時數據，以及產線停工或缺料等產線狀況，讓管理者運用大數據輔助決策。

六、目前的減碳成果

台中精機減碳實績歷程：

- 1998年：ERP
- 2002年：B2B電子商務平台、內部文件分享平台（KMS）
- 2011年：推動ISO 14064溫室氣體排查
- 2016年：臺灣大道廠取得ISO 50001能源管理系統
- 2017年：ERP升級到LN
- 2018年：導入BPM
- 2019年：導入電子假單
- 2020年：智慧工廠（太陽能發電、雨水回收系統、LED節能照明）
- 2021年：導入電子薪資條、銅級綠建築標章、智能銷售及服務系統、能源監控戰情室

其中，2018年導入的企業電子簽核套件系統——企業流程管理（Business Process Management, BPM），以及2019年與2021年導入電子假單及電子薪資條，都能有效減少日常作業的資源與能源消耗。

2021年智慧工廠廠區內所設立之太陽能發電設備，全年發電量可達300萬度，能幫助台中精機全年減碳排放量1,539.27公噸。此外，其於廠內之造林面積約等於100座臺中都會公園，並達到8,747.49公頃的造林效益，年減碳排放量更達83,630.76公噸；LED節能照明設施之減碳量為

26,700.49 公噸；雨水回收系統回收量為 2,877.6 公噸，降低碳排約 55,391 公噸。

圖 2　台中精機永續發展示意圖

資料來源：台中精機官方網站

七、淨零機會與風險

在淨零趨勢下，客戶將不只會在意品質、價格等面向，還會開始關注產品的碳排放量與產線節能減碳的效能，甚至有歐盟客戶要求台中精機製作綠色報告，說明產品產製過程係交由綠色製程所產出。面臨這些淨零轉型風險，台中精機設計出低碳設備，該設備能夠節省 90% 的用水以及 60% 之用電，而此類產品的詢問度也在近年提高不少。台中精機在生產製造時導入淨零理念與作為，成功地將風險轉為機會，轉型至今日的高附加價值、技術密集型產業，使其更加接近其所訂定的 2050 年淨零碳排目標。

第 4-3 章　淨零與數位雙軸轉型企業個案：新呈工業

一、個案公司背景說明

（一）創立時間：1990 年 12 月 12 日。

（二）資本額：6000 萬。

（三）屬性：OEM，且為少量多樣的接單生產模式。

（四）專業領域：專攻於各類線材組裝，開發與製造，包含汽車、醫療、工業設備、感測器、軍用、影音、監控器線材。

（五）技術能量：實驗室、數位轉型、少量多樣、高彈性、快速、深根臺灣。

（六）員工人數：工業產品廠與車用線材廠合起來總人數為 200 位。

（七）國際認證：IATF 16949、ISO 9001、ISO 14001、UL、IPC/WHMA-A-620。

（八）企業文化：公司使命期望成為客戶值得信賴，且是技術與平台的提供者，願景則是成為全球在線束技術與服務的最大廠商，在工業 4.0 及數位轉型的趨勢下，擁有少量多樣的先進技術，並且秉持誠信正直、承諾、創新、信任等客戶價值。

二、新呈工業供應鏈

新呈供應鏈的現況可以生產過程中的碳足跡進行拆解，首先連接器、端子、電線等供應商多數仍未有碳盤查及碳足跡，因此新呈會透過工業局對碳量的估計來做原料端碳盤查的估算，而製造部分主要是監控新呈本身生產線，包括設備及能源的耗量，整理成碳足跡數據，以供客戶參考。

（一）公司三大時期

1. 第一時期（1990 - 2003）

為董事長陳星天奠定基礎的階段，草創時期新呈工業總經理陳泳睿分享，父親甚至只有星期日在家，也要經常幫忙做線路手工到深夜，這也是之後數位轉型的契機，這段辛苦時期，從一個月只有營收幾十萬到之後幾千萬，終於到最後有三千萬營業額，陳泳睿總經理才從資訊業回到公司二代接班。

2. 第二時期（2004 - 2020）

為數位賦能、數位優化時期，陳泳睿總經理於 2004 年回到公司，一開始從 MRP、ISO 開始做起，運用其在資訊領域的專長，協助製造業在管理層面的進步，包括架設 email 的伺服器、建置 ERP，為了更了解公司運作架構，陳總也擔任業務多年，了解公司營業額、業績等公司經營的核心命脈，還有掌握生產線運作、像是生管、品管、設備機台操作，甚或是對技術員與基層人員的管理，以及對塑膠製作流程的了解，並建立射出部門，此時期的經驗更有助於新呈在之後的數位、綠色轉型，像是之後零碳轉型及建構完善的 ESG。

3. 第三時期（2020 後）

建立完整系統，包括新設 MIS（智慧管理部門），主力進行數位轉型以及綠色轉型，並由高層引領，指引專案人員能對生產線數據精確收集，並對員工數位轉型層面的訓練及教育也極為重視。

圖 1　新呈工業公司三大時期

資料來源：新呈工業

（二）減碳動機、標準與規範

新呈工業的陳泳睿總經理分享，起初在資訊產業工作，18 年前回到新呈工業順利完成二代接班任務，當時也有環境倡議的氛圍，在董事長的支持下，新呈工業開始導入 ISO 14001，由於電線產業多是難以自動化且勞力密集，於是先從數位層面，也就是公司資訊架構建起，包含 ERP 的建置以提升製造業管理，並成立塑膠射出部門，成為營收重要來源，而作為高層做綠色數位轉型更是重要角色，承諾也是極為重要。

從 2004 年起，新呈積極導入數位工具、加入零碳大學以導入「三合一數位碳盤查服務」，意即可泛指為碳盤查的三項標準：「國際標準 ISO 50001 能源管理系統」、「ISO 14064 溫室氣體盤查」、「ISO 14067 產品碳足跡盤查」。近年新呈工業更邁向數位管理，包括生產履歷數據也都在系統中，在導入能源管理系統後，只需要多一、兩個步驟，就能計算出能耗與碳排，甚至也能更有效率追蹤相關數據，而過往的數位轉型成為一大助力，並著重智慧管理部門，及陸續導入其他 ISO 相關標準，減碳不僅是一種趨勢，而且與公司的戰略和義務有著千絲萬縷的聯繫。新呈公司希望在這次的淨零轉型浪潮中完成企業轉型升級、搶占先機，成為電動汽車行業綠色供應鏈的先行者，並期望能在 2030 年成為電動汽車供應鏈中的重要生產商。

（三）減碳目標、時程與路徑

新呈制定每年需降低 2% 能耗的減碳目標，並中長期碳減排時間進程訂定為：2030 年碳排量達到峰值（其指的是該年的二氧化碳排放為歷年最高值，之後便逐漸往下減少），以及 2042 年達到「碳中和」的目標。

（四）參與減碳之組織架構

轉型過程中，高層的帶領及承諾不可或缺，在 2017 年 10 月時陳泳睿才正式被授予總經理一職，並重新建立組織架構，資訊背景的出身，積極建構智慧管理部門來帶動組織數位轉型，許多過去用人工的方式，現在仰賴大數據、人工智慧做有效管理，像是瑕疵檢測、或是透過高階的成本智慧，管控製造及間接額外成本、碳排成本等，透過交期智慧去進行精準排程，並做好知識管理，將當時高階主管的知識經驗系統化整理之後再進行 ISO 50001，關於零碳及綠色轉型，品質保證部也是極受重視的部門。

推動系統轉型，建置完整的人員架構乃是關鍵，首先成立能源委員會組織，最高管理階層的承諾對整個系統的推展及運行格外重要，其支持甚至影響五成以上的成功率，委員會的編制可依公司規模、人員配置做調整，能源管理牽扯到許多技術面及管理層面的專業，建議以技術專業的人員推行為主。

詳細的導入流程如下：

1. 步驟一：確認驗證範圍，首先選擇一個場址導入實行，再擴散到其他廠區，減少成本並確認能源範疇，像電、燃料等，再者建立能源管理委員會。
2. 步驟二：跟各單位建立關聯，且進行能源審查，蒐集過去能源使用量，並細分單位時間和單位設備的耗能量，透過 SEU（Significant Energy Uses）重大能源使用作分級。

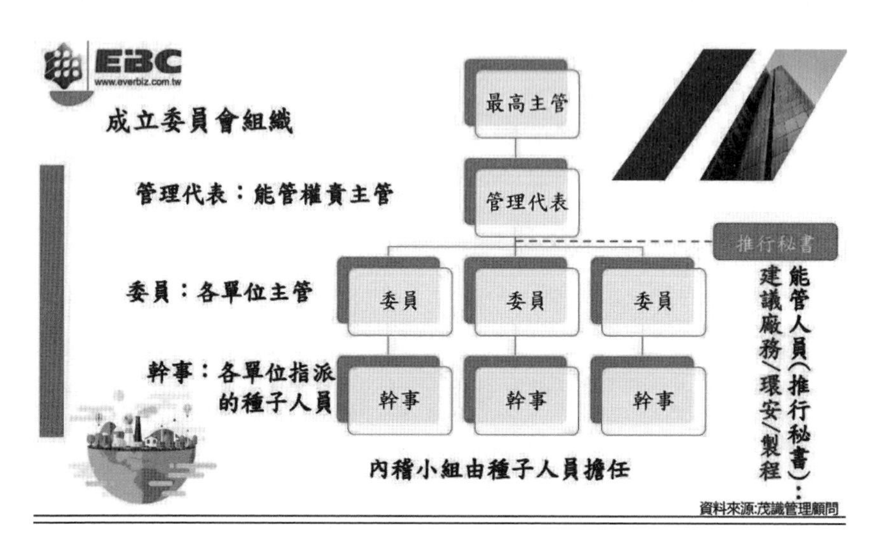

圖2　減碳之委員會組織架構

資料來源：新呈工業

3. 步驟三：鑑別耗能因子，尤其辨別影響設備效率因子，再尋找評估改善機會，並制定相關管理措施，決定改善優先順序。
4. 步驟四：了解重大耗能因子及改善措施後，建立能耗基線 EnB（Energy Basline）同時建立績效指標 EnPI（Energy Performance Indicator），利用管理控制誤差值範圍來建立持續改善的系統。

（五）ISO 50001 導入流程

1. 先建構樂於分享的企業文化

新呈首先會建構知識管理，「創造讓員工（P）願意多分享（S）的企業文化，並將利用資訊科技（T）之系統化且有效的數據、資訊（I）和知識（K）的轉換機制，讓企業具有創新和永續經營的競爭優勢。」

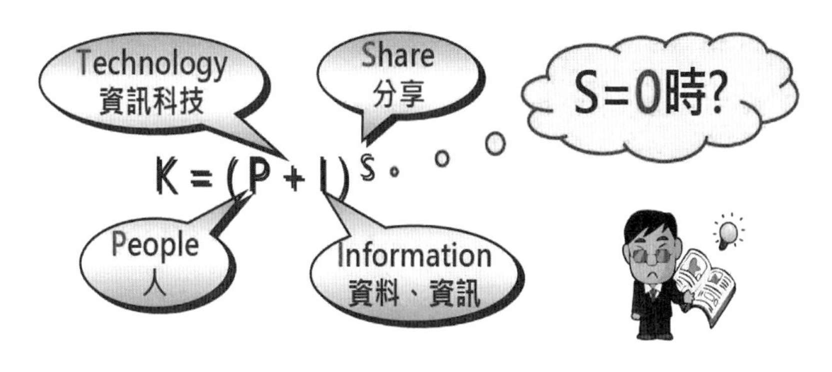

圖 3　新呈工業企業文化

資料來源：新呈工業

2. 了解 ISO 50001 架構，並依 PDCA 執行導入流程

建置流程主要分為領導管理、績效管理和制度管理，首先成立委員會組織，由最高主管帶領非常重要，利用 PDCA 循環，從計畫（Plan）、實施（Do）、檢查（Check）、調整（Adjustment）四個階段來有效控制管理過程和工作質量，並實現能源管理的效益，首先需理解組織處境，透過 PEST（Political, Economic, Social, Technological）內外部環境分析及評估，並了解利害相關者需求與期望，界定範疇，再者了了 ISO 50001 架構，領導者承諾與支持尤其重要，訂定目標和內容，賦予團隊成員權和責，且貫徹實行，透過管理評估風險及政策掌握，經由測量確認改善效率，像是建構能源基線確認績效表現是否確切減少能源消耗及支出，監測、量測及分

析來達成政策減碳目標，最後進入公司內部，建立內部能源管理、資料管制標準、內部稽核等等，最後實現成果定期檢討，來不斷修正、持續改善來實現完整的架構。

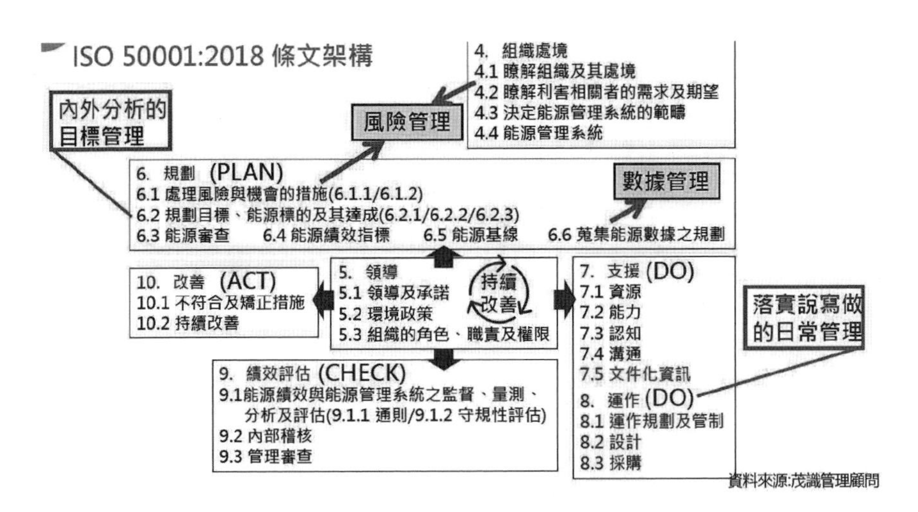

圖 4　ISO 50001：2018 條文架構

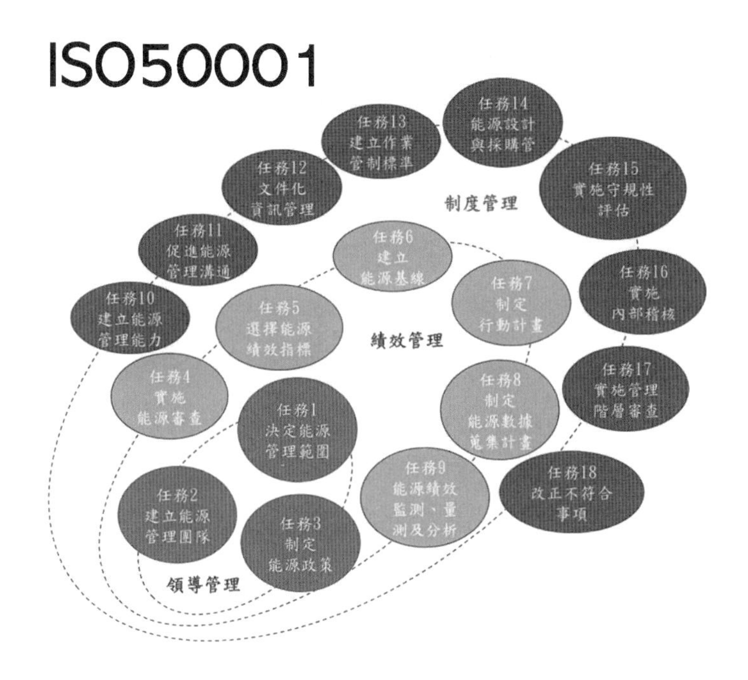

圖 5　ISO 50001 三大管理 18 項任務

資料來源：新呈工業

3. CMP 系統平台操作

Vital CMP 合規協作管理平台：企業目標導入與取得 ISO 50001 能源管理系統認證，使用線上數位協作工具，可落實日常合規作業執行管理與提升跨部門協作效率，同時實踐零碳轉型與數位轉型。

（1）事管

由系統自動供裝或自行編輯多套 ISO 條文樹狀架構及管理查證作業的內容。提供目錄總表，可以一覽全部條文的負責人、自評結果、佐證資料與評核備註紀錄，依據稽核委員查證

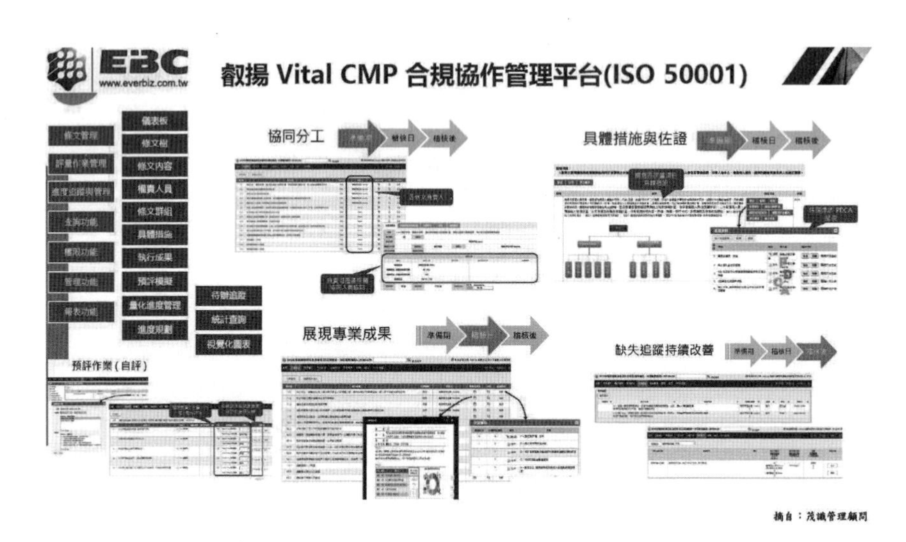

圖 6　CMP 合規協作管理平台

資料來源：新呈工業

詢問，快速舉證相關文件與工作紀錄。

（2）人管

自行設定條文的任務指派與彈性工作交辦，全局掌握合規的查證範圍、實施內容與追蹤交辦進度，不漏接任何細節。

（3）物管

系統化的保存與鏈結合規相關文件與佐證資料，於外部稽核查證時可輕鬆提供與呈現關聯，大幅節省舉證文件的準備時間，也確保查證的效果。

（4）時管

設定內稽自評與外稽查證時間表，以倒數計時稽催任務與查核進度，準時達成目標。

（5）地管

可擴充多個 ISO 合規作業站台，一處同時管理與橋接全公司各項ISO 管理制度。

（6）淨零策略與作為

新呈從產品生命週期的過程著手改善，推行「雙碳轉型」。雙碳轉型以「雙 C」為核心，其指的是成本（cost）及碳（carbon），而碳管理同時也代表著成本管理，透過內、外部創新，把低碳發展理念融入企業生產經營全過程，像是 ERP 系統來加快實現綠色轉型升級。

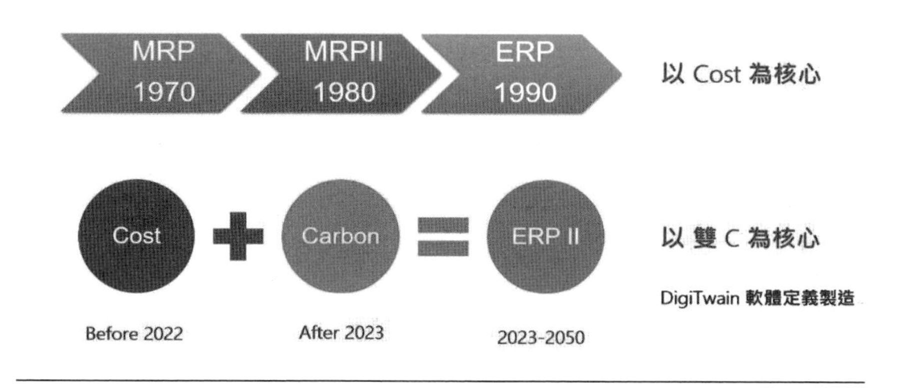

圖7　新呈工業雙碳轉型

資料來源：新呈工業

其在市場調查導入 CRM，彙整客戶需求資料。產品設計時採用雲端設計，更自行開發 Cloud CAD，為 2D 雲端 CAD，以蒐集設備運行及工序等相關參數。生產製造時，系統在製圖後產生 BOM 與工單，之後採用 AI 相關技術進行智慧排程，再結合 ERP 管理日常業務如採購、會計、專案管理及供應鏈等。物流方面新呈採用自行開發 WMS（Warehouse Management System）倉儲管理，最後，使用 MES（Manufacturing Execution System（現稱 MOM，Manufacturing Operation Management））系統達成生產效率提高的效果，也能成就減碳目標。

新呈作為淨零先驅，其總經理陳泳睿選擇親自擔起永續長的責任。他組織一支跨部門團隊，包含數位、品保、能源等人才，並動員公司上下，推動減碳轉型。

起初在產業轉型方面，新呈公司藉由快速接單策略，不怕小量急單，利用急單賺取較高額的利潤。此外，更透過導入人工智慧（AI）應用的領域有智慧排程與機台數據擷取，能夠妥善解決數據遺失及錯誤等問題。在產線上進行的數位轉型工程，除了在產線調度上更具彈性，也更能快速滿足客戶需求。而這一聯串數位轉型的經歷，更有助於後續的綠色數位及淨零轉型，為其奠定基礎。

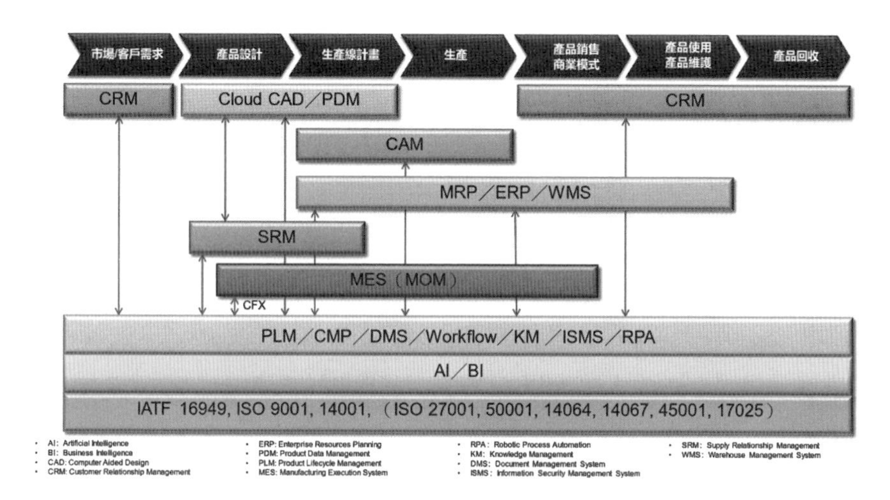

圖 8　淨零轉型策略圖

資料來源：新呈工業

淨零轉型方面，新呈從雲設計、智慧排程、MES 等策略，新呈透過能耗設定、廠區能耗設定、設備能耗設定、能耗記錄每月報表、產品生產耗能與溫室氣體排放、能源基線 EnB 與能源績效指標 EnPI、碳排監控等進行系統管理，至於產品生產後的能耗及碳排統計，透過 MES 系統，設定廠區部門，進行各廠區的能耗及碳排監控。

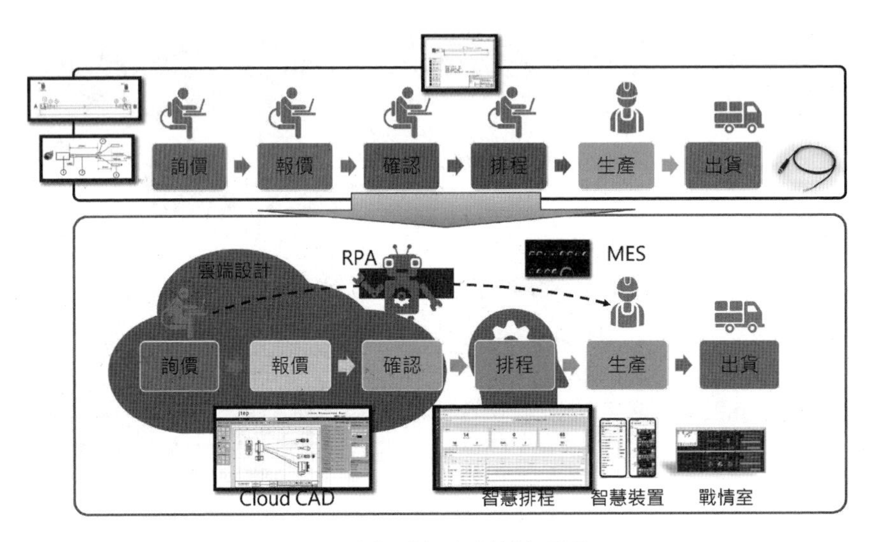

圖 9　淨零轉型系統管理圖

資料來源：新呈工業

關於產品生產後的能耗及碳排統計，首先先透過 MES 系統，設定廠區部門，進行各廠區的能耗及碳排監控。包括運輸油耗也能囊括統計，有利於最終產品能耗的估量計算，並產生最後工單的生產耗能與溫室氣體排放統計，最後透過成本智慧，再納入耗能及碳成本，做最終成本及營收估算。

設備能耗設定

能耗記錄一覽

排放源別: 移動排放

能耗記錄一覽

使用名稱	類別代碼	類別名稱	登錄年月	使用量	備註
Delica 貨車	201	車用汽油	202203	500	三月份汽油
Zace貨車	201	車用汽油	202203	100	三月份汽油

編輯記錄

使用名稱 Zace貨車
類別代碼 201
登錄年月 202203
使用量 100
備註 三月份汽油

提交　取消

圖 10　設備能耗設定示意圖

資料來源：新呈工業

廠區能耗設定

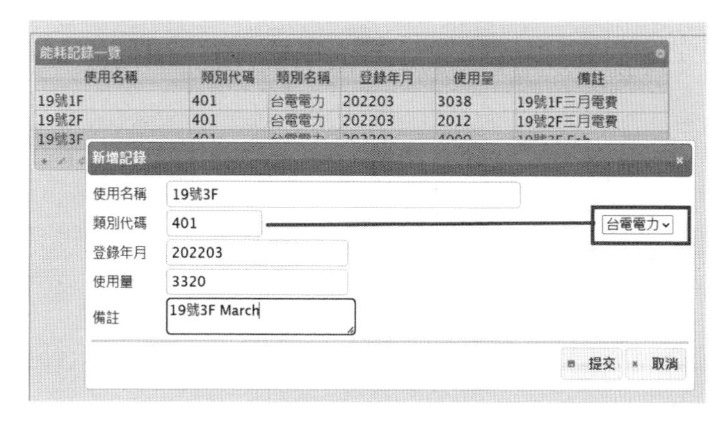

圖 11　廠區能耗設定示意圖

資料來源：新呈工業

再者利用 RPA 來優化員工日常生活，透過機器人流程自動化，進行高重複性、標準化、規格明確、大批量的日常事務工作。

RPA 是以機器人替代人工 key in 的自動化過程，可以協助行政工作，優化日常行政作業，不管是對員工的工作效率，還是公司成本效益，都有極大的幫助，關於其技術框架，創造者（creator）是負責程式部分，勞動者（worker）則是負責執行，許多大型金融機構，可以透過 commander，傳送數值給客服，而 Mega 則是經由 AI 處理回傳辨識後的資訊，如文字識別、表格識別、NLP 處理等相關訊息給機器人做後續流程的處置，透過 RPA 系統能大幅提升效率，不管是人工及時間成本都能降低許多。

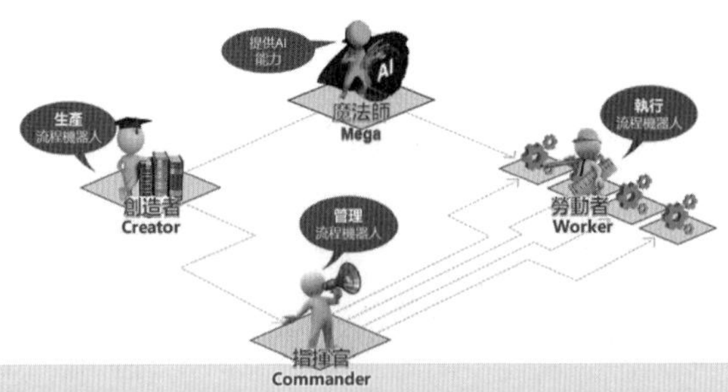

Creator：是機器人的開發工具，負責開發流程自動化機器人。行業首創的視覺化工作流與原始程式碼兩種開發方式可隨時切換，無縫銜接，兼顧入門期的簡單易用與進階後的快速開發需要。

Worker：是機器人的執行平臺，可查看具體的業務機器人，具有完整的機器人添加和運行管理功能，具備人機交互和無人值守兩種模式。

Commander：是機器人的管理中心，對機器人工作站進行綜合調度與許可權控制。可實現資訊統一管理，提供資料視覺化圖表展示，包括資訊彙集、用戶管理、機器人管理、系統管理。

Mega：是機器人的魔法師，由機器人上傳資料經由AI處理回傳辨識後的資訊，如文字識別、表格識別、NLP處理等相關訊息給機器人做後續流程的處置。

圖 12　RPA 示意圖

資料來源：新呈工業

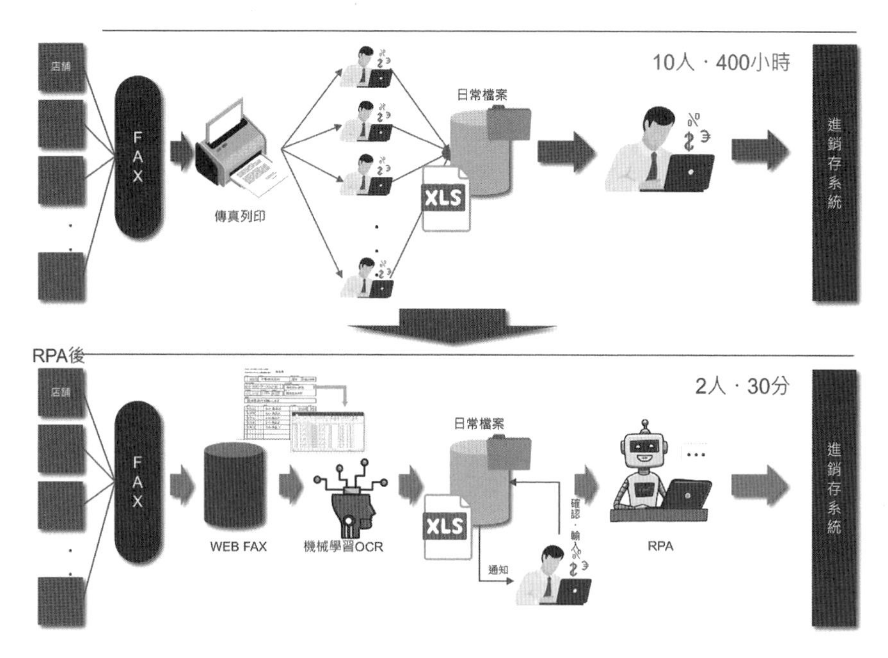

圖 13　使用 RPA 前後比較示意圖

資料來源：新呈工業

新呈工業期望能透過以上的策略與方法達成 AI、BI、CI 的目標。AI 係透過人工智慧的方式來優化產品製造流程；BI（Business Intelligence）指的是商業智能，將運用數據倉庫、數據挖掘、在線分析等技術對企業數據進行剖析。此外，數位戰情室也能幫助企業提升運營能力，增加其商業價值；而 CI（Carbon Intelligence）原先是指客戶智能，但在淨零轉型主軸下，更延伸出智能管理碳排放的概念。

三、目前的減碳成果

透過雲設計、智慧排程、MES 等淨零轉型方法，能達到節省人力與節能減碳的效果。原本需要四個人在部門處理，現在只要一個人，一人一天 8 小時耗電 2 度，5.5 小時為 1.375 度約為碳排 0.69 kg CO2e，由此可以減去多個人力消耗，一天就減少 2.07kg CO2e 的消耗。而 RPA 系統的研發，讓原本需要十個人處理的工作，現在只要兩個人，一樣可以減少人力成本與碳排，原先一小時耗電 0.25 度電，現在省下 399.5 小時，約為 200.54 kgCO2e。

四、淨零機會與風險

秉持企業成長與生態環境共存共榮的信念，新呈工業將環境意識與理念融入日常的企業經營，面對氣候變化、可再生能源佔比管理、水資源與安全管理、廢物回收管理及空氣汙染控制等五大面向的風險時，新呈仍努力地優化具有永續發展願景的環保行動，更同時增進全球環境品質與自身企業價值，堅持在生產過程為淨零減碳的目標而努力，為此創造綠色數位轉型商機，並持續進行企業永續經營。

第 4-4 章　淨零賦能企業個案：展綠科技公司

一、展綠介紹

展綠主要是在做 IoT，專注在能耗管理這一塊，在範疇二區塊進行，跟淨零碳排也有一些相關，在 2021 年時歐盟提出 2023、2026 年等相對性的時間後，很多單位與公司便如火如荼的在談相關議題。而關注探討的部分主要是有關原物料、成品與半成品未來都會被檢視對環境的破壞到底有多高，而所參考的參數就是二氧化碳。在整個生命過程中，對於環境都是不同程度的破壞，也就是說不同程度的碳排其實都在發生，這些相關數據逐漸都被要求並要量化計算出來，如圖 1 所示，而展綠比較著重在製造工廠端，因為它相對較複雜，也就是說當你在 2022 年用的每一度電等同於對臺灣排放 0.495 公斤的碳時，在未來累積到一噸從 10 塊到 100 多塊美金不等的成本都可能會發生。

圖 1　產品碳足跡盤查基本概念

資料來源：展綠科技公司

二、展綠之平台介紹

以製造業而言，對能耗數據要有一個比較詳細的管理，從這個階層大家可以理解，不管是長照業、製造業、大樓、飯店等，基本上用電的階層就是以台電的電力輸入後把後高壓轉低壓，有些公司會針對重大耗能設備進行處理，針對電錶進行管控，但也不一定全部都有數位化或數據化，可能還是需要一些廠務人員到現場操表管理。在過去或許這麼做就足夠了，但是在未來必須要進一步了解到碳排足跡，尤其是範疇二對製造業來講，大概有 6-7 成的碳排是來自於用電這部分，因此這很明顯是不會忽略掉的。為了要更清楚地了解並計算這個產品最後每一單位的碳排是多少，所以會牽涉到製程，以投影筆作舉例，假設需要 20-30 道製程，那每一個機器設備貢獻給一支投影筆多少能耗與碳排，都包含很多數據，目前是使用平均碳排，這也是為什麼大家計算出來的碳排數據誤差這麼高，因為在數據上可能都是比較上層且初淺的，但是若未來碳排與經濟面有連結關係，那數據就會逐漸被要求。

因此在末端我們要了解如何去取得數據，甚至是一些重大耗能設備的數據，而除了數據的準確度外，數據也必須要具備完整性才能夠對症下藥，做出一些調整及改善。這就如同身體狀況，例如這個人雖然看似健康，但他真正的健康度還是需要做一些健檢才能夠商榷，以確保沒有潛藏的其他問題。而對製造業來說，當前最困難的是如果每個機器設備都要安裝電錶、拉線，就要投入極大的成本，且困難度是相對是高的，不單純是錢的問題，還需要考慮到現場安裝的空間是否足夠。

若要找相對簡單的方式，可以考慮像在整個安裝過程當中不去特別停機、斷電與拉線，只要找到電線將它勾住，來取得所有機器設備的數據與能耗，甚至當一個機器設備裡有不同的能耗數據時，都可以用此方式來取得。

（一）客戶案例

以群創為例，其無塵室黃光區的缺陷檢查機，大小超過會議室會的 6 分之 1，高度也和天花板差不多高，裡面有 12 顆馬達，群創困擾的地方是當缺陷檢查機沒有動作時，便不會知道是哪一顆馬達出問題，因此在維護上也很辛苦，且機器設在無塵室的黃光區，工作人員穿著無塵衣視線也不是很好，需要花很多時間檢查每個馬達，影響到其成本。

在展綠的協助下，群創將展綠的儀器掛在 12 顆馬達的共電電線上，從系統裡就可以很容易知道哪一顆馬達用電異常，甚至能夠更進一步把數據做累積，這對科技產業來講是很容易進行分析及計算的，並且也可以做到預測性。就如同人的身體不舒服時都會有一些徵兆，而這些徵兆可以透過長期監測的數據事先了解。

當我們今天關注的領域是節能減碳的議題時，那能耗數據的取得便是必要的，而另一個大家較容易忽略的參數則是溫度。舉例來說，整個廠房內其實有不少地方的線路已經相當老舊，或是會有螺絲沒鎖緊等問題，這些都可能造成熱的累積，代表寶貴的能源進來但沒有轉化成動能或產能，而是累積在不必要的熱點上，有點類似漏水、漏電及漏碳等，在不必要的地方把資源流失，而在未來碳權寶貴的情況下，都需要把這些情況盤查出來，除了將不必要的浪費檢視出來之外，也需要注意公安的議題，這會是製造業比較需要注重的地方。

（二）展綠雲端平台與感測器連接

而當抓到大量數據後，第二個挑戰便是如何順利從上百甚至上千的數據，收集到管理平台來進行更有效的管理，做一些數據的演算等。建置過程如圖 2，其中有用到短距離、長距離不同頻段的傳輸來解決現場傳輸的相關問題，而如果是比較不

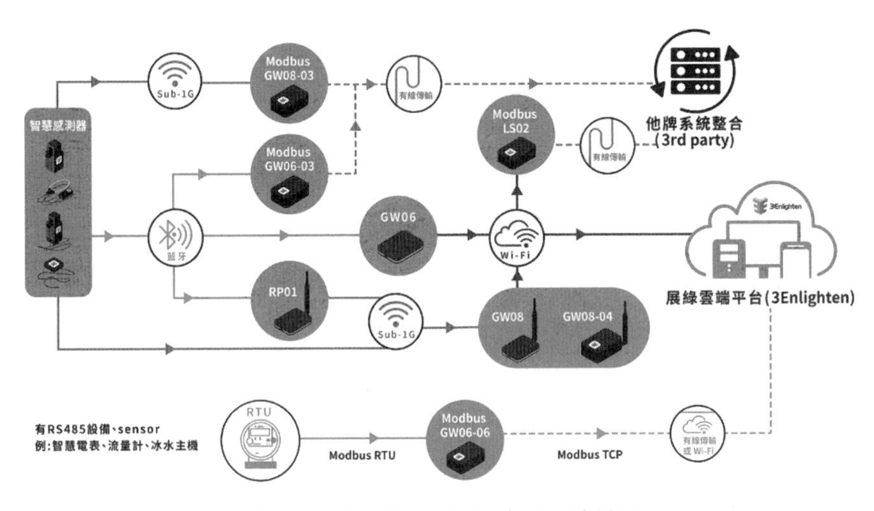

圖 2　展綠雲端平台與感測器連接圖

資料來源：展綠科技公司

複雜的現場，則可以採用藍牙、Wi-Fi 的傳輸頻段送到 surfer 端，但若是廠域較為複雜，比如有些客戶的冰水主機是位在地下 2 樓，連電話都不一定能通，就會透過 match 的結構，走 Sub-1G 的頻段，例如在冰水主機附近擺 RP01、樓梯口擺 RP02、5 樓擺 RP03、機房再擺機台平台，透過內網把訊號傳送到有網路的地方，而這個方式主要針對距離較遠或是環境較複雜時才會使用。

有些大廠會比較在乎要透過自己的系統做管理，不一定想使用展綠的後端平台，這時候展綠也可以透過 Sub-1G 傳送到客戶端的平台系統。而半導體廠若是不同意透過 2.4G 頻的 Wi-Fi、藍牙等做傳輸，在 sensor 端也可以選擇 Sub-1G 的頻段，直接把資料送到 surfer 端。此外這個結構還有一個重點，就是工廠既有的電錶、數位電錶、流量器、壓力器、冰水主機等機器設備，都有公規的介面接口，展綠也可以透過這個介面接口把廠內既有的數據整合後，再傳送到資料庫投資，這也是可以做考量與考慮的。

（三）平台分析

1. 能耗情況及稼動率

蒐集完數據之後最重要的就是要有一個優良的後端平台來做管理與優化，如圖 3 所示，擷取了幾個案例的畫面，包括整個用電比例，可以清楚了解哪個部分是耗電主因，這些都可以透過數位資料調取出來，甚至是每台機器設備的使用情況，像是設備不該超過多少、不該低於多少等，都可做一些管控。

而稼動率也是重要的內部管理項目之一，例如泰金寶是展綠過去的一個客戶，展綠便有針對其射出成形的產線做過數據分析，在分析前其實並不知道有這麼多需要改進之處，認為機台運作都是正常的，然而當數據呈現出來後，才發現那些問題顯而易見，也生成一些管理者會想知道的詳細情況，比如圖 4 中第 4 台跟第 10 台機器的稼動率都是 99%，但是第 10 台的能耗卻是第 4 台的 1.5 倍，經過確認後來才發現第 10 台的軸承已經偏掉很久了，也就是說不正的軸承轉起來會比較辛苦、費力，即便現在還是可以正常運作，但這也代表在未來會有不同時間出狀況的風險，造成一定的損失。

以整個工廠而言，必定不會只有 10 台設備，會有很多機器在廠區，所以客戶便會要求視覺化的管理，讓廠長或是管理者一眼望去就可以立即了解機器的稼動率與使用狀況，而系統中的顏色都可以自由設定各自代表的意義。

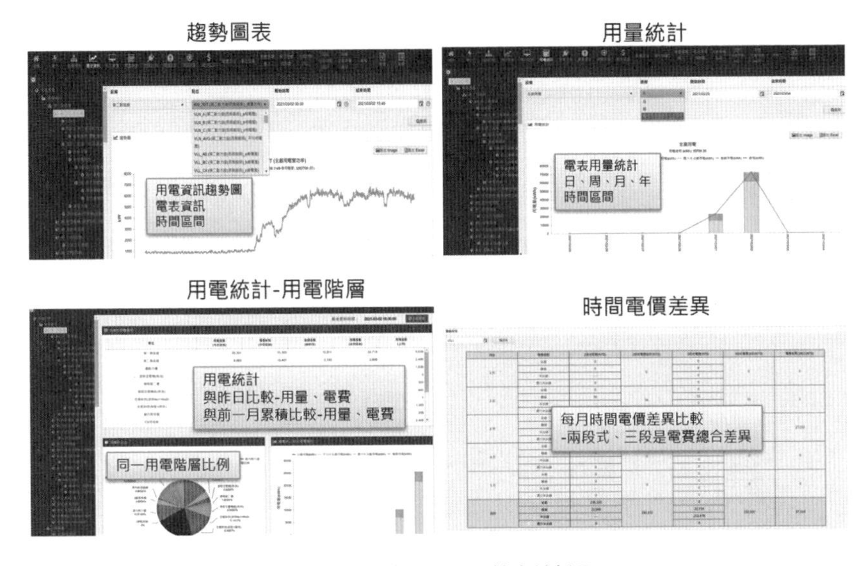

圖 3　分析平台 - 能耗情況

資料來源：展綠科技公司

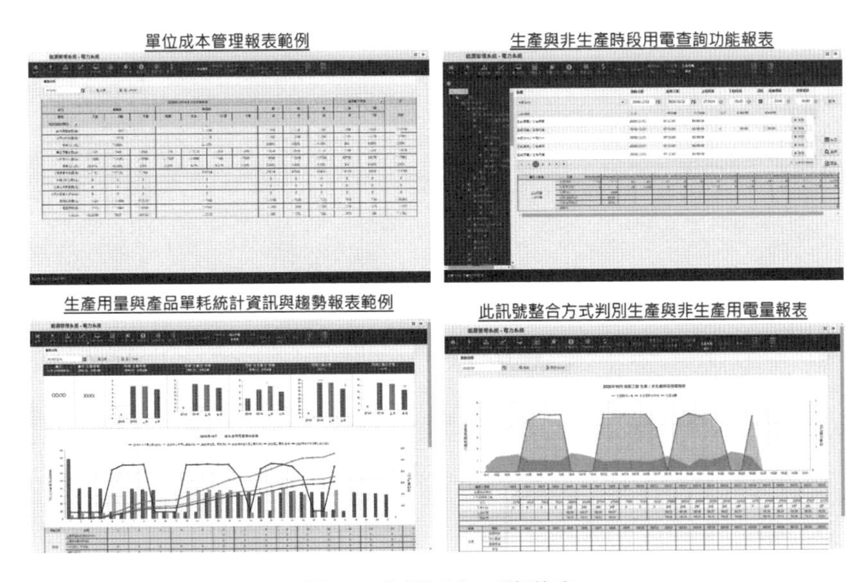

圖 4　分析平台 - 稼動率

資料來源：展綠科技公司

2. 運行狀況

因為每個機器的設備、工廠狀況都不一樣，所以在展綠的系統中，可以如圖 5 所示自行定義「正常運轉」、「高速運轉」、「待機」或「停止」等，而當數據跑出來後便可以看出哪一台實際是「正常運轉」、「高速運轉」、「待機」或「停止」，這樣的分析就可以更好用來進行統整與管理。

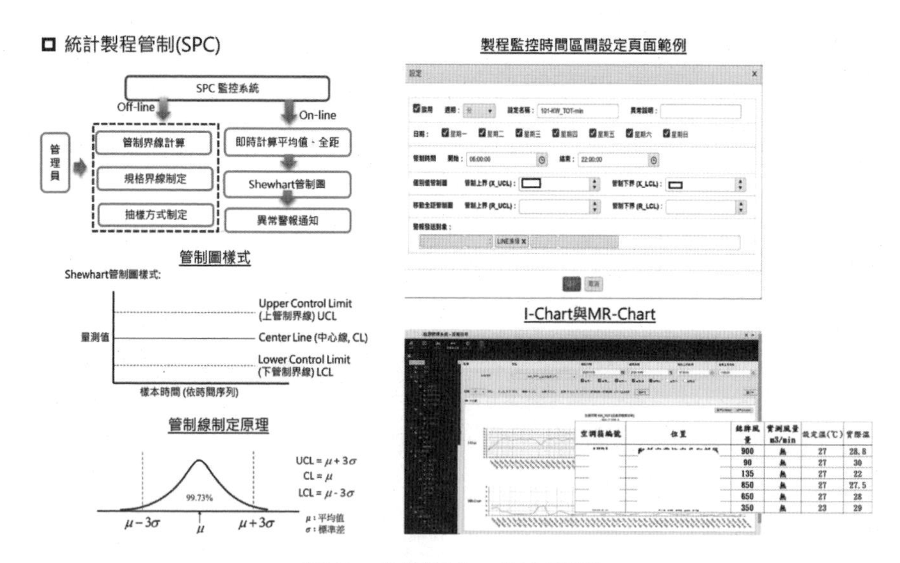

圖 5　分析平台 - 運行狀況

資料來源：展綠科技公司

3. 變頻與定頻比較

而另一個客戶本來有 5 台空壓機，但想再採購新的，所以在挑選時便要決定購買定頻還是變頻，因為變頻的雖然價格高但可以節省能耗，定頻的則較便宜，該公司陷入兩難。在此抉擇下，展綠便擷取了一些數據分析的資料如圖 6，以去比較定頻與變頻何種較好，畢竟不是每個場域用變頻都會比較省電，主要還是看實際的使用狀況才能得知詳情，而根據實際狀況，我們發現變頻相較於定頻一個月會少 6 萬元的電費，一年就相差了 72 萬，很明顯地最後要選擇復盛的變頻空壓機，一台的價格約六十幾萬，加上政府的節能補助後，這筆錢一年就可以回收，所以後來他們除了原本定頻的機器設備，連同沒壞掉的也一併都換掉。

以展綠的角色而言，就是協助客戶老老實實地把相關數據分析出來，當數據、指標呈現時，他們便能知道要如何做後續的處理與決策。

空壓機1號 (有變頻)每日耗電度數為：
6/26：779.6kwh
6/27：729.5kwh
6/28：846.6kwh
平均為：785.2kwh

空壓機2號每日耗電度數為：
6/26：1462kwh
6/27：1444.4kwh
6/28：1457.1kwh
平均為：1454.5kwh

若以每度電3元計算：
空壓機1號每日平均電費為2356元
空壓機2號每日平均電費為4364元
空壓機1號每日較節省約2008元
若是2號也更新為變頻，每月可省6萬元
一年可省72萬元

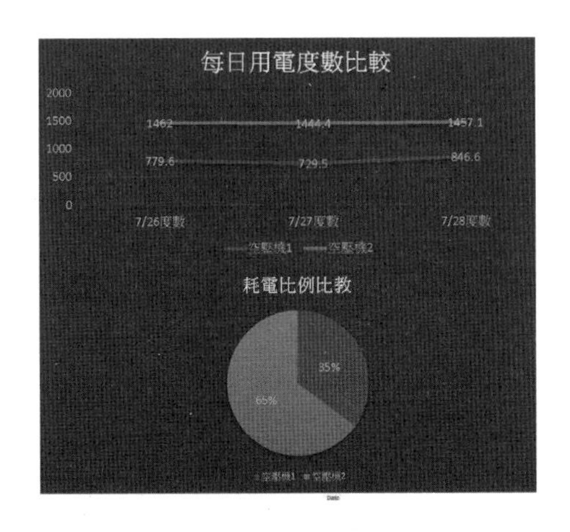

圖 6　分析平台 - 變頻與定頻比較

資料來源：展綠科技公司

4. 三相變化

整個分析平台有蠻多的機器設備大概都是以三相變化的方式呈現，如圖 7，而其中機器間的平衡也是相當重要的，這同時會牽扯到機器設備的壽命、年限，甚至是公安相關的議題。

展綠過去也曾跟雲林一家有屠宰機的養殖場具合作，他們常常因為三相不平甚至缺相的問題，而發生走火的情況。從系統顯示的設備行為與數據可以很容易看到設備從星期一到五的運作，所以當星期六、日有啟動時，便要去了解是否在加班，釐清產生這樣情況的原因為何。把整個紀錄行為的資料拉出來看，可以很清楚了解機器的運作是否正常。

其實工廠都有所謂的 RST 三相電源，不像一般較小的用電，只有正負一點數據而已，從此處可以看到它一樣是禮拜一到五工作、六日休息，但其三相極度不平衡，這個狀況對機器會有蠻大的傷害，並且會產生很多不必要的浪費與成本上的損失。

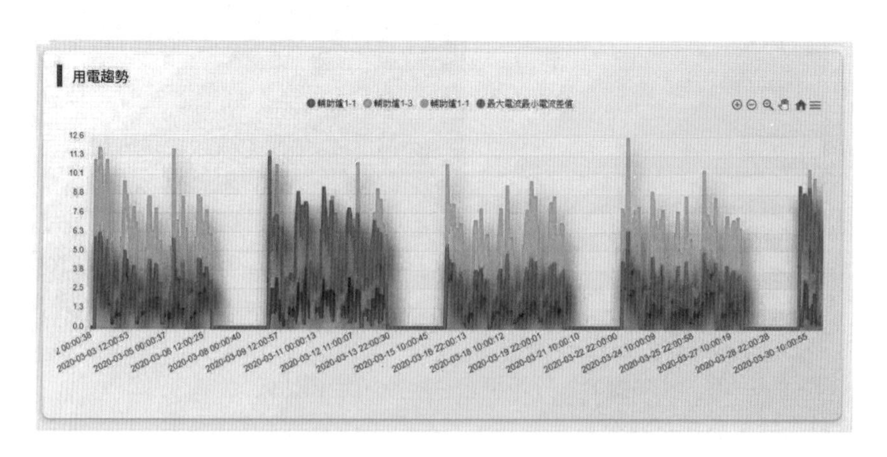

圖 7　分析平台 - 三相變化

資料來源：展綠科技公司

5. 報表系統

下圖 8 是展綠另一個客戶的資料，從圖中可以很容易看到整個報表，而這些報表可以自由點選，可選取的資訊多且取得方便，也能容易知道耗電量大的成因在哪，而當有這些數據時便相對較容易處理與管理。

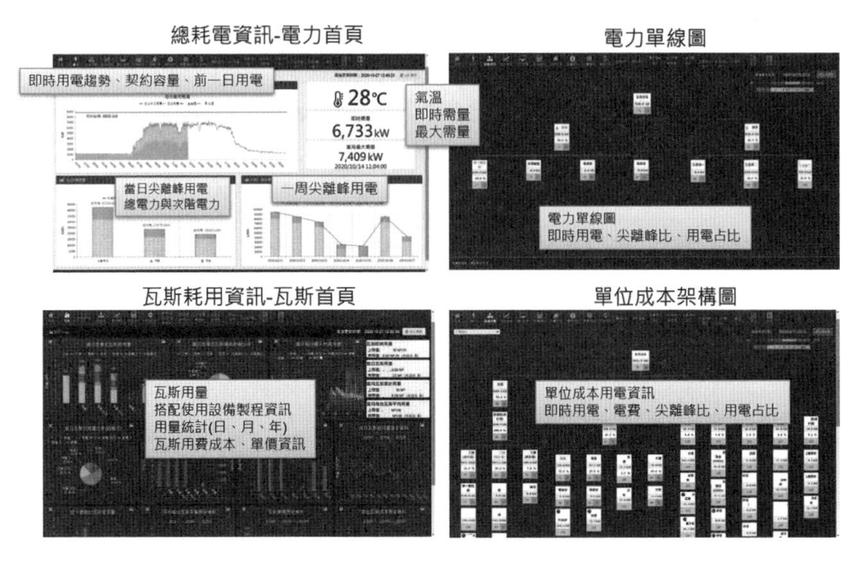

圖 8　分析平台 - 報表系統

資料來源：展綠科技公司

6. 警示系統

導入系統的最重要的目的是希望可以管理「異常」，而非「正常」。在工廠剛開始導入，數據還沒有很多的時候，初步先使用基本的 Rule-based 的方式來設定什麼叫做「正常」，什麼叫做「異常」，在該用的時候不用，或是不該用的時候用，都算是「異常」，這時候系統便會傳送警示到管理者手上，如圖 9 所示，甚至是設備三相不平或缺相的問題都有可能造成工安的疑慮，這些都是管理者希望第一時間能知道的，因為這些「異常」很有可能會造成不必要的損失與浪費，跟能耗的流失也有直接關係，因此這個系統提供的服務包括 sensor 傳輸，以及後端平台的管理與應用，且支援報表流程。

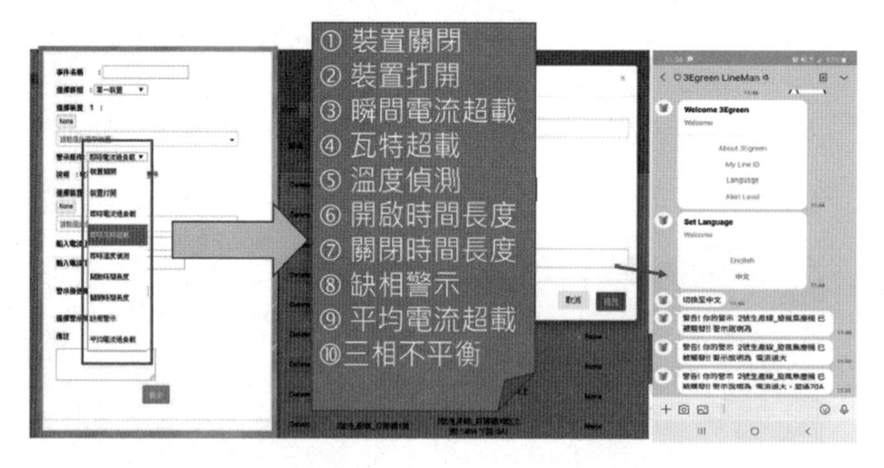

圖 9　平台分析 - 警示系統

資料來源：展綠科技公司

三、節能減碳 PDCA

關於能盤、溫盤、碳盤要怎麼透過 IoT 的方式，要怎麼做優化與 PDCA 的持續改善，如圖 10、11 所示。第一步要做的就是，要先有數據。當你的數據愈完整，相對就愈有空間可以改善，透過清楚的數據便可以知道問題點，以及要做什麼樣的調整，調整後是否有效，還可回過頭來看數據的情況。

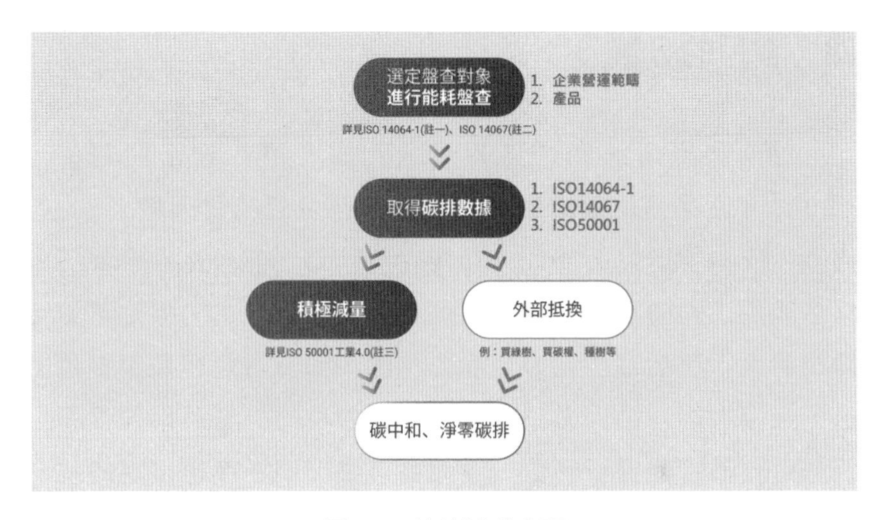

圖 10　節能減碳步驟

資料來源：展綠科技公司

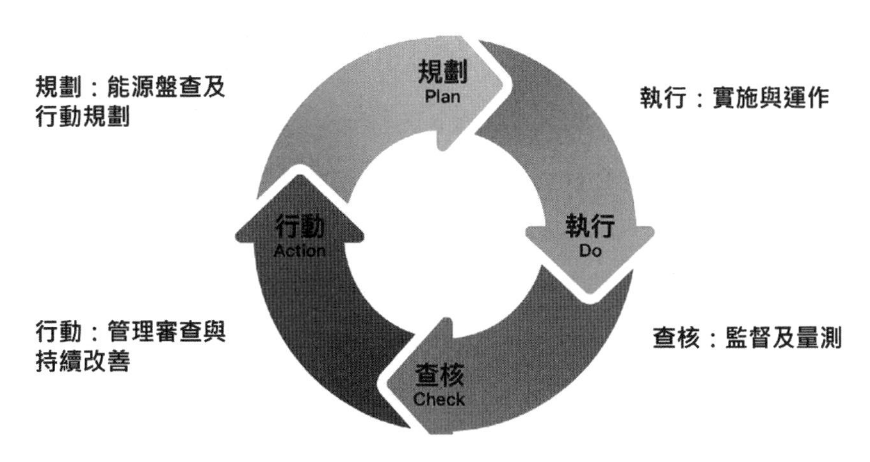

圖 11　節能減碳 PDCA

資料來源：展綠科技公司

四、客戶的分群

目前展綠所服務的客戶分成「擔心潛在安全問題」、「2023年產品需附碳排數據，2026年產品需支付碳稅」、「如何減少成本」這幾個部分，有些客戶因為之前發生過意外，所以意識到工安的重要，再來則是希望能減少成本，但是這個範圍相當大，包括哪些電力是浪費掉的，都需透過相關數據找出來，且產物端通常人力不會太多，要管理的機器設備卻很多，很難每台都管理得很到位，難免會有突然間在產線出現的狀況及問題，有可能就會造成成本上的損失。

展綠過去有客戶是製作釣魚線的，工廠很傳統，一條產線包含12個機器設備，將原物料投入進來後，第二個製程是一個溫水池，把原料泡在溫水達到特定溫度後，再到下一個製程以馬達拉成特定的線，變成釣魚線的雛形，一道道製程完成後，釣魚線便成型。然而只要12個機器設備有出任何狀況，就會影響到第二個將原物料泡在溫水池達特定溫度的製程，而原物料的溫度便會跑掉，不達標準溫度的材料也不能夠再進行後續加工，只能報廢，所以每發生一次這種情形，就會產生一批料的損失，因此他們導入展綠的系統是希望可以透過這些數據事先察覺異常的徵兆與狀況，減少不當事件的發生。

IoT 啟動淨零碳排

過去展綠在服務客戶的過程中，大部分都關注在數位轉型的部分，此部分可以依照各企業的時間步調進行，然而零碳轉型是更加迫切的，展綠著重在 scope2 能耗盤查的部分，提供一個比較簡單的方式執行。

五、實例介紹（一）

（一）實例 1：遠端監測能耗與過熱情況

以下介紹的是聯電的案例，聯電原先是從南科開始導入展綠的系統，後來擴及竹科、中國、新加坡的廠房，2021 年時建立的 P6 新廠也陸續導入，展綠的產品已經被聯電列為現場表格，所以各個機台都會有相對應的數據來做分析。

在南科無塵室的壓縮機總共有 3000 台，由於其很容易有過熱的問題，所以在過去都會貼上白色的溫度貼紙，當溫度變高時就會有顏色的變化，用以表示設備的狀況有異常，但 3000 台設備對有限的廠務人員來說是難以負荷的，因此過去好幾年聯電南科廠走火的問題蠻常發生。

而後聯電開始導入展綠 IoT 的溫度感測器，初步設定超過 55 度會發出警報，以得知是哪一台機器的溫度開始往上升。此外在電力方面導入更多的數據，包括廠務端與設備端，例如某次馬達壞掉時，把歷史資料調出來查看後，便發現馬達壞掉的前 3 天，有電流異常的問題，而此案例所分析的資料就可以作為內部學習的基礎，當累積愈來愈多內部訊息後，往後便能更好掌握機器的運作，但此分析資料並不是其公司可以使用，就可以應用在其他公司，這是跟每個公司的文化及實際狀況有關，必須要自己累積內部的數據，才能做更好的管理，甚至是進行預測與優化。

（二）實例 2：能耗超標

以下為臺灣 Panasonic 的案例，其公司當時有 10 台壓縮機有些狀況，但並不是設備壞掉，基本上以日本人保養設備的情況而言，品質都還不錯，並不容易壞。

然而過去他們保養時只確保設備能夠持續運作與使用，並沒有去管理能耗的高低，畢竟臺灣的電費相對便宜，所以很多老闆與工廠廠物端都不是很在乎浪費多少電，但未來的趨勢已經不是電費的問題，而是將會被限制不能用太多電。

在展綠的平台可以看到一些狀況，如圖 12 上方虛線框出的區塊代表這個設備超過不必要的能耗。一般來說這其實是蠻基本的概念，任何的機器及設備，不論是大是小都有額定的耗電規格，也就是說實際上的耗電都不應該超過額定耗電，嚴格來說，新機或正常的設備，實際上的耗電會在額定耗電的三分之二處，就算超過也不應該超過太多，所以他們跟廠商之前都會有一個誤會，就是看到這個數據就趕快請廠商趕快來處理能耗過多的問題，而因為整個行為都會被記錄下來，廠商就很快地把壓縮機停機並檢查，但最後仍會發現其實設備沒有問題，還是可以運轉並且很快就能復機。

事實上能耗問題還是沒有被解決，所以展綠仍被 Panasonic 請去再次解決此問題，討論與分析後，更換了重要零組件，才讓整個能耗降下來，這樣的能耗差維持了十幾年，或許對 Panasonic 而言是小錢，但這也代表有空間可以做調整

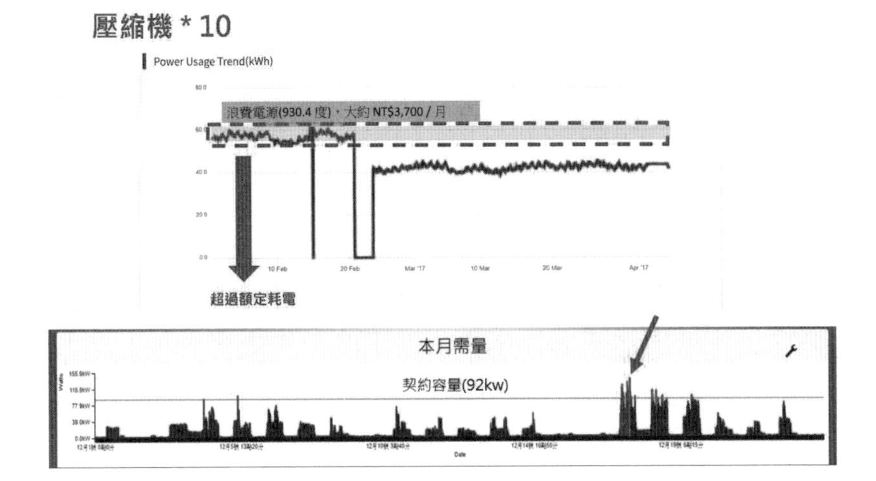

圖 12　改善過多能耗

資料來源：展綠科技公司

與更改，且在能耗比較高的情況下，對機器設備的壽命也是有影響的。

而另外一個問題則是大部分客戶都會碰到的類似狀況，也就是契約容量超約的問題，契約容量超約代表整個工廠的能耗用電是增加的，為了不要被罰錢，便會跟台電申請將契約容量上調。根據下面的圖表，可以看到像禮拜一到五上班，禮拜六休息或加班，禮拜天則休息，大部分超約的時間是落在禮拜一或禮拜二的某個時間點，若可以清楚知道是哪些機器設備造成這個時間點超約，就會有機會可以去做一些改善，因此解決超約的作法不一定要把契約容量調高。

展綠有很多客戶不但沒有把契約容量往上調，甚至還有機會將容量調降。而從 Panasonic 的數據來看，實際用電其實沒有那麼多，大部分都是落在特定幾個時間點，但因為當初沒有數據，所以便不能知道到底是因為滿載還是只是某幾個事件所導致，如果能夠把時間點清楚的挑出來，那此調整就不見得要花很大的成本，有時候只是行政上的流程，比如不同部門彼此是沒有關係的，但是由於習慣在同時間使用設備，所以有可能造成契約容量超過，而此狀況可以藉由協調，以分開時間做啟動或使用，這些步驟不見得要花很多成本，頂多就是一個溝通成本，就有機會把問題解決。

（三）實例 3：空壓機出風口溫度監測

此外在機器的溫度上也可以做一些數據的考量，透過簡單的方式來做管理。圖 13 的案例是利用 IoT 的溫度感測器來管理空壓機的出風口，監測效率是否有問題。過去長期以來，公司都有雇用人力每天固定去清洗出風口，但整個保養的狀況並沒有可以了解的依據。在導入數位化系統之後，便可以開始了解出風口溫度的實際狀況是如何，而此問題有點像是家裡的冷氣機，明明已經調到 21 度，吹起來卻很像 27 度，屬於頗熱的狀態，也就是說機器設備已經有很大的能耗，但仍達不到預期的效果。

從圖 13 可以看到，後面就透過數據分析進行判定，也就是當數據顯示效率開始不佳時，再派人做清理保養即可，保養完後還可以持續追蹤效果到底好不好，這些都是沒有辦法透過人工保養、更換零組件或甚至設備汰換做到，且決策者可以在不花錢的情況下，依據更多數據資料做決策。

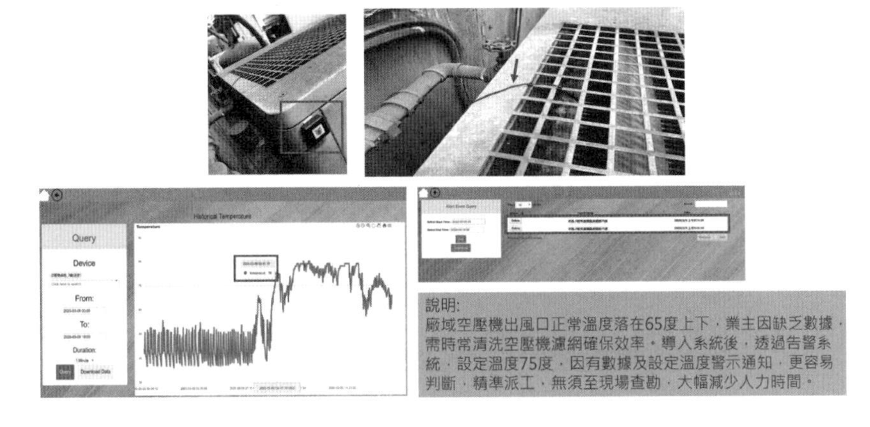

圖 13　空壓機出風口溫度監測

資料來源：展綠科技公司

（四）實例 4：燒結爐數據異常

以下的案例跟製程優化有關，此公司是台灣精材同時也是光陽的子公司，供應高級的陶瓷燒製材料給台積電、聯電等半導體大廠。其製程包含兩週週期的高溫熔爐，過去在管理產品的品質時，大多只依靠溫度這個參數，但是透過這樣的數據就會有一些狀況發生，當導入電力數據後多一個參數可以參考時，就會發現到有 2 個問題，第一個問題是熔爐在兩週週期快結束的時候，電力會往上拉升，然而照理來說此時應慢慢把它結束，因為當拉升 100 多度的電時，就同時會造成陶瓷燒製的品質出現狀況，等於說燒製後還需多一道製程解決品質瑕疵的問題。

而後從電力溫度的數據比對後發現，真正的問題在於溫度參數沒有設定好，也就是說判斷機制以為降溫太快，所以啟動

保護機制，將整個電力往上調升。而在調整之後保護機制便無法輕易地去啟動，不但節省沒有必要的100度耗電，陶瓷燒製的品質以及過去發生的問題都得以解決，透過數據分析可以發現系統有許多空間都能進行優化。

（五）實例5：馬達老化

以下為長庚醫院改善馬達的耗能的案例，會以其中兩個較為嚴重的馬達做解說。這些馬達已使用十幾年之久，實際上得到的數據皆超過額定耗電頗多，上述有提到能耗應該是落在三分之二處。

大部分的人其實是可以理解老舊設備一定會相對較耗電，但是「耗電量為何？」、「是否該換設備？」等問題仍需看自身的決策。此馬達的市價為5萬元左右，但如圖14、圖15所示，每年多了13萬的電費，而在討論的過程中，廠務人員也提到其為難的地方在於以專業角度而言，這些設備不該再繼續使用，而是需要更換，但是當報告給老闆時，老闆卻仍認為設備還可以使用，忽略了老舊設備所帶來的大量耗電。

展綠提供的服務可以很清楚地將數據做分析，清楚地呈現出來，並且可以使用政府的能源補助，不但可以讓整個能耗更有效率，設備的成本也可以很快回收，而不是等到壞掉才去更換。

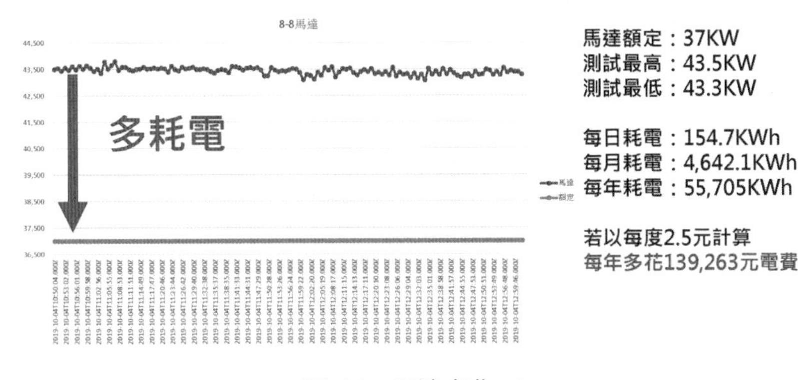

圖 14　馬達老化 -1

資料來源：展綠科技公司

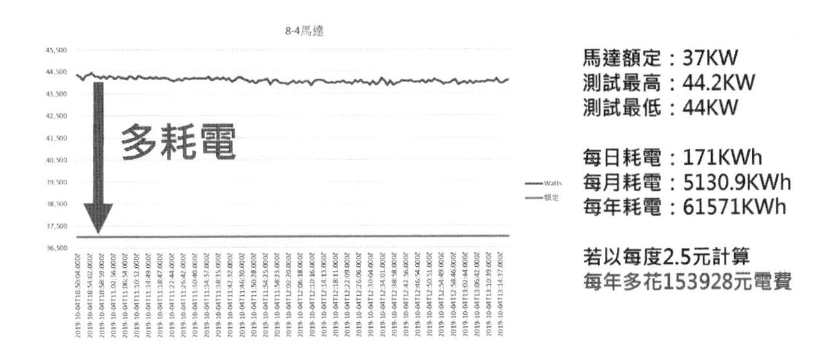

圖 15　馬達老化 -2

資料來源：展綠科技公司

六、實例介紹（二）

這邊有做初步的比較，不代表展綠的系統一定是最好的，還是必須看使用的情況而定，當然如果以能耗盤查這點來說，如果要將每個機器設備、產線末端能耗數據進行比較的話，和傳統大廠相比有一個較不同的地方是，展綠在實際的建置安裝上，不需要停機、斷電或拔線，可以較容易且快速地達到想要的目的。

為了達到目的還是會有一些技術含量，舉例來說，有個客戶在臺灣、中國也有打算開發類似的系統，他們剛開始是走有線的，裝起來不太方便，所以後來嘗試使用無線的設備，但卻發現續航力不夠，因為無線的設備是用電池提供能源，每兩週就要換一次，因此最後直接找展綠合作。

第一個找展綠合作的客戶是全聯，此分店位於新北市，店面裡幾個智慧電錶匯聚了許多資料，幫他分析了很多結果，如開放式及封閉式冷凍櫃。分析後發現比較大的問題是一年的電費大概有30幾萬沒有用在門市上，而是用在房東的地下室乾洗衣機以及夾娃娃機，通常老舊的現場設備配電箱可能永遠沒有人想打開，所以裡面的配線與電線也常常亂成一團，就算用眼睛去看，也很難辨別電線接到哪裡，而如果沒有這些數據也蠻容易搞不清楚狀況。

展綠的客戶仍以製造業居多，少數有連鎖店、學校或飯店。除此之外，展綠的應用也有延伸到海外，曾服務過比利時的公司，而比利時與歐洲的客戶也因為烏俄戰爭的影響來臺灣，所以最近展綠也會在臺灣做一些商談。

（一）實例1：臺灣最大的工具機廠——契約容量超約

針對電力監控的案例，此客戶的問題在於契約容量超約。根據上述的方法及步驟，大家通常比較知道要如何解決問題，首先把數據抓出來，針對幾個耗能相對較大的設備進行服務。

當設備較多的時候，導入的步驟會先把 10% 能耗設備當成第一波導入的設備，導入完成後再進一步把 20%、30% 的設備一波波地導入。

而他們也是一樣的，先裝能耗大的設備，從此處看有哪些狀況，結果發現在沒有生產的中午時段，用電卻異常高，也就是說當所有人在休息時，冷氣、空調會開得特別大，造成更多的用電，而這也是造成超約的其中一個原因，所以很多情況都要透過實際的數據，才會比較容易了解廠內要如何做處理。

而空壓機清洗的過程，也和上述的例子相似，原先是每天都須清洗設備，後來透過數據了解才發現只要三到四天去做清洗即可，讓整個人力可以達到精準的遣派。實際上這一家公司的導入蠻實惠的，在這幾個應用直接做出一些效益，包括設定什麼情況是「不正常的」，就直接在 Rule-based 的設定訂做了解與管理。

（二）實例 2：臺灣知名加盟餐廳店——契約容量超約

以下是臺灣知名連鎖鍋貼店的案例。在約 4 年前左右，因為剛好在電視上看到展綠的資訊，所以打電話來詢問，而其所碰到的問題也是契約容量超約。當時客戶提到 7 月份的電費和 8 月份的差了一倍，但鍋貼並沒有賣得比較多，因此對於此結果相當不解。在客戶非製造業或科技業的狀況下，直接導入系統怕會語言不通，所以後來展綠除了幫他們導入收集數據的系統，也花了大概半天時間至這位老闆在台中的八家加盟店，針對相對較大能耗的設備安裝系統並且收集數據。

到第三天其實大概就知道問題了，比如在中午 12 點半左右契約容量是超過的，主要是被罰出來的，而非用電過多或是台電電錶出問題。當展綠老老實實地把兩週的數據收集完畢，並報告給客戶後，便會打算將設備拆除，在整個過程中展綠也有讓客戶使用此平台，而他們也發現到一些管理面的問題。

其八家門市有八個店長，客戶每天會跟這些店長溝通如早上幾點開門等，而店長也會回報營業及打烊時間，這些皆和平常平台上看到的不太一致。所以分析後發現店長回報的時間其實並不精確，有很多的狀況與問題都可能是客戶所沒有發現的。

其中一個客戶更擔心的問題是光是在這兩週的數據收集情況下，就有兩家門市在不同的兩個時間點，沒有把最耗電的煎鍋台關掉，導致最大的耗電在沒有使用的情況下開啟了一整個晚上。對於客戶而言耗電是其次，比較要注意的是若煎鍋台空燒了一整個晚上，有可能會造成危險發生。

兩週的分析時間一到，原本是要將設備拆除，但客戶希望繼續留下，所以之後設備便就一直掛在上面，單純管理契約容量是否有超約的問題，只要一有狀況發生，店員便會去做簡單的處理。

而實際上主要要去解決的耗電主因是水餃機，店家大概會從十一點左右開店，但從數據中可以發現蠻多店家從九點多就把水餃機及鍋爐開啟預熱，後來從收集到的資料曲線展綠也告訴他們，只要在開始營業前四十分鐘開始加熱就夠了，不需要浪費這麼多能耗。此外還有一個耗能來源是冷凍的除霧功能，主要目的是讓人看清楚冷凍櫃內的食材位置，而這個設備在啟動時會耗掉很大的能耗，也是造成超約的一個原因。在多個部分的逐步調整後，就可以把每個月不必要的電費省下來，也可以在管理面做一個紀錄。

（三）實例 3：世界級運動場鋪地材製造工廠——異常設備的管理、保養與維護

以下的實際案例是針對異常設備的管理、保養與維護，此客戶在台中，主要是做 PU 跑道的，展綠好幾次也向其借場地辦說明會，也就是說在展綠整個介紹完後，會讓這間廠商做個分享，之後再帶到廠務做參觀。

客戶主要的問題是針對空壓機，過去空壓機要用七公斤的打氣模式，這樣大的力量去打，代表這是非常耗能的，而後透過數據分析逐步調整。他們一開始就沒有考慮自動化，所以就變成慢慢地透過數據往下調降，最後把原本七公斤的打氣模式下調至五到六公斤，而客戶也發現其實沒必要使用這麼大的壓力，因為通常新的機器設備不管是空壓機或主機等，販售商都會將設定數值調得相對較為保守，也就是相對穩定的狀況，才比較不會出問題，但實際上不見得需要。

包括其冰水主機過去雖然有兩台，但因為一台就足夠了，所以當主機 A 用十二度的情況在運轉時，B 就休息，但是反過來講，從整個能耗數據可以發現 A 老化的速度非常快，而這也是成本上的增加，因此後來就調整成主機 A 以 15 度運作，主機 B 則維持在 12 度，讓整個能耗的加總不會比單一一台 A 還高。主機 A 已經撐很久了，其能耗數據也不佳，反而是提

高的，所以後來還是用兩台主機分別調成不同溫度再做加總，得到的結果也不會比一台 A 來得高。

而冰水主機 C 原本是訂定在 8 度，但如同上述，廠商都是設定最保險的數值，以一種可以用、不會壞掉的情況所設定，但事實上把溫度訂在 16 度都還是可以正常運轉。透過展綠的數據分析，可以把機器提升到相對優化的狀況，所以整個廠內不單只是能夠單純運作，也可以減少在其他地方的能耗。

（四）實例 4：國內老牌電線電纜子公司

此案例是電線電纜公司，為一個子公司，近期其總公司也打算導入，用以計算電纜每一尺的碳排為多少，因為他們的客戶有要求。初期會針對幾個馬達去做導入，就像上述案例提到若幾個馬達有問題壞掉，會造成材料的報廢，所以也是透過數據去了解哪幾個設備、馬達有過多的耗能，整個效益是比較低的，而最後分析的結果是整個報廢率可以從原本的 2.1% 降到 0.9%。

（五）實例 5：國際知名開關大廠

以下案例是一家開關工廠，出一本書叫《開關人生》，在中國的工廠就更多。其在 109 年 5 月導入系統，之前的額定功率是 55.8kWh，根據其額定耗電數據可以知道有設備老化的問題，也發現其設備有三相不平均的情況，而他們老闆也很重視此議題，因此慢慢地進行改善。

（六）實例 6：台科大改善前後數據比對

1. E2-629 實驗室

以下是學校的案例，其一些設備的能耗也是相當大的，如台科大 E 棟的 E2-629 實驗室有個機器設備，跟工廠的設備較為相像，會有能類似的狀況，也就是其實有很多機器設備是沒有在使用的，但從數據裡發現它仍占了 7% 的用電量。

台科大曾請展綠幫忙管理各實驗室的機器設備，以了解其用電量。當初台科大找展綠來做管理，是因為其從開校以來每年的電費都是以「億」為單位，但他們新增設備的速度也不是很快，能耗卻一直拉高，分析後來才發現有很多設備從建校以來都沒有換過，所以才造成不必要的能耗。

而台科大想要了解的另一件事便是最耗電的實驗室到底是哪個系所，希望可以實際去偵測最耗電的地方。大家的普遍印象都是電機系，但如圖 16 所示，實際上是較偏向化工或材料相關的系所，原因是這些系需要對材料做疲勞測試，為了把材料折斷，馬達可能需要轉一萬轉，才能跑出一個數據，且其教授每年都會出很多論文，可想而知要用多少電才能把報告做出來，所以反而是耗電最高的系所。

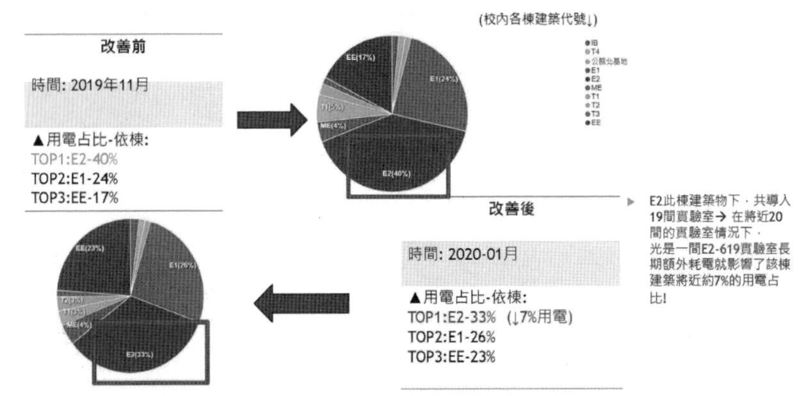

圖 16　改善前後數據比對 - 依棟

資料來源：展綠科技公司

從圖 17 可以了解到導入初期以及後期的狀況，跟上述各例子所談的邏輯是很接近的，也就是清楚比對額定耗電，及了解有哪些不當使用的行為，透過這些做法其實就可以很容易得出有關效率的數據，做一些比較分析。

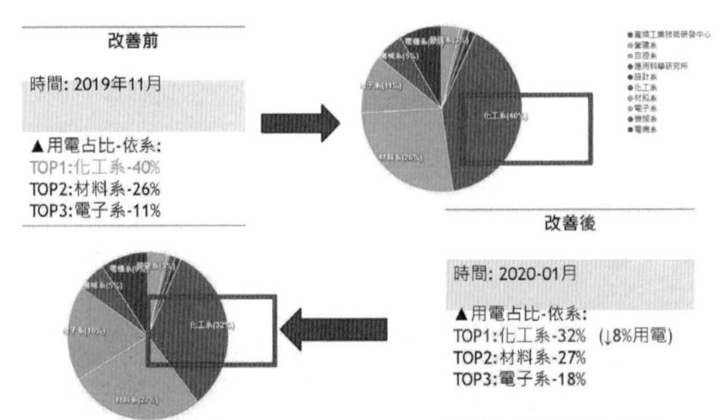

圖 17　改善前後數據比對 - 依系

資料來源：展綠科技公司

2. T3-305 實驗室

而改善計畫也包括 T3-305 實驗室，從圖 18 可以看到從 2019 年 12 月導入及改善後的資料，一樣是透過數據調整一些問題與使用不當的地方，最後耗電降低最高達一半以上，是很大的差異。在 T3-305 實驗室的數據中可以看到，原本最高總用電量有到 11027.2 kWh，但後來的數據下降非常多。

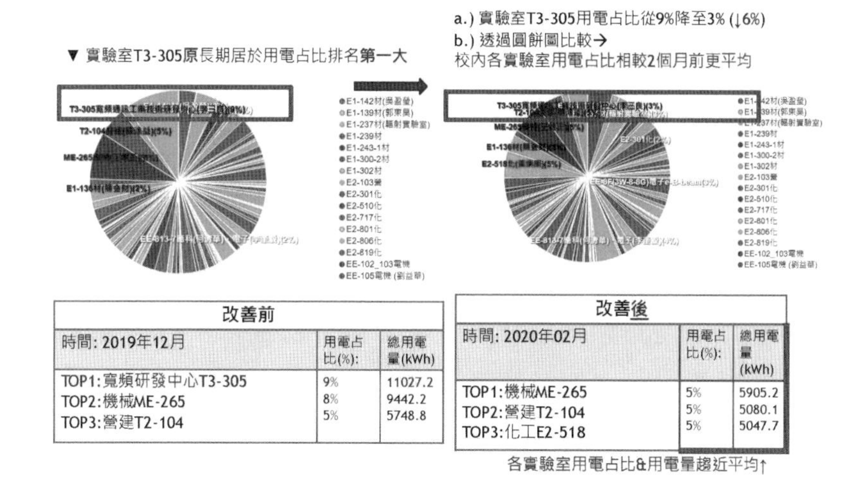

改善前		
時間: 2019年12月	用電占比(%):	總用電量(kWh)
TOP1:寬頻研發中心T3-305 TOP2:機械ME-265 TOP3:營建T2-104	9% 8% 5%	11027.2 9442.2 5748.8

改善後		
時間: 2020年02月	用電占比(%):	總用電量(kWh)
TOP1:機械ME-265 TOP2:營建T2-104 TOP3:化工E2-518	5% 5% 5%	5905.2 5080.1 5047.7

圖 18　實驗室 T3-305 改善前後數據比對

資料來源：展綠科技公司

從經濟面的角度而言，在這些數據中，相對可以做很簡單的挑選、調整與改善，知道我們的電費花在什麼地方。而就安全面，若是不盡快改善，台科大幾乎在不同地方都會有電線走火的可能。

簡單來說，就是整個企業在評估時往往都只看採購成本、施工成本等，但事實上有很多「隱藏」、「看不到」的成本，包括上述所提到的幾個案例，我們可以得知電力成本、人力的維護成本、停機斷電的影響所造成的成本、廢料或甚至是公安上的疑慮都需要考慮到，必須要整體地去提升整個管理面的效率。

七、結論

（一）展綠的導入方案

總結來說要優化，不管是數位化或是智能化，最基本的就是收集到數據後，要知道如何正確運用，以達到更好的保養效果，甚至是預測。

展綠在幫客戶導入的過程大概會從幾個面向開始出發，首先數據要做一個長期的累積，然後透過平台進行呈現，當收集完成後，展綠會再跟客戶端做一些溝通，看有什麼經驗可以相互分享，而目的就是為了研究如何達到最優化的情況。

（二）計算碳足跡的目的

以近期而言計算碳足跡的部分，都是客戶的要求，或者是有出口的問題等，反過來說，導入這樣的系統，單純只是在應付客戶的要求，其實很多的老闆是花不下去的。

通常展綠會協助客戶更進一步達到製程改善，以因應未來綠色消費、綠色採購的成本提升。上市櫃公司在ESG的壓力之下，每年也會和會計師討論如何多一筆資金，以管控環境變遷、環境成本的風險，這些對企業以及銀行融資是很有關係的，因為銀行會慢慢在乎企業是否有針對環境變遷做一些調整及反映，避免未來企業在面對時所產生的風險，因此這會直接影響銀行會不會給公司更好的融資條件。

（三）碳盤查能耗盤查優先的對象

除了幾個產業之外，展綠現在針對的客戶中，最優先的是有一些會出口到歐盟的。而展綠也有幾個客戶是屬於大廠的供應鏈，比如去年 Apple 就有來找展綠，希望把系統用在其崑山廠，而主要目的是因為去年有要求立訊要買 200 多顆智慧電錶，而由於立訊的廠房很大，所以想清楚了解能耗花是在哪個地方。從 2021 年 12 月開始導入到 2022 年 3 月，持續收集數據都還沒使用，仍須再評估要怎麼延伸到其他廠域。

此外展綠也碰到一些客戶是會提供資訊的，像這些資訊有時候都是從客戶端知道的，而展綠也會問為什麼要導入。顧客表示從 2022 年 1 月開始，用電 800kWh 以上的企業都會被能源局盯上，並且只給一年的時間，要針對廠內幾個較重大的耗能設備每小時交出一筆數據。

例如空壓機、冰水主機是能耗筆較大的設備，就被要求一定要一個小時交出一筆數據，而且不是台電針對整個工廠的數據，所以必須用人力把數據讀出來，不然就是裝電錶或是導入展綠的系統。而當然 5000kWh 發電量的公司就是更核心的改善目標，會被要求更多，必須在五年內要有 10% 的綠電。以現在的趨勢而言，各個層面的限制只會增加不會減少，所以這件事情要趕快去進行。

在整個導入的過程中，會觸及到認證單位、Iso 顧問、能耗盤查還有綠電，而展綠主要是扮演能耗盤查的角色，並且展綠的數據是有拿到 TAF 的認證，所以可以用來做一些使用，協助企業盡快把所需要的數據取得，再看如何搭配各自的顧問公司，得到不管是認證、客戶的要求或是廠內相關的優化等。

FAQ

Q1：上述所提到監測設備的部分，一個是測機器，另一個是測溫度及濕度，那還有其他的感測設備嗎？

Ans：目前在電力及溫溼度的感測上，展綠已經做得相當標準，其實當初也沒有想到會自己做，只是因為在七、八年前成立時沒有找到適合的，所以便自己開發。有些客戶也會要求做振動或是量水的感測，而坊間其實已有蠻多成熟的產品，可以做搭配，也就是說上述所提到的系統其實都是可以整合各個不同的數據，但要擷取的數據，仍須參考實際的狀況。

Q2：做一個基本的能耗盤查，大概需要多少費用？

Ans：基本上這會牽涉到幾個層面，主要有兩種模式，一種就是以專案採購的方式，另一種則是訂閱。以一般製造業而言，還是要看採買多少數量再進行導入，平均來說工廠裡面會有很多機器設備，大部分的三相數據都要擷取，所以感測器抓完數據後，要傳輸到後端的軟體平台，而以展綠的人員到現場去做安裝及數據分析的時間而言，通常全部用到好以平均以一百台設備來看，每個的導入成本大概會落在 2 萬到 3 萬台幣之間，當然如果機器數量越多，每台的平均費用一定會更低，這是一個基本的成本，但如果超過這個基本的情況，也就是說機器數量更龐大的話，每台的花費也有可能來到 2 萬元以下。

Q3：感測器用完一定會拆除嗎？

Ans：通常會留下來持續收集資料。

Q4：後續會有訂閱的方式嗎？

Ans：相較上述所提，每台機器 2 萬到 3 萬的費用是指買斷整個系統，也就是說整個系統將會屬於客戶端，後面就是要看如何簽維護合約，或是廠內有人可以接，也可以自己做處理。而因為數據是要矯正的，所以後面也會有校正的服務，不是說數據會跑掉，而是比如像 Iso 或是一些客戶要用，可能還是會要求數據要持續被改良、優化。

Q5：請問如果買斷系統保固的時間多久？

Ans：會保固一年，包括校正與軟硬體的維護與分析，而從第二年開始就單純是維護。

Q6：系統可以客製化嗎？

Ans：客製化會需要另外再討論，基本上目前是專注在節能減碳這一部分，相關的軟硬體都是標準的，現在仍沒有很多客戶需要額外的客製化。通常在了解客戶需要什麼功能後，展綠的後端平台大部分都會有相對應的功能可以使用，有時候客戶其實是不知道有這些功能，所以會覺得需要客製化，而展綠的客服人員都會詳細告訴顧客，若真的有需求也可以再討論。

Q7：環境的溫度或粉塵會不會影響到監控的品質，比如是否會有數據失真的問題？

Ans：以數據來說主要就是抓到多少就是多少，因為 0 和 1 是數位的東西，不是類比。而上述所提到校正，是當你勾住電線去擷取資料的時候，感測器本身的準確度仍是管控得住的。有些校正需求是因為客戶端會希望有校正的依據。

Q8：幾個未來改善目標里程碑的時間點如 2030、2050 年，是否是用很嚴謹的科學方法去算出來的？

Ans：很嚴謹算出來的，且是超過上萬個科學家所計算的。我們發展所累積的，並不是說現在減，明天就結束，其實產生的二氧化碳都在大氣中，要持續一段很長的時間，才可以減少。透過各種的模擬已經可以去了解未來溫度的增加對氣候、大氣暖化、氣候變遷，會產生怎麼樣的災難，只是以前我們都覺得可能還要很久，但以最近來看，會比想像中的還要嚴重。

其實 2050、2060、2070 年意義不大，因為在短期之內，也就是在 2-3 個世代會看到，而不是 200-300 年後的事情，雖然未來有很多變數，但不會太久。2030 這個數字第一個要看科學家是否算錯可能還需要一段時間，而第二件事是共識，要留意的就是稅，再來是品牌談的里程碑、路徑圖大概都已經出來了，也就是商業行為。

臺灣如果未來要外銷，就需要符合兩個驅動，第一個是法規驅動，第二個則是品牌驅動，那法規驅動有國際法跟臺灣法，國際法就像是 CBAM，不管歐洲、美國或中國大概都在想這件事情，碳交易也不會回頭，而臺灣的法律就像上述所提，會越來越嚴謹，如用電大戶要有 10% 綠電、用電在 800kWk 以上的公司必須提供更詳細的用電數據，這些都是法律所訂下來的。

Q9：全球暖化的解決方案中已經有什麼模式或是能源政策？

Ans：科技變化太快，如此次的新冠肺炎給大家一個啟示，就是全世界的災難會加速科技的進步，舉例來說我們打好幾劑的 mRNA 疫苗，本來也不是新技術，但因為急迫性，所以可能在還沒有很成熟的時候，我們就打疫苗了，還打到 3、4 劑。

全球暖化的解決方法是非常多的，「能源」裡面牽涉的「技術」不會憑空跳出來。現在找論文來看，從理論到實驗室大概就是 10 年，實驗室到生產線大概又會再 10 到 20 年，所以這個應該是現在都可以看的。

以目前來說，再生能源能夠解決的大概就是這件事情，無碳的能源為核電，核電又分成兩個核融合跟核分裂，所謂核融合也就是人造太陽，人造太陽到現在為止大家都認為 3-5 年內是沒有機會發展的，現在韓國、中國、美國仍積極在做。

核分裂分成第一代、第二代、第三代及第四代，現在看起離我們比較遠，因為在臺灣談核分裂也不容易。而在風、光、水、地熱等能源中，臺灣的地熱也發展很久了，但其問題還蠻大的，第一個是開採成本很高，第二個則是地熱在開發時要把水打進去，但地熱的井很快會鹽化，所以要把硬水的結構打掉，熱源就會很快變少。

簡而言之，解決的方法很多，但都必須要考慮到兩件事，首先是能不能來得及，第二個是能不能大量化，且具經濟可行性，就如同太陽能，目前正努力加速往第三代邁進，使其變成經濟可行性。通常這些開發會經過 3 個可行性，第一個是技術可行性，再來是量產可行性，最後則是經濟可行性，所有的東西都要經過這三個階段，而因為第三代太陽能已經走到量產可行性，即將要前往經濟可行性，所以這是比較有可能繼續發展的。

第 4-5 章　淨零賦能企業個案：今時科技公司

一、今時介紹

今時科技團隊前身主要出自友達光電，因當初在友達時事業單位便是負責太陽能板、儲能、創能以及節能的部分。今時科技 5 個創辦人，其中 3 個就是從友達的 CIM、BU 與 IT 等廠務部門出來的。當時也因此直接成為友達明基集團 - 達基能源的共同創辦人，那時候能夠成為明基友達創辦人的機會其實不多。

2016 年其中幾人出來創建今時科技，將節能及友達一些廠務端的技術拿出，向子公司及其他企業做推廣。後來進入到品牌端的部分，包括裕隆、誠品等公司，都發現其在智慧物聯網方面做得不錯。當時物聯網算是新興產業，大家其實仍不太熟悉，今時團隊持續藉由節能應用將它推廣出去。

雖然今時科技至今都謙稱自己為「新創公司」，但其創立時間已約七年，公司營運穩定，拓展了相當多的客戶，不包含先前，光是現在就已經有 200-300 家客戶，且每間公司可能有好幾個電號，也就是說今時管理的電號大概就有 700 多個，以電費來講，總共協助企業節省了約一億多臺幣的金額。

取名今時的原因是希望能夠用即時的資料去做決策。如何

運用這些即時資訊讓現場可以做出正確決策，而不是純粹只把資訊拋出來，便是今時的使命。

二、全球能源趨勢

碳盤查關乎全球能源趨勢，而能源項目有哪些？我們可由圖 1 開始說明，從 1971 年到 2019 年全球能源消耗的趨勢及供給是往上提升的，從下至上，主要的能源分成煤、石油和天然氣，另外也包括核能與其他再生能源。在 1973 年整個地球所使用能源還是以石油為主，佔了 46% 將近一半，而煤約佔 24%，天然氣佔 16%。在經過 20-30 年後，2019 年在能源結構中，煤差不多佔 26%，但是結構最大的變化在於天然氣從 16% 提升到 23%，石油則因為天然氣提高的關係，造成使用比例下降，這也使大家開始意識到能源結構已有變動。

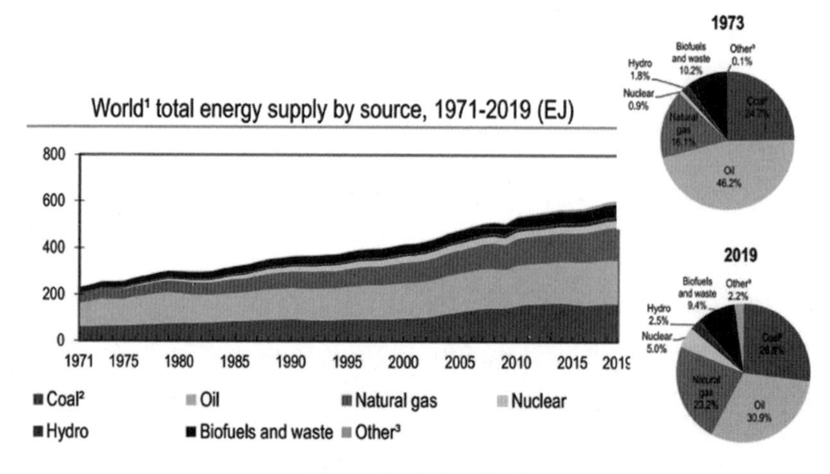

圖 1　全球能源趨勢

資料來源：IEA – International Energy Agency

至於全球能源產銷大致分項如下，

（一）天然能源產銷

1. 石油產銷國

主要能源之一的石油進出口概況如圖 2 左邊所示。雖然最常聽到的石油銷售國為沙烏地阿拉伯，但實際上美國才是石油的產地的第一大國，第二則是俄羅斯，第三個才是阿拉伯，之後還包含中國。以出口國而言，可看到阿拉伯和俄羅斯是直接出口，但石油產量最大的部分國家反而沒有出口。而從進口國的部分可以看出美國跟中國也是主要進口國之一，他們除了本身是石油產地大國，還需要跟別的國家再進口石油，因為原本的產量仍不夠用。目前主要石油銷售集中在阿拉伯和俄羅斯，對於有些石油量仍不足國家來說就需要再進口。

2. 天然氣產銷國

天然氣的進出口概況如圖 2 右邊所示，現在大家漸漸開始有意識把天然氣作為主要能源，而其產地第一大國還是美國、第二是俄羅斯，再來是伊朗、中國。出口國還以俄羅斯外銷的最多，美國則沒有再進口，而是以對外銷售為主。由於中國的產業別主要是工業，天然氣消耗非常快，除了自己使用之外，還需要不斷向國外進口，因此仍為天然氣第一大進口國。此外，因為歐洲希望能發展綠能和比較沒有碳排的能源，所以很多歐洲國家都是和俄羅斯購買天然氣。

石油

Producers	Mt	% of world total
United States	706	17.0
Russian Federation	512	12.4
Saudi Arabia	511	12.3
Canada	255	6.2
Iraq	201	4.9
People's Rep. of China	195	4.7
United Arab Emirates	174	4.2
Brazil	153	3.7
Kuwait	131	3.2
Islamic Rep. of Iran	130	3.1
Rest of the world	1 173	28.3
World	**4 141**	**100.0**

2020 provisional data

Net exporters	Mt
Saudi Arabia	352
Russian Federation	269
Iraq	195
Canada	154
United Arab Emirates	148
Kuwait	102
Nigeria	99
Kazakhstan	70
Angola	63
Mexico	59
Others	531
Total	**2 042**

2019 data

Net importers	Mt
People's Rep. of China	505
India	227
United States	202
Japan	149
Korea	145
Germany	86
Spain	66
Italy	65
Netherlands	62
Singapore	53
Others	509
Total	**2 069**

2019 data

天然氣

Producers	bcm	% of world total
United States	949	23.6
Russian Federation	722	18.0
Islamic Rep. of Iran	235	5.9
People's Rep. of China	191	4.8
Canada	184	4.6
Qatar	167	4.2
Australia	148	3.7
Norway	116	2.9
Saudi Arabia	99	2.5
Algeria	92	2.3
Rest of the world	1 111	27.5
World	**4 014**	**100.0**

2020 provisional data

Net exporters	bcm
Russian Federation	230
Qatar	127
Norway	111
Australia	103
United States	77
Turkmenistan	56
Canada	47
Algeria	41
Nigeria	27
Malaysia	22
Others	176
Total	**1 017**

2020 provisional data

Net importers	bcm
People's Rep. of China	125
Japan	105
Germany	83
Italy	66
Mexico	64
Korea	54
Turkey	47
France	37
United Kingdom	34
India	34
Others	324
Total	**973**

2020 provisional data

圖 2　能源產地 / 出口 / 進口 石油與天然氣

資料來源：IEA – International Energy Agency

3. 煤炭產銷國

圖 3 左邊是針對煤炭的進出口介紹，第一大煤碳生產國為中國，第二則是印度。由於煤炭必須要挖採，屬於高度密集汙染的能源，因此基本上為開發中國家在使用，而印尼、美國、俄羅斯也是煤炭的產地。由於美國及俄羅斯的天然資源非常豐富，所以基本上每個能源他們都屬前幾大生產國。煤炭主要出口國為俄羅斯、南非、美國、澳洲、印尼，但主要進口的前兩名是中國與印度，因其國內資源仍不夠用。而以能源消耗，之前巴黎立定義書主要是針對歐美國家做規範，但現在這 10-20 年因為亞洲國家崛起，所以規範也慢慢轉移到亞洲國家。

（二）其他能源建置

1. 核能建置

上述前幾個介紹都是屬於天然能源，而核電比較算是人工創造出來的一種能源，因此爭議性也較大。圖 3 右邊可以看到核電廠的建置美國屬第一，可以看出大國非常著重能源的建制。而以歐洲的部分來說，雖然法國土地偏小，並且沒有太多天然資源，但是他在核能的建置上位居第二，僅次於美國。而烏克蘭也算是小國家，但是核能的建置仍是前幾名。在人造能源的部分很多國家的建設都是以自身使用為主，所以在這裡探討的是其建置規模以及此能源在國內佔多少百分比，如法國本身沒有太多的天然資源，所以核能在法國的整個國家能源中就幾乎佔了 70%，烏克蘭則是 54%，從此處可以得知，有戰略性需求或是希望能源能夠獨立的國家，核能佔此國家能源的百分比是較高的。

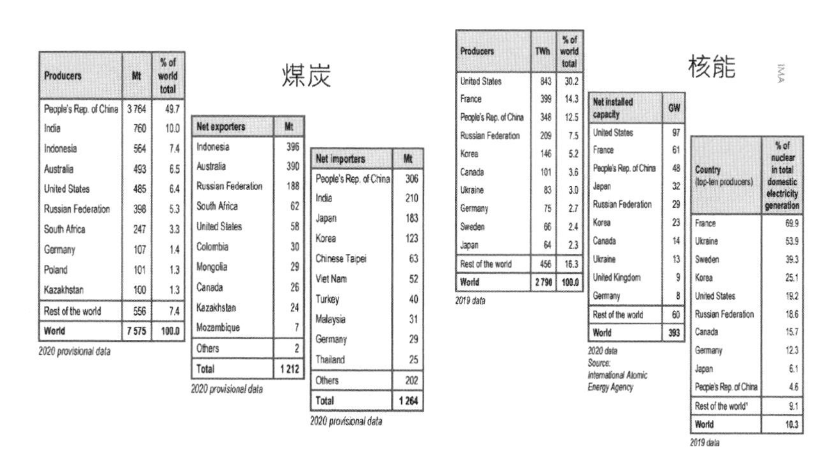

煤炭

Producers	Mt	% of world total
People's Rep. of China	3 764	49.7
India	760	10.0
Indonesia	564	7.4
Australia	493	6.5
United States	485	6.4
Russian Federation	398	5.3
South Africa	247	3.3
Germany	107	1.4
Poland	101	1.3
Kazakhstan	100	1.3
Rest of the world	556	7.4
World	7 575	100.0

2020 provisional data

Net exporters	Mt
Indonesia	396
Australia	390
Russian Federation	188
South Africa	62
United States	58
Colombia	30
Mongolia	29
Canada	26
Kazakhstan	24
Mozambique	7
Others	2
Total	1 212

2020 provisional data

Net importers	Mt
People's Rep. of China	306
India	210
Japan	183
Korea	123
Chinese Taipei	63
Viet Nam	52
Turkey	40
Malaysia	31
Germany	29
Thailand	25
Others	202
Total	1 264

2020 provisional data

核能

Producers	TWh	% of world total
United States	843	30.2
France	399	14.3
People's Rep. of China	348	12.5
Russian Federation	209	7.5
Korea	146	5.2
Canada	101	3.6
Ukraine	83	3.0
Germany	75	2.7
Sweden	66	2.4
Japan	64	2.3
Rest of the world	456	16.3
World	2 790	100.0

2019 data

Net installed capacity	GW
United States	97
France	61
People's Rep. of China	48
Japan	32
Russian Federation	29
Korea	23
Canada	14
Ukraine	13
United Kingdom	9
Germany	8
Rest of the world	60
World	393

2020 data
Source:
International Atomic Energy Agency

Country (top-ten producers)	% of nuclear in total domestic electricity generation
France	69.9
Ukraine	53.9
Sweden	39.3
Korea	25.1
United States	19.2
Russian Federation	18.6
Canada	15.7
Germany	12.3
Japan	6.1
People's Rep. of China	4.6
Rest of the world'	9.1
World	10.3

2019 data

圖 3　能源產地 / 出口 / 進口 煤炭與核能

資料來源：IEA – International Energy Agency

2. 水力建置

臺灣較常聽到的生能源是核能、太陽能及風力，水力在臺灣反而比較少聽聞，但實際上使用水利的歐洲國家數量頗多，當然這也是因為天然資源的關係。在圖 4 左邊可以看到使用水力的前兩大國為中國及巴西，而加拿大及挪威在水力發電的建置上也相當重視，水利在挪威的國家整體能源佔比幾乎佔了 93%，基本上快可以滿足整個國家的電力需求，而這也跟挪威本身的產業別有關係，畢竟不是工業起家而是以觀光業為主。

3. 風力建置

風力這兩三年在臺灣非常盛行，大家常常可以在廣闊多風的地方看到風車。從圖 4 右處可以得知，德國為風力的主導國，而美國及中國也相當投入。德國這樣的發展方式跟整個國家的地理環境及氣候相關，使得他們覺得在風力發電這方面是有利的，且這些能源多為自己使用，因為此能源還沒有充足到可以對外銷售。德國和西班牙的風力發電使用比例大約佔國家總體發電量的兩成，不同於剛剛所看到有些國家的水力發電可以佔國家總發電的 5 成，或甚至在核能的部分有的國家最高可以到 9 成。

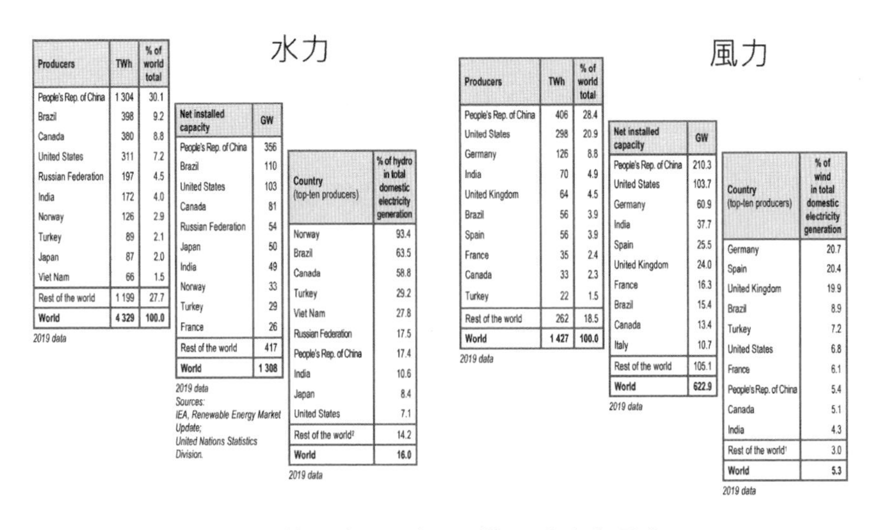

水力

Producers	TWh	% of world total
People's Rep. of China	1 304	30.1
Brazil	398	9.2
Canada	380	8.8
United States	311	7.2
Russian Federation	197	4.5
India	172	4.0
Norway	126	2.9
Turkey	89	2.1
Japan	87	2.0
Viet Nam	66	1.5
Rest of the world	1 199	27.7
World	**4 329**	**100.0**

2019 data

Net installed capacity	GW
People's Rep. of China	356
Brazil	110
United States	103
Canada	81
Russian Federation	54
Japan	50
India	49
Norway	33
Turkey	29
France	26
Rest of the world	417
World	**1 308**

2019 data
Sources:
IEA, Renewable Energy Market Update;
United Nations Statistics Division.

Country (top-ten producers)	% of hydro in total domestic electricity generation
Norway	93.4
Brazil	63.5
Canada	58.8
Turkey	29.2
Viet Nam	27.8
Russian Federation	17.5
People's Rep. of China	17.4
India	10.6
Japan	8.4
United States	7.1
Rest of the world[2]	14.2
World	**16.0**

2019 data

風力

Producers	TWh	% of world total
People's Rep. of China	406	28.4
United States	298	20.9
Germany	126	8.8
India	70	4.9
United Kingdom	64	4.5
Brazil	56	3.9
Spain	56	3.9
France	35	2.4
Canada	33	2.3
Turkey	22	1.5
Rest of the world	262	18.5
World	**1 427**	**100.0**

2019 data

Net installed capacity	GW
People's Rep. of China	210.3
United States	103.7
Germany	60.9
India	37.7
Spain	25.5
United Kingdom	24.0
France	16.3
Brazil	15.4
Canada	13.4
Italy	10.7
Rest of the world	105.1
World	**622.9**

2019 data

Country (top-ten producers)	% of wind in total domestic electricity generation
Germany	20.7
Spain	20.4
United Kingdom	19.9
Brazil	8.9
Turkey	7.2
United States	6.8
France	6.1
People's Rep. of China	5.4
Canada	5.1
India	4.3
Rest of the world[1]	3.0
World	**5.3**

2019 data

圖 4　能源產地 / 出口 / 進口 水力與風力

資料來源：IEA – International Energy Agency

4. 太陽能建置

從圖 5 可以看到在太陽能的建制上發展最多的國家為中國，因為在中國太陽能板相當普遍，建置量第二多的是美國，再來是日本。而太陽能的建置在不同國家中所佔的總發電佔比是多少呢？第一名是義大利，大概佔 8.1%，德國為 7.6%，日本則是 6.6%，與上述幾乎可以讓整個國家自給自足的能源相比稍有落差，原因是太陽能必須跟著日照的時間運作，因此只有在白天才可以穩定發電，有時還可能會遇到陰天的問題，所以太陽能在國家能源的比例不高。

太陽能

Producers	TWh	% of world total
People's Rep. of China	224	32.9
United States	94	13.8
Japan	69	10.1
India	51	7.4
Germany	46	6.8
Italy	24	3.5
Australia	15	2.2
Korea	13	1.9
United Kingdom	13	1.9
France	12	1.8
Rest of the world	120	17.7
World	**681**	**100.0**

2019 data

Net installed capacity	GW
People's Rep. of China	205.2
United States	75.7
Japan	63.1
Germany	49.2
India	37.6
Italy	20.9
Australia	15.9
United Kingdom	13.6
Korea	11.2
France	10.5
Rest of the world	99.7
World	**602.6**

2019 data

Country (top-ten producers)	% of solar PV in total domestic electricity generation
Italy	8.1
Germany	7.6
Japan	6.6
Australia	5.6
United Kingdom	4.0
India	3.1
People's Rep. of China	3.0
Korea	2.2
United States	2.1
France	2.1
Rest of the world[1]	1.3
World	**2.5**

2019 data

圖 5　能源產地 / 出口 / 進口 太陽能

資料來源：IEA – International Energy Agency

三、電力及能源的消耗

（一）電力消耗分佈

上述已經有提到能源是如何產生、從哪生產出來、哪些可以從大自然中獲得、哪些又是以人工或設置的方式創造，那這些資源到底消耗到哪裡去了呢？圖 6 為 1971 年到 2019 年的時間軸，可以看到整體能源消耗趨勢是逐步往上的，但是現今少子化的問題加劇，為何能源消耗會持續提升？原因是目前其實仍處於嬰兒潮世代，所以人口的數字還是增加的並沒有減少，因此隨著人數變多整個能源消耗當然也上升。

在整個能源分佈上我們可以看到圖 6 中最大比例是工業用電，民生用電次之，也就是像一般消費者家裡的空調等，再來是商業活動。近幾年來隨著商業活動愈來愈頻繁，排碳量也隨之提高，1973 年時工業用電大概佔 50%，民生佔 23%，商業活動則約為 15%，但是在 2019 年工業用電從 50% 降至 41%，原因不是因為它變少，而是比例被壓縮了，這是由於整個商業活動的碳排提升所導致用電結構改變的結果。

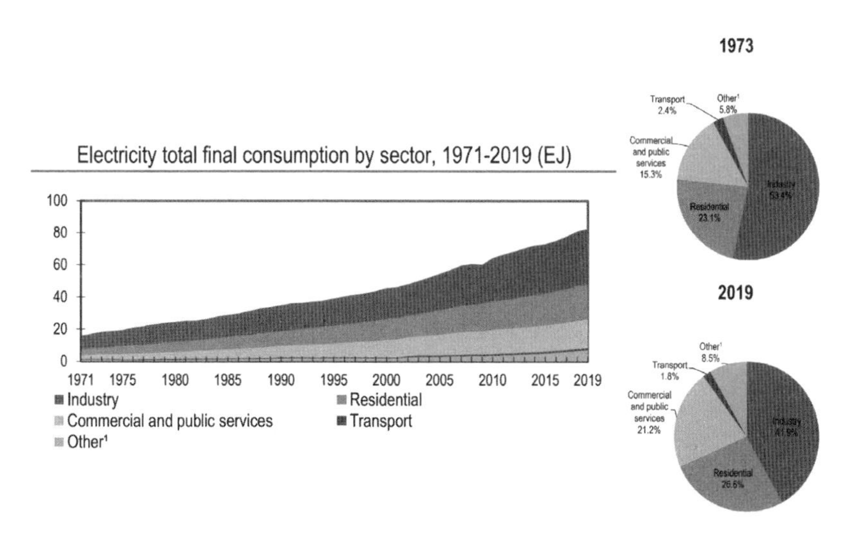

圖 6　電力消耗分佈

資料來源：IEA – International Energy Agency

（二）能源消耗分佈

圖 7 是 2019 年全球能源署公布的圖表，從右上角的同心圓圖可以看到，在能源的消耗上，交通的部分大約佔 35%，因為除了少數之外，大部分的交通工具如汽車都是使用石油。接下來才是民生及商業服務，大家可能以為製造所消耗的很多，但其實大概佔 23% 左右。由此可知跟人的活動比較有關

連的如交通、居住還有民生及商業活動三項就佔了 60%-70% 左右，因為人的活動還是能源消耗的主因。

在國際間有一些能源指標，但如何知道數據的增加或減少合理與否？基本上國際間針對企業、製造業及服務業是有一些相對應的指標，讓大家去做平衡，比如現在是用「每營業額會消耗多少能源」來進行比較，包括服務業、製造業等。歐盟在做 CBAM 時是直接先找五大產業，因為五大產業每單位營業額消耗能量是最大的，之後才會針對商業活動去調整，原因是這些活動是來自於我們的營業，如果每單位營業額碳排變少，指標便可以減低，此為國際 IEA 標準。

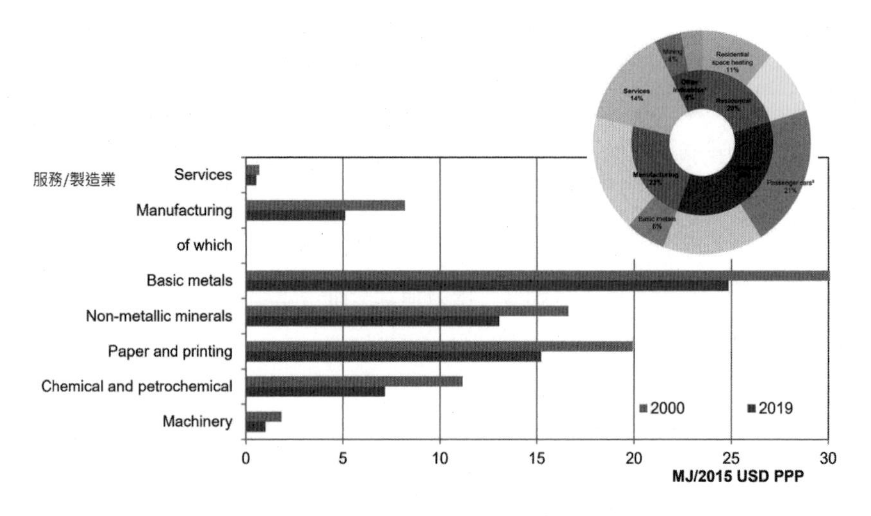

圖 7　能源績效指標

資料來源：IEA – International Energy Agency

知道這些指標後，要怎麼樣有意識的減低能源消耗？二十年前到現在我們已經聽了很多能源倡議如《京都議定書》、《巴黎協定》等，但是該如何有效去達成？圖 8 是整個 IEA 從 2000 年到 2040 年的預估，在 2000 年整個能源量大概是在 40 萬左右，2019 年開始拉高，但是如果不是只講倡議而是真的有持續行動的話，實際結果和預估結果都會真的下降，所以這兩個長條圖一個是代表倡議，另一個則是行動，前者是政府的宣導，後者是自身的持續行動，必須要去持續性的實踐而非一次性、忽然想到才趕快去做但是做完卻又停止。在 2030 年後的預測中，實質持續的行動所得到的結果跟只是紙上談兵、純粹做推廣的結果，兩者在每個能源的消耗上會有很大的差異。

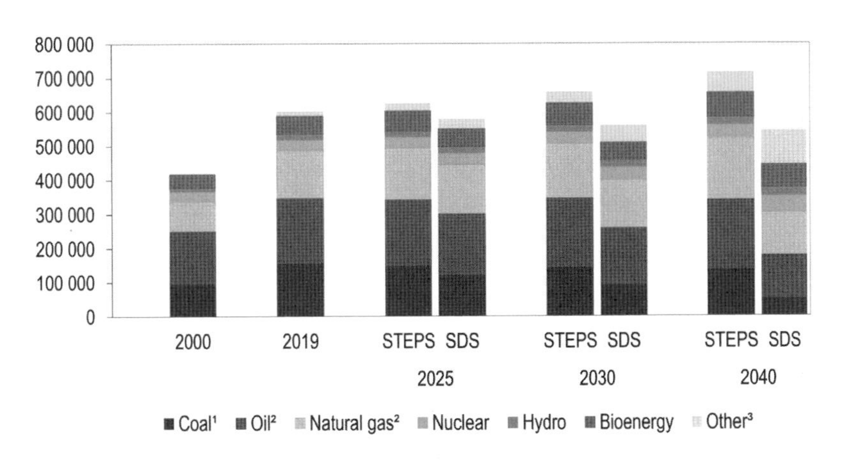

圖 8　有效抑制能源估計

資料來源：IEA – International Energy Agency

（三）臺灣各類發購電量及電力排碳係數

在能源管理系統的部分上述提到非常多指標，除了國際能源政策外，臺灣是怎麼做的？圖 9 為臺灣的購電量及碳排指數，從 2016 年到 2020 年臺灣的碳排係數大概是 0.5 左右，而此數字的組成原因是來自於台電能源供給所用的燃料種類，可以看到燃氣佔 974（億度），燃煤則是 870（億度）。電力碳排係數在每個國家皆不同，且跟該國家的能源政策相關。

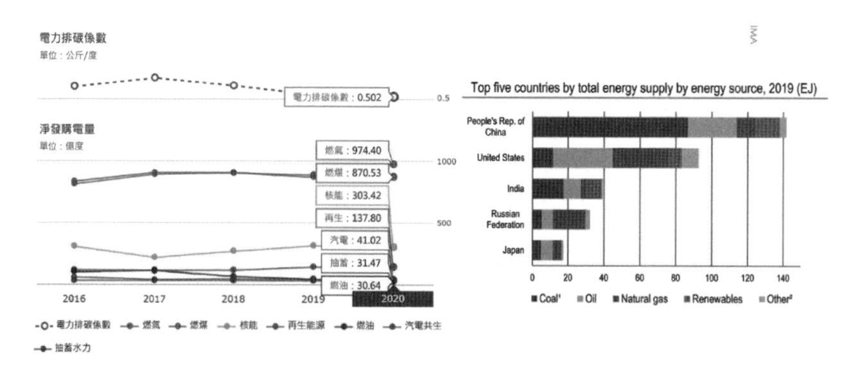

圖 9　臺灣各類發購電量及電力排碳係數
資料來源：臺灣電力股份有限公司 / IEA – International Energy Agency

（四）國際電力排碳係數

從圖 10 可以推估臺灣的電力排碳係數在全世界排名，排碳係數是相當重要的係數，在整個全世界排名中，第一名是瑞典的 0.079，不到 0.1，法國則是 0.146。如果我們產品要銷售到歐洲、歐盟，就要去申報碳排量，也就是產品的碳足跡，要把生產所耗費的電力、能量再乘以一個來源的係數才可以得

排名	國家	電力碳足跡係數 (kgCO2e/kWh)	研究來源	排名	國家	電力碳足跡係數 (kgCO2e/kWh)	研究來源
1	瑞典	0.079	歐洲市長公約研究	23	英國	0.684	我國工研院研究
2	法國	0.146	歐洲市長公約研究	24	馬來西亞	0.69	JEMAI
3	立陶宛	0.174	歐洲市長公約研究	25	德國	0.706	歐洲市長公約研究
4	加拿大	0.252	我國工研院研究	26	意大利	0.708	歐洲市長公約研究
5	奧地利	0.31	歐洲市長公約研究	27	荷蘭	0.716	歐洲市長公約研究
6	斯洛伐克	0.353	歐洲市長公約研究	28	德國	0.72	我國工研院研究
7	比利時	0.402	歐洲市長公約研究	29	葡萄牙	0.75	歐洲市長公約研究
8	芬蘭	0.418	歐洲市長公約研究	30	捷克	0.759	我國工研院研究
9	日本	0.479	JEMAI	31	丹麥	0.76	歐洲市長公約研究
10	拉脫維亞	0.563	歐洲市長公約研究	32	捷克語	0.802	歐洲市長公約研究
11	越南	0.57	JEMAI	33	美國	0.835	我國工研院研究
12	歐盟 27 國	0.578	歐洲市長公約研究	34	愛爾蘭	0.87	歐洲市長公約研究

排名	國家	電力碳足跡係數 (kgCO2e/kWh)	研究來源	排名	國家	電力碳足跡係數 (kgCO2e/kWh)	研究來源
13	斯洛文尼亞	0.602	歐洲市長公約研究	35	保加利亞	0.906	歐洲市長公約研究
14	新加坡	0.602	JEMAI	36	印尼	0.915	JEMAI
15	南韓	0.614	JEMAI	37	塞浦路斯	1.019	歐洲市長公約研究
16	南韓	0.616	我國工研院研究	38	中國大陸	1.03	JEMAI
17	西班牙	0.639	歐洲市長公約研究	39	羅馬尼亞	1.084	歐洲市長公約研究
18	美國	0.648	JEMAI	40	義大利	1.129	我國工研院研究
19	英國	0.658	歐洲市長公約研究	41	希臘	1.167	歐洲市長公約研究
20	新加坡	0.675	我國工研院研究	42	波蘭	1.185	歐洲市長公約研究
21	匈牙利	0.678	歐洲市長公約研究	43	印度	1.37	JEMAI
22	泰國	0.684	JEMAI	44	愛沙尼亞	1.593	歐洲市長公約研究

資料來源：Covenant of Mayors,JEMAI,工業技術研究院

資料整理：本研究彙整

圖 10　國際電力排碳係數

資料來源：能源知識庫

到，例如歐盟本身的產品乘以 0.1，臺灣則要乘以 0.502，相當於是別人的五倍，當然臺灣的能源成本也比歐洲便宜。可以看到瑞典、法國、奧地利、日本等世界排名前九的國家，基本上都是比臺灣低的。而後面的部分是排碳係數較高的國家如美國，雖然美國是能源生產國家，但仍需要跟別的國家購買能源，因此碳排係數大概落在 0.648 左右，比臺灣來的高。中國更不用提，排碳係數為 1，因為這幾年中國才漸漸開始重視此方面的議題，且由於之前還一直有跳電的問題，中國需要去做整體的節電。

中國、美國都是能源的生產大國，但因整個產業結構的關係，中國同時也是每個能源的進口國。臺灣的係數為 0.502 的原因是使用煤進行發電的比例較大，所以政府才希望讓天然氣的比例增加，因為煤會將碳係數拉高。法國的係數低是因為核能發電的關係，而瑞典等歐洲國家的風能、水力發電佔國家整

體能源的比高，因此排碳係數很低。從前述可知，根據碳排係數就可以概略了解各個國家的能源發展狀況如何。

四、節電的實際應用與資料分析

（一）能源管理的落實

我們該如何落實能源管理？平常聽到的國際法規有ISO 50001、14064、14067等，而實際上該如何去遵循？其實國際法規只是將方法學提出，但自身能不能內化並且付諸實踐便要看我們如何去執行，它實際的運行邏輯就跟PDCA一樣，也就是供需要平衡。首先供給要滿足需求，不要浪費，需要多少就用多少，提升使用效率。再來是降低需求，當效率提升且供需平衡後，就要把需求降低，但不是指產能降低，營業額當然是愈高愈好。當其愈高時，每單位營業額的碳排就會隨之下降，這個趨勢為現在Apple、Nike等品牌的走向。

而在整個電源、IT的建置上，要如何設計才能更節省，並且在製程上可以更節水、省電，是需要從需求面去探討的，但是要在相同的營業額或是更高的營業的前提下去做這件事情，就要從公司的製程及RD開始。很多人在說節能減碳是從廠務端著手，但廠務端也只能滿足原先需求，要多就給多少，所以我們能夠做的就是把效率提升，但整體結構性的改變，則是要仰賴公司的主要核心人物，在製程端、設計端做結構的改變。舉例來說，前陣子因為烏俄戰爭及COVID-19的問題，原物料上漲嚴重，許多公司的供應商都把原物料價格拉得非常高，但因為只有那幾個選擇，所以還是只能買單。由於漲幅到 50%，本公司的 RD 決定做結構性的改變，直接在設計方面修正，結果根據智慧電錶顯示，在整個原物料上漲的趨勢下，反而讓成本下降 30%。

上述的例子可以作為範例，提供大家思索如何把「節能」的想法加入，就像過去從 CCFL 轉成 LED 只不過是更換材料，但是整個電力的需求便下降，達成了節能的目標，這對於產品面的設計而言是很大的修正。

（二）臺灣發電端的供需配給

臺灣發電端的供需不論是火力發電還是其他類型，當發電端發電後就會到常見的高壓電塔升壓，再輸配電力到各個公司或是住家，而台電要如何知道要發多在每一個饋線上呢？這個模式就有點像水管，舉例來說，停電前會公告今天是哪組饋線要停，如饋線 A 組停，隔日饋線 B 組停等，假設台電是水壩或是發電處，便要輸給每一個饋線足夠的電量，且台電必須要知道每個饋線後有多少人需要用電，若不需要就可以將電力配到別處使用，反之則從別處多分流一點電力過去。

很多人會擔心「節電」是否會跟台電產生衝突，但其實臺灣電力仍不足，台電也需要大家節電。在電費單的部分一般家用電費單及公司電費單是不一樣的，因為公司較大，所以它會有所謂的「契約容量」，目的是要告訴台電，公司的電力需求有多少，並請求台電輸入足夠的電力，也就是公司預留電力的概念，所以這便會記算到一條饋線上的總用戶數、申請的契約數等，而後再整理一些相關資料確保這條饋線的發電量供給是滿足的，而相關資料需確認一般家裡用電沒有申請契約的，因為用量很少，所以能直接拉電去用，台電要確定這條饋線的供給是適當的，而用此種模式控管發電廠以及每條饋線。至於什麼時候調配停電？哪一條饋線要停電或不停電？就要看發電廠的發電量是否足夠而定，再去調配要先給哪一條饋線電力以及什麼時間點要供給哪一條饋線。

（三）電費單內的用電細節

電費單的內容除了金額，其他資訊我們通常不會特別仔細去看，但其實裡面透露出非常多資訊，如圖 11 第一個可以看契約容量，也就是上述有提到台電如何知道要透過饋線輸多少容量給公司。第二個則是每個月去繳電費時，台電會給的出帳明細，出帳明細下會寫最高需電量、半尖峰、週六半尖峰、離峰的需量個別為多少。台電外面的電錶除了計費外，也記錄了使用行為，需量的意思就是指設備只要開啟就會被台電記錄到，因為台電需要知道有多少設備，才能確保供給多少電力，所以一間公司所開的設備，台電都會看供給是否滿足。可以看到它有不同的時段，因為每個時候的需求點不同，也許白天或天氣熱時歸類在尖峰，其他時候則為其他時段，台電要分段去控管，將時段進行分類，再依照不同時段的分類去記錄設備開啟時間。

如圖 11 所示，電費單的主人向台電申請了 4600 kWh 的契約容量，在上班時段用到了 4300 kWh，但在離峰時因為設

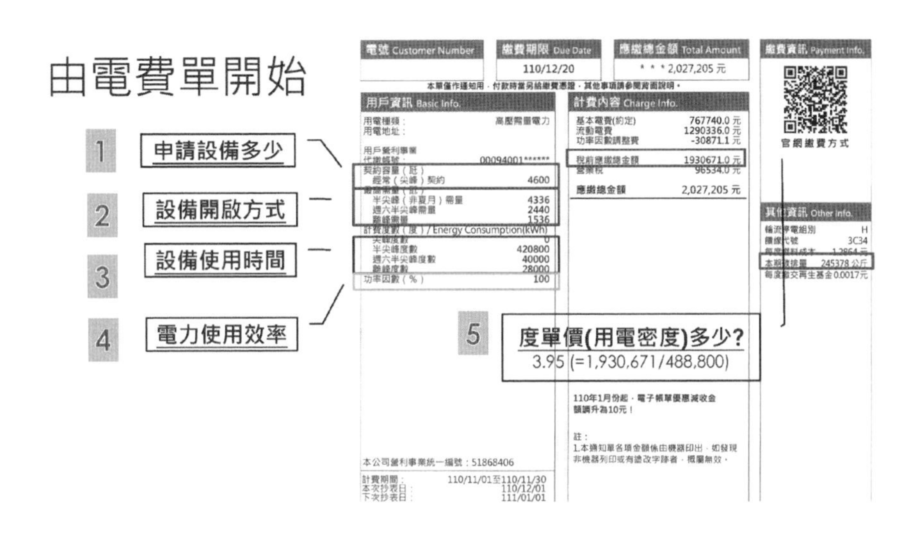

圖 11　電費單（版權所有：今時科技）

資料來源：今時科技

備沒有開那麼多，因此只使用了 1500 kWh，很多人會把這個方式跟度數相連，而台電在外面安裝的電錶是每 15 分鐘記錄一次，也就是電錶是以 15 分鐘為一個間隔，並非每分鐘一直丟資料，但是會抓取這個月份的區間裡面最高的 15 分鐘區間內的數據，並以那次數據為主。針對台電為何可以使用最高的數據計算一整個月份，這是無可避免的，因為台電需要了解有多少設備與用電量，不然若台電使用平均值做為計算，如果超過導致跳電就更不好了，因此台電一定是以最高的數值為主。

此外度數指的是設備的使用時間，上述提到的需量是當設備開起來時紀錄，而度數則是隨時間去做累積。有時候上班一進門會把所有的燈、空調全部打開，空調剛開的時候為了盡快把前一晚留下的熱氣散出去，用電需求會拉高，但是當熱氣散出去後，空調已不需要這麼多電力時，整個用電需求又會降低，可能會從原本要開兩個壓縮機，變成開一個即可。「時間不代表開啟方式」，有些設備雖然打開但馬上就被關掉，因此不會耗過多電量，但是如果設備開啟有被記錄，台電就會記錄需量，而需量就是我們所認知的超約、基本費等部分。

台電的電費單其實跟整個輸配電的系統有很大的關係，而電力使用的效率也就是功率因素，代表台電輸電到家裡後用電效率的百分比，而如果百分比大於 80%，台電會給予一些折價的優惠，小於 80% 則代表台電耗了 100 的電過來，但實際上只產出 60 或 70。

電費單記錄了很多用電的行為方式，用電密度的部分可以看度單價，台電的計費邏輯有點像手機的計費方法，可以假設家用電是預付卡的形式，也就是用多少算多少，因為家戶用電不多，所以需要用時再用即可。而一般企業的用電就是持續的，因為現場有很多的製程、工廠、空調等用電設備，這就好比業務如果因工作關係要講比較多電話，便會選擇 799 或 1299 的手機月費方案，也就是訂定契約容量，並根據使用者可能會用到的量去定義基本費。

在圖 12 中的下方處可以看到一個簡單的指標，度單價就是把總金額除以總用電度數，代表每度電耗多少錢，但實際上這也顯示整個設備開啟以後有沒有一直在運轉，還是只是開了但沒在運轉，因此用電密度跟度單價的意義除了代表電力的單價外，另一個就是前面提到的設備開啟後到底有沒有持續用，還是開了但沒有用，導致基本費被浪費，讓整個度單價提高。台電用這些指標就是希望大家節省，當大家愈省錢，台電的電力才會愈好調配。

上述所提到的是單一的電費單，而全年的電費單會則隨著春夏秋冬、產能有所不同，所以要了解全觀趨勢時，必須把全年的電費單皆拿出來分析，當然只要一張電費單就能夠稍微知道公司現況的三到四成，但是如果有參考全年的電費單，對於整個能源結構、大項而非細節的部分就可以有五到六成的了解。

圖 12 為全年電費單，已把 1 月到 12 月的電費單數字繪製成圖表，並把設備開啟時的數字，也就是上述所提的需量繪製成柱狀圖，而圖 12 之上方橫線為向台電申請的契約容量，每一個柱狀代表不同時段開啟了多少設備數量，當中 1 月至 6 月、11 月、12 月這 8 個月的每個月有三條柱狀，分別為「半尖峰需量」、「週六需量」和「離峰需量」；而 7 月至 10 月這 4 個月的每個月則有四條柱狀，分別為「尖峰需量」、「半尖峰需量」、「週六需量」和「離峰需量」，亦即除了原本的三條柱狀之外，在最左側多一條深色的「尖峰需量」。如圖所示，1 月到 12 月幾乎每個設備都有開啟，且可推知在 4 月到 7 月的禮拜六有加班（這四個月的「週六需量」較高）。離峰時段是指平日晚上或是例假日，從圖中可以看到例假日其實很少在現場營運。圖 12 左邊的圖表除了可以看到設備被開啟的方式，還可以了解到全年當中設備開啟的狀況其實是差不多的，使用時間大部分是尖峰時段也就是上班時間，而禮拜六大概是平日一半的左右，週日不上班，這是從設備開啟方式的角度去看。

圖 12 的右圖紀錄是從 1 月到 12 月整個設備的使用時間去

看，「時段度數占比」是從電費單（圖 11）中的 4 個使用度數各佔總用電度數的百分比而來的資料（每一條由上往下，分別為「離峰度數」、「週六度數」、「半尖峰度數」和「尖峰度數」）。可以看到「半尖峰度數」和「尖峰度數」的部分佔蠻多的，這兩個部分基本上是發生在所謂的尖峰用電也就是上班時間，如果一天以 100 來講，尖峰就占了 80% 左右，而星期六本來就比較少，所以大概佔 10%，但是離峰、假日跟星期天沒有什麼太大的用電，由此可以看出這個行業的基本用電時間就是一般上班時間，而禮拜六由於會加班所以設備的開啟時間蠻長，我們在縱軸可以看到這些使用的習慣。

而右邊圖表的右側是日均度，也就是每日的用電度數，我們常常在台電電費單上只會關注總用電度數，但每個月份天數不同如 30 天、31 天、28 天等，有些低壓的會有 32 天或 37 天，差別很大，若只看用電度數會很容易失焦，所以還是要把它變成同一單位。

而從圖中可以看到，每日用電度數 1 月到 3 月差不多是在 15000 左右，到了 4、5 月會拉高，之後持續往下。根據圖 12 左邊設備開啟方式的圖表，可以得知設備幾乎都有開，但數量沒有用這麼多。當「設備都有開但卻沒有用那麼多」會產生第一個問題，就是在全年電費單供需有沒有吻合，能不能從供需上去做修改，而第二個問題是，主要用電設備是在 4、5 月拉起來，如果是商辦公大樓或辦公室，通常最大的用電設備會是空調，大概佔 40% 到 60%，在此情況下夏天時數據會拉高，或呈現一個山丘的形狀，若現場的設備是被製程所決定，那同類型就不會呈現一個山丘，而是跟產能有關。

總結來說，從此圖中的電費大概可以看出其訂定的契約容量沒有落差太大，因為使用的電量和所訂的契約只差一點，但是還是要去確認是否全年都是用這麼多、供需有無吻合。此外，當整個用電的趨勢有時候在 1、2 月往上拉，3、4 月往下拉時，就代表現場的設備是用電不是被空調所主導，而是 3、4 月開啟的用電設備，這代表如果供需是吻合的，就可以看出來柱狀圖（設備開啟方式）與線狀圖（設備使用時間）的趨勢是一模一樣的，但是很明顯這兩者不同，所以會導致度單價也就是用電密度變高，因為申請那麼多契約容量但沒用滿，而如果用電密度愈低，則代表開啟的設備量真的都有使用到。從一個全年電費單相對資料，我們大概可以知道主要用電是被何者所主導，以去確定備用電和供需有無吻合。

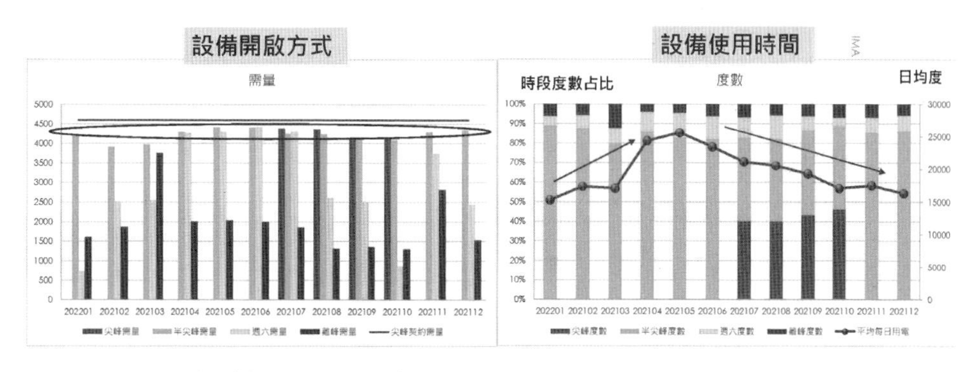

圖 12　全年電費單（版權所有：今時科技）

資料來源：今時科技

五、零碳轉型的相關趨勢及措施

（一）ESG 轉型的新趨勢

此次 ESG 轉型跟過去不一樣的地方，在於 2021 年 7 月 CBAM 已明定條文規範。歐洲碳排係數非常低，跟現在所有輸入歐洲的產品收碳稅的話，對低碳排係數的歐洲比較有利，因此在碳排申報的部分改了兩個措施，第一個是以產品為單位，而不是以企業為單位，所以才會提到產品碳足跡，即便今天有三個產品很類似，還是要分三項去申報。第二個則是申報的頻率是一年四次而非一年一次。ISO 認證過去是一年一次，如果照以前的模式是沒辦法每天做文書處理的，所以這代表需要連續的碳排數字，而不是純粹以一年給完後，隔一年再給的形式。

這兩項改變將會響應到上述所提的「零碳轉型」及「數位轉型」要怎麼去做，並實際應用在這方面，而在此狀況下我們也不希望當產品最後輸入歐盟時，讓其用對自己有利的方式課碳稅，導致臺灣較低廉的電力成本優勢，在碳稅及諸多文書處理的阻礙下被抹滅，增加企業的困難。因此數位轉型及零碳轉型一定得進行，否則中小企業沒有那麼多人力去因應上述的問題。

（二）企業零碳轉型的關鍵步驟——碳定價

在企業零碳轉型的步驟中，首先要進行碳盤查、量化的部分，接下來是做碳定價，也就是減量的部分。假設今天碳盤查的結果是 100 噸，那首先應該要先減量成 50 噸，之後再去拿 50 噸去中和，而非直接購買 100 噸的綠電。

碳定價實際上就是指減量的方案，而減量的部分上述有提到有幾種，第一個在相同需求下能源設備的供給效率要提高，也就是不浪費、供需平衡，而另一個則是把用電需求降低，但在降低的同時還是要讓營業額成長，只是減少能源的使用量。而能源需求降低的目的是為了要做結構性的改變，在製程上規劃減碳的目標，並在這些設計改變的同時，達到整個產品跟製程結構上的變化。而這件事要達成除了靠公司本身及國際的方法，今時科技也能夠給予一些幫忙，雖然無法去改變內部的需求，但是可以站在輔助者的立場上，協助把用電效率再提升。

六、能源效率提升實例

（一）實例 1：商辦大樓

以下將以 104 年協助節電的商辦大樓的相關過程，作為第一個案例介紹。圖 13 與前面提到的電費單分析法是一樣的，因為使用電費單的資料最真實，是經過台電核可而非自己所研究的。資料從 104 年一直類累積到 109 年，柱狀圖代表台電測量設備開啟的最高需量，而圖 13 上方的橫線後轉曲線是跟台電簽訂的契約，也就是跟台電說「這邊需要這麼多電，請給我」的概念，但是實際使用量是多少則是看圖 13 下方的柱狀圖的部分。

從 104 年到現在，主要可以分成兩個斷層，前面的斷層就

104.10~109.01 契約容量/最大需量走勢圖

- 契約容量(曲線圖)：由320kw → 221 → 196 → 181 → 147 → 157 → 139kw → 132kw
- 最大需量(柱狀圖)：年平均需量由241kw降至139kw,並持續優化中

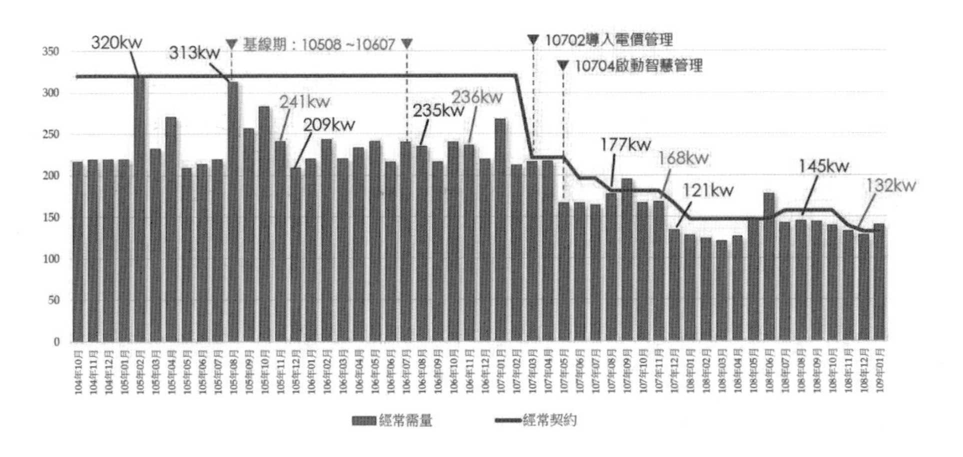

圖 13　能源效率提升實例（1）：商辦大樓（版權所有：今時科技）
資料來源：今時科技

是節能前，後面是節能後的部分。在節能前可以看到偶爾會有些柱狀分別在 1、4、8 月較為突出，如果以一個辦公室來講，理論上最大的用電設備應該是空調，大概會佔 40% 到 60%，而需量在冬天上升的原因則可能是機器需要保養所以開啟，或是不知理由，甚至沒有人去注意到設備被開啟。

從圖 13 可以看到數據上上下下起伏不定，但在今時改善的過程中，導入物聯網以及智慧管理後，數據就明顯呈下降趨勢，契約也從原本的 321 → 221 → 196 → 200，達到現在的 132kWh，且仍持續在進步。根據圖中的台電的契約容量，目的是要確認現場有多少設備，確保不會跳電。很多人只專注在

「為什麼會超約及被罰款」，而把契約訂到很高的數字，因為這個原因，電費單上的「罰款」字樣被改成「非約定基本費」，以避開敏感字眼。

在圖中可以看到因為導入智慧管理，而讓整個需量直接變成 100 多，契約量也會隨之下降，以避免浪費基本費。今時科技的目標就是要供需平衡，但是改善的曲線並不會一直線往下，因為隨著季節還是會有所更動，畢竟主要的需求是空調，所以當然會根據季節的關係去做調整，而協助公司和台電做申辦及調整也是今時的服務項目之一。此外可以看到整個需量是直接下降的，且節能前跟季節較無關，設備想開就開，但不一定會使用，但節能後則很明顯可以看到夏天時較高，冬天則較低，因為有導入了一些自動控制，讓設備隨著季節去做調整。

「需量」就是設備有開啟就會被紀錄，而度數則會隨著時間去累積。圖 14 為 104 年到 109 年的資料，度數直接從原本的 120 萬度下降，而實際上數字是由 106 年的月平均 36 萬，降到 107 年的 18 萬，減少了一半的量。然而並不是每個案例都可以這樣去套用，此案例電費可以砍半是因為電錶裡紀錄的主要用電為空調，佔了 80%，因此可以針對整個冷卻系統、水塔的用電做調整，而因為是針對 80% 的主要用電去做改善，所以效果很好，但如果空調用電能改善的部分只有 20%，效果便不會如此顯著，降幅可能只有 5-6%，這仍是跟本身的用電結構有關係。

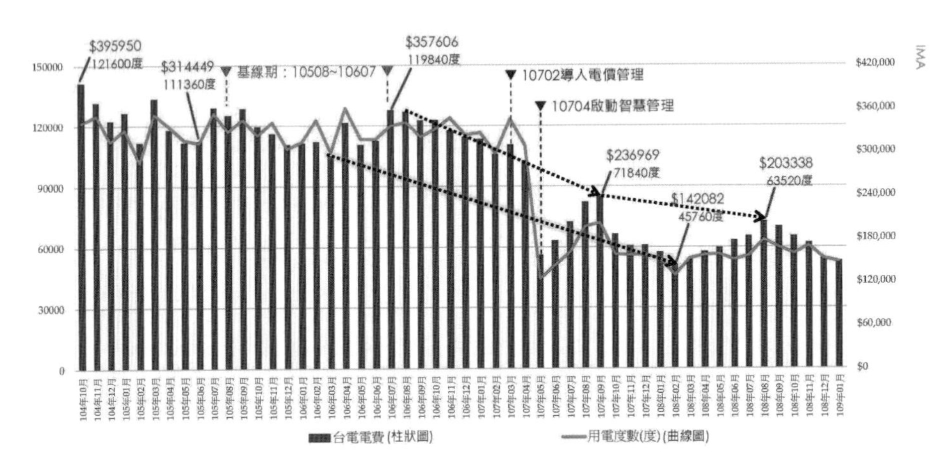

➢ 107年2月導入電價管理；107年4月智慧管理系統正式上線,用電量及電費巨幅下降。

圖 14　104.10~109.01 電費 & 度數走勢圖（版權所有：今時科技）

資料來源：今時科技

1. 能源需量控制管理

從國際能源的供需談到臺灣的供需，實際上落實到公司內部也是在做需量控制，除了有節省度數的智慧管理，實際上還有搭配台電的收費標準，也就是上述提到的流動電費、基本費、功因超約等，而現場則會安裝一些智慧電錶跟控制器，智慧電錶量到後，再搭配現場的感知器，因為超約後如何進行調整才是重點，若是用人工開關調整是來不及的，一定要搭配一些現場的自動控制。當電錶測量後，感測器會偵測水溫、溫差等資訊，接下來把控制器裝在設備上並直接下指令，電腦在經過這些關係後便可以知道要用什麼邏輯以及 AI 要如何控制。

而把資訊傳到雲端後，就可以開始進行一些數據分析，也可以在現場控制及調整。當有這些資訊時就會有所謂的能管，能管有可以給工程師看的，也有給管理面看的，但是要先定義什麼叫正常及異常，因為這件事情在整個產業界已經做滿久了，但是大家如果有用過就知道會有很多錯誤警報會產生，多到讓人不想看，所以在做異常通知前，要先完全確定正常跟異常的差別，再依照邏輯判斷寫出訊息並做通知。

舉實例來說，上述所提到的自動控制及 AIoT，就是要藉由一些現場的判斷感測，來決定判斷的準則，而電錶是其中一項可以做判斷的東西，並在台電做管理，但是在現場可做一些溫度計、壓差器跟流量計的管理，因為此個案是做空調冰水系統，所以會根據溫差、大氣溫度等進行觀測，決策當大氣溫度為多少時冷卻水塔風扇要怎麼開、所有的區域要如調整？在現場一定要裝這些感測器還有一些控制介面，並不是一個電錶就可以節能，而是要依照感測器的回饋與資料以及經驗去決定應該要如何判斷，在「人工智慧」之前，一定是「工人智慧」，也就是按照工程師的經驗及所獲得的資料做決策。

因為空調相關的資訊對於現今來說已是相當熟悉，所以已經有設計出 AI 可以去做管理，而製程設備也是一樣，拿到數據資料後，先看可以先內化資訊，用「工人智慧」嘗試幾次後，若發現這個邏輯是合理的，就可以把它寫成程式變成「人工智慧」，並讓它持續學習這件事情。此模式就如同掃地機器人，剛開始機器人因為不熟悉家中路線，所以沒有那麼靈活，但是當用過幾次而知道路線後，就會開始變得方便。也就是說就像現場一定會有一些感測器，並且根據感測器測到的東西，判斷要怎麼去做控制。

2. 冰水主機資料收集系統

商辦大樓要先知道需求，我們才知道要如何供給，所以有安裝如大氣溫度等感測器進行調整，為了了解需求，今時在商辦中約 300 多個冰機都裝上警報器以及 DIDO 模組，以知道設備現在有無開啟，而現場會去做每台機器的開關，因此啟動、停機跟故障等所有狀況都會知道，若是空調廠商去維保，從遠端都可以在網路上直接看到這些資訊。

3. 專案狀態——網頁可視化

圖 15 是專案的網頁可視化，收集完資料後就剩下呈現的問題，今時提供的系統屬於工程師版，也就是資料上到系統後，要表達的重點是從 1 樓到 12 樓的這些冰機現在的狀況是開、關還是警報，再點進去還可以看到細節資訊，或是也可以直接在報表查看細節，使用者可以很直接、實際地知道設備是開、關還是警報。此外在感測器或變頻器上因為跟冰水系統有關，每一個變頻器線是開多少 Hz，以及現在量測到的水溫都會被記錄下來，且每個點進去都可以得到即時的數據。有了此系統，在任何產物端、工程端及其他地方都可以直接汲取到資料，不用到監測機台前看數據。

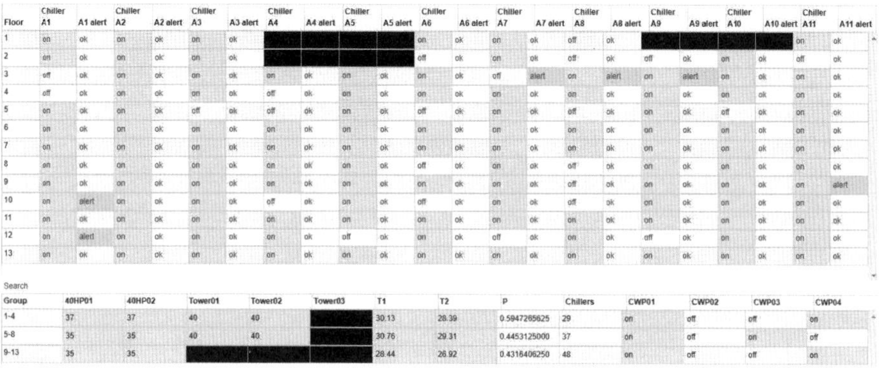

Floor	Chiller A1	A1 alert	Chiller A2	A2 alert	Chiller A3	A3 alert	Chiller A4	A4 alert	Chiller A5	A5 alert	Chiller A6	A6 alert	Chiller A7	A7 alert	Chiller A8	A8 alert	Chiller A9	A9 alert	Chiller A10	A10 alert	Chiller A11	A11 alert
1	on	ok	on	ok	on	ok					on	ok	on	ok	off	ok					on	ok
2	on	ok	on	ok	on	ok					off	ok	on	ok	off	ok	off	ok	on	ok	off	ok
3	off	ok	on	ok	on	ok	on	ok	on	ok	on	ok	off	alert	on	alert	on	alert	on	ok	on	ok
4	off	ok	on	ok	on	ok	off	ok	on	ok	on	ok	on	ok	on	ok	on	ok	on	ok	on	ok
5	on	ok	on	ok	off	ok	off	ok	on	ok	off	ok	on	ok	off	ok	on	ok	off	ok	on	ok
6	on	ok	on	ok	on	ok	on	ok	on	ok	on	ok	on	ok	on	ok	on	ok	on	ok	on	ok
7	on	ok	on	ok	on	ok	on	ok	on	ok	on	ok	on	ok	on	ok	on	ok	on	ok	on	ok
8	on	ok	on	ok	on	ok	on	ok	on	ok	off	ok	on	ok	off	ok	on	ok	on	ok	on	ok
9	on	ok	on	ok	on	ok	on	ok	on	ok	on	ok	on	ok	off	ok	on	ok	on	ok	on	alert
10	on	alert	on	ok	on	ok	off	ok	on	ok	off	ok	on	ok	off	ok	on	ok	on	ok	on	ok
11	on	ok	on	ok	on	ok	on	ok	on	ok	on	ok	on	ok	on	ok	on	ok	on	ok	on	ok
12	on	alert	on	ok	on	ok	on	ok	off	ok	on	ok	off	ok	on	ok	off	ok	on	ok	on	ok
13	on	ok	on	ok	on	ok	on	ok	on	ok	on	ok	on	ok	on	ok	on	ok	on	ok	on	ok

Search

Group	40HP01	40HP02	Tower01	Tower02	Tower03	T1	T2	P	Chillers	CWP01	CWP02	CWP03	CWP04
1-4	37	37	40	40		30.13	28.39	0.5947265625	29	on	off	off	on
5-8	35	35	40	40		30.76	29.31	0.4453125000	37	on	off	on	off
9-13	35	35				28.44	26.92	0.4316406250	48	on	off	off	on

圖 15　網頁可視化（版權所有：今時科技）

資料來源：今時科技

4. 用電紀錄及分析

上述所提主要是針對設備去做節能，而實際上整棟大樓的用電分析可以參考圖 16 的資料，縱軸時間是從凌晨到 23 點，橫軸則是日期，紅色愈深的資料表示用電量愈兇，因為有裝智慧電錶，所以可以得知用電量較多的時間大部分都是集中在 7 點到 21 點。

(表內數字:度)

date	8/ 26	8/ 27	8/ 28	8/ 29	8/ 30	8/ 31	9/ 1	9/ 2	9/ 3	9/ 4	9/ 5	9/ 6	9/ 7	9/ 8	avg
hr	1741	2512	2505	2524	2588	2564	1990	1886	2673	2654	2316	2323	2254	1529	2290
0	70.7	70.3	75.9	71.7	77.9	80.1	80.4	77.3	76.3	81.5	63.0	63.4	62.0	60.2	2.5
1	70.8	69.9	73.6	70.4	77.8	78.4	79.3	75.7	75.8	80.4	62.0	63.9	61.4	59.0	2.5
2	71.0	70.9	71.6	71.0	77.2	77.4	77.3	76.1	75.6	77.1	59.4	61.4	58.6	57.9	2.5
3	69.4	69.6	70.5	70.8	77.3	76.8	77.4	75.9	75.8	77.0	58.8	60.9	60.4	58.2	2.5
4	70.7	69.2	71.2	71.5	77.8	77.2	77.6	76.3	75.5	77.8	58.6	59.8	59.5	58.3	2.6
5	70.1	71.9	82.1	73.1	78.9	79.3	76.9	76.2	78.2	78.1	67.5	63.6	61.6	58.6	2.5
6	70.2	74.6	76.3	74.5	82.1	89.0	76.4	75.5	80.1	81.3	61.8	63.9	64.2	57.9	2.6
7	69.1	99.7	97.8	102.9	103.3	103.4	79.1	75.6	103.5	105.7	87.7	90.8	90.1	64.8	2.6
8	71.8	136.9	131.6	128.8	132.2	135.0	81.2	76.6	139.7	137.8	122.3	135.0	124.3	64.1	2.5
9	71.1	137.3	130.6	127.0	139.8	129.2	85.7	78.7	144.7	140.6	121.7	127.3	125.4	65.9	2.5
10	73.9	145.4	131.0	130.0	134.0	126.2	87.2	79.1	141.5	162.0	120.0	120.3	132.8	68.3	2.5
11	75.7	134.3	145.7	134.6	136.2	144.8	89.7	79.3	147.0	176.0	132.4	125.1	123.7	69.7	4.6
12	76.3	137.1	134.7	137.1	142.4	136.0	97.7	80.6	143.4	140.7	127.6	134.4	126.8	70.1	7.6
13	72.5	142.1	126.1	128.2	141.8	129.3	87.3	87.8	142.3	144.8	119.2	120.5	125.3	66.5	7.9
14	72.5	129.6	137.0	134.3	129.0	137.1	89.1	83.7	135.0	135.7	128.3	128.7	123.0	67.9	8.4
15	73.9	128.0	131.9	143.2	130.8	126.8	85.6	81.7	139.8	140.8	122.4	138.8	119.2	67.9	8.2
16	73.2	133.4	128.0	125.3	123.1	121.0	85.4	79.8	147.5	143.3	133.6	121.7	120.1	66.8	8.3
17	73.8	131.9	129.6	128.5	135.6	122.8	86.3	80.1	134.3	138.9	159.0	123.7	115.8	74.6	7.8
18	72.7	112.3	120.5	120.5	118.9	118.5	84.1	78.1	124.3	123.5	108.4	109.8	112.6	63.2	2.5
19	72.5	100.5	102.9	108.9	107.5	112.6	85.0	78.2	113.3	113.8	95.8	94.7	92.4	63.2	2.6
20	73.6	96.1	97.0	111.8	103.1	100.2	84.2	78.2	101.2	84.7	85.5	87.3	87.9	63.1	2.6
21	74.3	88.5	87.4	93.1	92.6	93.0	81.4	79.5	94.1	75.4	79.7	88.8	78.2	62.1	2.5
22	79.1	84.9	79.8	86.1	87.2	87.8	77.5	78.4	89.8	70.4	73.3	74.2	68.0	61.0	2.5
23	71.5	77.7	72.2	80.6	81.4	82.4	78.0	77.6	94.6	66.3	68.4	65.2	61.2	59.6	2.5

圖 16　用電紀錄及分析（版權所有：今時科技）

資料來源：今時科技

5. 需量紀錄

台電有一個 AMI 的官網，輸入一些資料後可以看到台電所量測每 15 分鐘的資料，目前只有高壓的部分，但如果已經有台電 AMI 的資料，為何還要裝智慧電錶？實際上在總電盤磚的智慧電錶是一分鐘抓取一次資料，如圖 17 所示，可以看到會有突波或是高需量的地方，也就是實際用電突然上升，但這些突波上升的時間不長，一天可能只有 3 次，每一次的時間大概是 3 分鐘。因為難免會有設備交錯打開的時候，所以會呈現圖 17 的狀況，如果現場可以做一些自動控制，當看到突波時，讓另一個設備稍微停一下，做需量控制，就可以讓整個需量的曲線變得較平緩，需量線的部分就比較不會有凸波，如此一來，台電的需量就會下降，甚至可以節省基本費。上述是實際應用的例子，若是以人工的方式則會較難達成，畢竟不可能每一分鐘都盯著資料看，所以這個方式都是經由自動控制來做。

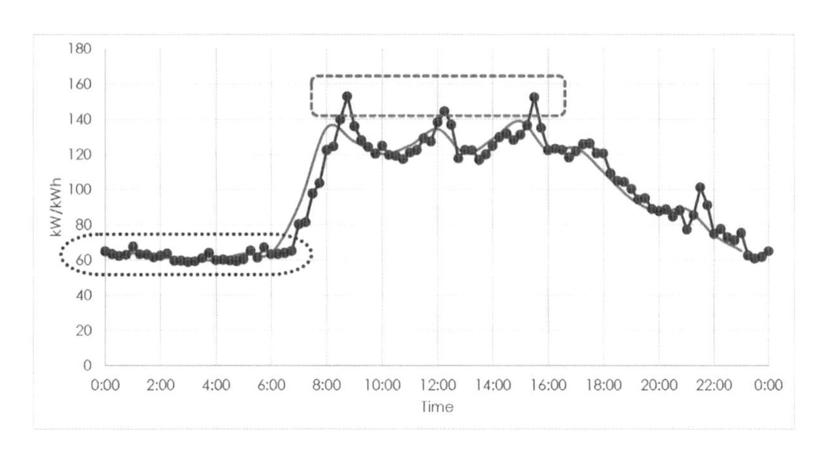

圖 17　需量紀錄（版權所有：今時科技）

資料來源：今時科技

6. 歷史資料分析

上述介紹的個案資料為 104 年到 109 年，而 111 年的現況如圖 18 所示，此為實際從台電電子系統擷取出來的資料，可以看到 110 年的 3 月，月電費是 17 萬，所以並不是做一次性的節能電費就會一直很低，而是要持續的 PDCA，拿到物聯網的資訊後仍要持續改善，而非一次性工程做完就可以解決。經由不斷改善，從 110 年 3 月的月電費 17 萬到 111 年 3 月的 14 萬，不是只有單一個月的電費較低，而是每一個月的月電費都有持續的下降，因此完成一次工程後，要去分析過去的資料有哪些意義，並且持續不斷地精進。

台灣電力公司電子帳單服務系統 會員專區 常見問題 電費查詢與試算 關於我們

歷史帳單

持續再持續

電號	帳單月份	應繳總金額	繳費狀況	電子通知單	繳費期限
	111年03月	141,857 明細	未繳 線上繳費		111年03月27日
	111年02月	154,050 明細	已繳		111年02月28日
	111年01月	164,023 明細	已繳		111年01月25日
	110年12月	166,570 明細	已繳		110年12月21日
	110年11月	164,565 明細	已繳		110年11月21日
	110年10月	203,889 明細	已繳		110年10月21日
	110年09月	230,048 明細	已繳		110年09月20日
	110年08月	199,724 明細	已繳		110年08月22日
	110年07月	192,672 明細	已繳		110年07月21日
	110年06月	167,711 明細	已繳		110年06月22日
	110年05月	167,864 明細	已繳		110年05月25日
	110年04月	168,734 明細	已繳		110年04月26日
	110年03月	175,983 明細	已繳		110年03月25日
	110年02月	162,708 明細	已繳		110年02月21日
	110年01月	182,187 明細	已繳		110年01月21日
	109年12月	176,668 明細	已繳		109年12月22日
	109年11月	167,958 明細	已繳		109年11月22日

圖 18　歷史帳單資料

資料來源：台灣電力公司電子帳單服務系統

（二）實例 2：傳產集塵設備

第二個案例是傳統產業，一般傳產通常不是第一波要減碳的公司，且通常只專注在自身的相關領域，沒有接受太多外面的資訊。此個案是屬於鍍鋅產業，如高速公路的大樑、鋼等都必須透過此種產業的工廠做鍍鋅，使材料具備防鏽的功能，所以整個設備都會用天車拉過來，下到鍍鋅槽內，而當鋼筋直接垂吊下來鍍鋅時，會揚起很多煙塵，因此會有一個集塵設備，在鋼筋往下垂吊時把煙吸走。

此個案類似第一個介紹的空調個案，在需量的部分，全年只要有上班就會開啟設備，且用電也是跟產能相關，盤查現場後，發現此個案包含非常多用電設備如天車、集塵設備等，且最大的用電是集塵的馬達。

集塵設備裡面一共有 4 個 175 的馬達，且不論有沒有煙塵都會保持隨時抽風狀態。由於廠房內很高溫，因此沒辦法做很精準的定位裝置或是安裝感測器，這些電子零件在此環境下很容易會壞掉，所以今時在一個瞭望台安裝了攝影機，用影像去做定位。當初今時也有評估過使用紅外線感測之類的設備，但仍不適合現場環境也很容易壞掉，最後才安裝攝影機，並設定當天車吊東西到此區域時，就開始啟動全體運轉，而如果天車沒運作，就執行節能的模式。

在進行此計畫時一定要和現場單位的同仁密切合作，因為大部分製程機台的改善都需現場相關人員以及上級的支持，才有辦法執行。在導入協助改良的設施時，過程中其實還會發生很多變數，但是進行的程序是不變的，必須要先有「感測」、「觸發」才能夠去控制。上述空調的改善案例是利用很多溫度器、溼度計等儀器去做感測，將資料分析後再做控制，而此案例也是一樣，先經由攝影機作判別與學習，定位物體的位置，計算出幾秒內要去觸發，觸發後再去執行後續步驟。

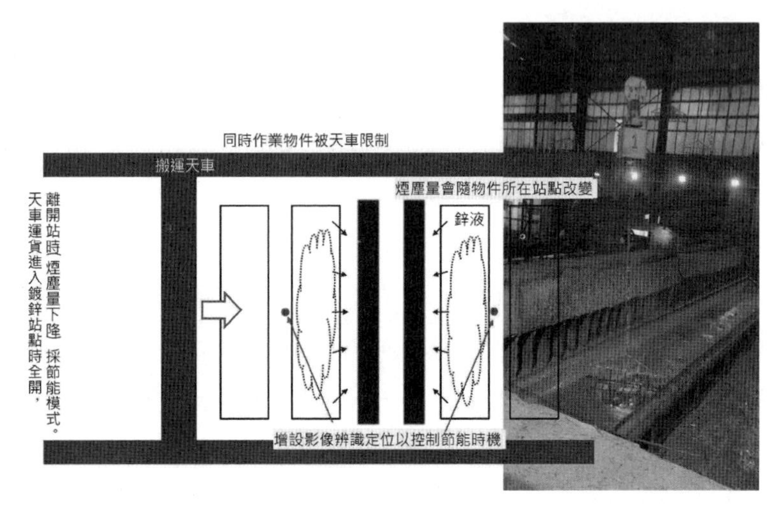

圖 19　能源效率提升實力（2）：傳產鍍鋅（版權所有：今時科技）
資料來源：今時科技

1. 用電指標變化

圖 20 為 2021 年 4、5 月的用電指標，因為前面是建置期，所以直到 3 月底系統才上線，現場設備大概是 700 kWh 左右的廠房，最高需量約 706 kWh，每度電單價也就是用電密度大概是 3.4-3.9 元，而台積電平均是 2. 多元，但是中小企業尖峰用電較多所以大概 3 點多元，如果是 24 小時營運有可能是 2 點多元。除了做現場設備的一些控制外，同時會裝變頻器以控制住最高需量，台電也可以跟著去做調整。從圖中可以看到契約容量從 700 變成 661，用電度數下降，光是一個月就省了大概 10% 左右。

▼3/E 系統上線

帳單期別	11001	11002	11003	11004	11005
契約容量	700	700	700	700	770→661
最高需量	688	672	678	706	**634**
用電度數	156,080	142,240	110,080	155,760	153,600
用電天數	31	31	28	31	30
日均度	5035	4588	3931	5024	5120
未稅電費	$538,093	$489,453	$388,509	$530,041	$471,526
電價	$3.4475	$3.4410	$3.5293	**$3.4029**	**$3.0698**

未改善前需量平均為706, 改善需量72至634▼10.2%
電價未蓋善前非夏季$3.4241, 改善電價至$3.0698下降0.3542▼10.3%

圖 20　用電指標變化（版權所有：今時科技）

資料來源：今時科技

今時實際測量到的運轉頻率數據如圖 21，時間是從早上 8 點到晚上 10 點，在資料中先設定低載跟高載，高載就是在鍍鋅時全速馬達抽氣，而低載是指目前沒有在鍍鋅，可以將設備功率調低一點，若有需要再將設備拉起來。剛開始測試時先設計控制器有偵測到就開啟，反之則調低，但這樣會造成操作過於頻繁，所以後續有將調整頻率降低一些。由此可知改善並非做完一次就解決，而是要持續不斷地改進動作。

- 生產線忙碌時馬達大部分時間在高載(56Hz, 93%)，趨緩時在低載(45Hz, 75%)
- 主要節省→ 產線緩和時馬達低載，改善前不論忙碌與緩和都在高載

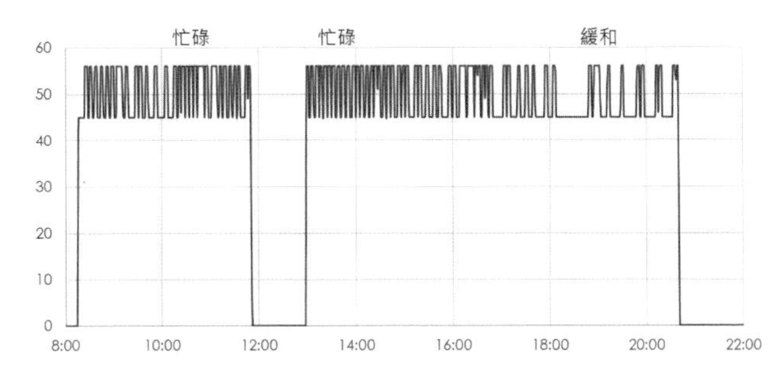

圖 21　運轉頻率實測（版權所有：今時科技）

資料來源：今時科技

2. 進一步的改善動作

如圖 22 所示，改善至今快一年的時間，仍是需要不斷地跟現場做調整與更新，看看是否能持續在高載或低載，並調整偵測時間為 5 秒或 3 秒，很多參數、位置都還需要去做討論跟調整。

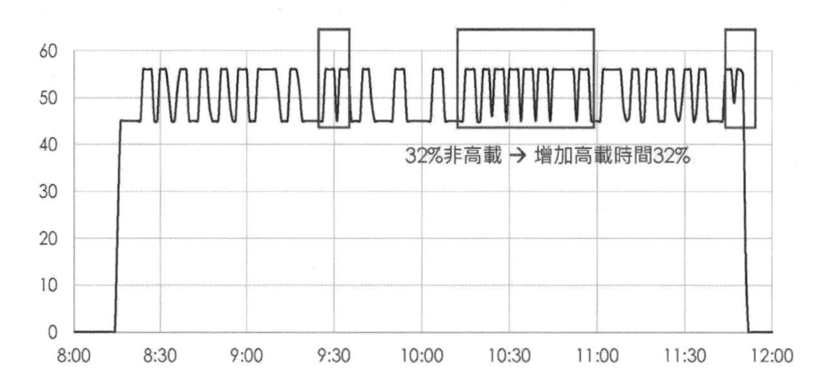

圖 22　進一步的改善動作（版權所有：今時科技）

資料來源：今時科技

（三）實例 3：傳產製油

如圖 23，第三個實例是針對傳統製油業，這裡一樣以電費單做分析，可以看到需量的部分也是設備有開啟就會被紀錄下來。當初在做分析時，只先拿到 11、12 月的電費單，尚無全年的資料，那時就覺得此公司比較特別，用電量僅 2 kWh 卻把需量設定在 100 kWh ，但是當拿到全年電費單後，才發現此決策是非常合理的，因為只要設備有開啟都會用到 150 kWh 甚至以上的電量。從電費單可以看到平常基本的用電水位，以及第一階段開啟的設備數量，且發現現場有兩種類型的設備，有時可以開，有時則不可，代表設備是可以控制的或是能夠做一些簡單的調配。

今時科技實際到公司前有先進行訪談，大概了解情況，訪談後確定現場有兩種設備，一個是攪拌槽，另一個則是廢油回收。從每日的用電度數可以發現供需沒有平衡，且用電度數高並不代表需量高。

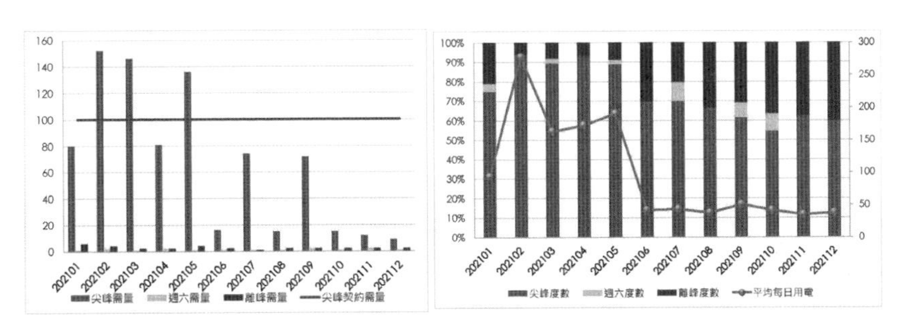

圖 23　能源效率提升實例（3）：傳產製油（版權所有：今時科技）

資料來源：今時科技

1. 製程設備——油攪拌槽系統

所有改善的邏輯都一樣的，先從現場量測、感測開始，之後將資料回傳過來再來看要怎麼執行，所以在現場會進行一些溫度或是加油的感測，測量進去與出來的溫度，因為需要去攪拌讓油不要冷凍，所以要知道溫度為多少會是恰當的。假設原先有 7 根攪拌棒，但實際只要用到 2 根，這都是要量測完成後，才會知道是否需做調整。

2. 電力成本趨勢

如圖 24 所示，以再生能源發電的部分來說，企業主要都是把自己的屋頂租出去產生太陽能，再把綠電賣給台電，起初台電的購買價一度大概是 8 到 9 元，但現在因為太陽能模組的成本下降，所以價格下降至約 3.9 元。

今時在下一個階段會去建置一個進階的需求管理，在用電量沒有那麼大的時候，以太陽能自發自用，便不會有需量的問題，也不會有跟台電拉電的事情發生，但是太陽能模組不能一直發電，當多雲、下雨或是晚上時就沒電了，所以還是要搭配一些儲能設備，而這也是下一階段要設計、建置的部分。

石化能源成本↗灰(非綠)電價↗ 碳中和要求逐漸嚴格 ➔ 碳成本
自用綠電能夠取得綠電憑證並減少灰電使用 ➔ 回收年限短的綠電系統

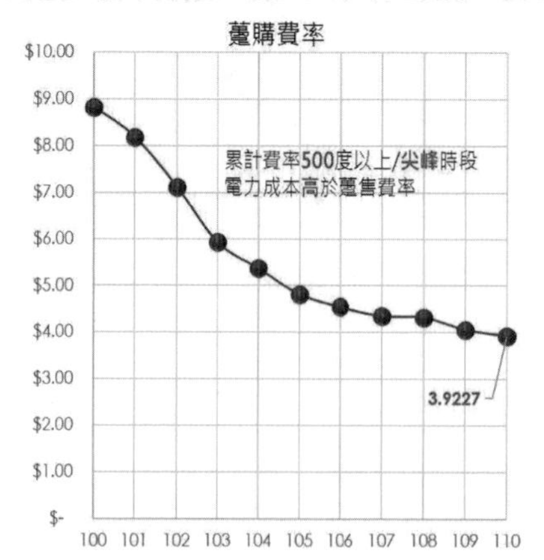

	台電(躉購)	自用
自行出資	尖峰電價 > 收購價 憑證歸屬台電 回收時間長	取得綠電憑證 減少範疇二碳排 縮短回收時間
引資	無資本支出 長時間綁定	外購綠電

圖 24　電力成本趨勢（版權所有：今時科技）

資料來源：今時科技

七、節能建置經費的來源

今時科技主要的客戶是中小企業，基本上節能的經費是從幫企業省下的錢去做分潤，也就是說因為公司一開始也不知道今時的系統導入是否有效，因此會先由今時出錢去做現場的相關建置，公司不需要投入初始資金，但是之後省下來的費用會一起做分潤。在分潤以後，會有公司想要解約，因為沒有想到電費可以調降這麼多，但每個月卻要出付十幾萬作為分潤，且管理費不高，於是便會向今時提出要直接購買整個系統，此時公司已經見證到今時的系統所帶來的效益，所以決定解約並買下系統，而今時後續便只會協助營運管理的部分。假設原本是今時分潤多，解約買下設備後可能就會拿較少分潤做之後營運管理費用，而企業便可以獲得較大的利益。

企業在了解今時的系統與設備之實際功用後，就會把設備買走，公司還沒有看到今時的實力，可採取此種模式，這樣的作法不是因為今時資金充足所以走銀行的路線，而是今時對自己有信心才會做這樣的選擇。

在運作期間若是設備故障，就會導致無法節能而沒有分潤，所以合約期間會有設備保固，不用等預算下來才能做節能。

所謂「省錢救地球，何樂而不為」，但是在執行時仍常常會遇到困難，例如今時從省下來的錢進行設備建置且公司也不用先出錢建置，但為何還是有企業選擇不做？原因是每個月有可能才省幾千、幾萬元的費用，對於有些企業而言可能是小錢，但是在觀念的部分，現在先嘗試做這件事情，之後可以再購買設備，得到較多利潤，其實並不會有損失，反而是一件好事。

八、結論

談到溫室氣體與碳排是否有關係，在2006年的紀錄片《不願面對的真相》已經有個初談，而到2022年近20年的時間，我們有沒有去做任何事情？和20年前相比能源的使用有不同嗎？《京都議定書》、《巴黎協定》及CBAM都是推動改變的主力，讓各界開始有警覺要去付諸實踐，而Apple、NIKE等品牌也已經呼籲及要求要減少碳排，但我們自身是否有做什麼？

若是以上述的商業模式做推廣，讓節能減碳同時也是一件可以幫助省錢的事情，或許就可以在推動上更有說服力，當大家紛紛投入時，減碳的社會風氣便能漸漸形成。希望各位能把節能減碳當成使命去達成，在「倡議」及「行動」中，最終能夠有幫助並持續下去的仍是行動。

FAQ

Q1：一般在推動碳盤查時，企業的組織架構該如何和你們對應？

Ans：今時發現在外面有所謂的 ESG Team，很多都是像管委會一樣做兼職，當不需要開會討論時，就可以繼續忙自己的事情。而如果真的要去做這件事情，必須包含廠長、設計，要先從管理者開始，要求下面的每個員工具備此觀念，避免在製程或設計的改良上受到阻礙。

就組織來講最重要的是核心領導者，也就是目前公司裡面比較會營運管理的人，如果他們能夠有這個觀念是最好的，因為可以產生足夠的影響力。而那組織架構其實是看怎麼編排，因為它就是要不斷地要求同仁有沒有記得減碳？這個東西有環保嗎？有省成本嗎？這方面是就是不斷的叮嚀。

Q2：貴公司的商業模式是會提供設備然後讓企業可以進行一些改善嗎？

Ans：是的。一般就是 ESCO 的模式，其實美國從大概 30 幾年前就有這個模式，在臺灣也不是新的東西，只是此模式聽起來雖然不錯，但在執行上還是會有一些爭議性，畢竟不知道省下來的錢是公司本身省的還是我們提供的系統協助省下來的。

Q3：上述鍍鋅的案例是你們幫他裝感測器，然後做後續的運算，那如果最後發現必須要去改抽風的設備，這個會是由誰負責？

Ans：會由我們這邊做支出，但是坦白來說，先出資金還是有一定的風險，因為這個東西要不要做，決定權不只在今時，大部分還是屬於廠務設備的職權，如果真的有獲得大家的共識及授權，就可以去試試看，但其實現場仍有非常多不確定性、掌控權，因為那個東西畢竟是直接跟產品有關的。

Q4：以後產品的BOM表可能會放入碳或是用電的相關資料，如果是要外銷或是在國內銷售，可能面對的碳稅就會不太一樣，那是不是可以在不同的時間去生產，還是做一些不同的調整？

Ans：以前其實就有Green BOM跟Non-Green BOM，哪一些供應鏈是綠的，哪一些不是，可以在供應鏈的調整上做一些較方便的選擇，等於在BOM分析、分類上面就很重要了，但是以一般邏輯來講，通常會覺得Green BOM比較貴。

Q5：今天所談到減量的部分，比較集中在電力上，但我們公司有很多碳排是在製程的部分，您在輔導企業時，在其他部分的碳排會去做什麼樣的建議，有沒有這方面的經驗可以分享？

Ans：因為生意模式的關係，如果要走ESCO先出錢的部分，還是要量化比較安全，一般這種收不到錢的投資比較危險。如果以先出資而言，當然是以容易量化的東西為標準，至於其他能源如煤、水等，以目前來講應該都還是從一般的買賣進行，但若鍋爐變成熱泵，就是另外一件事情，因為就變成電了，但是其他的燃料，可能就要依情況而定或是走一般的買賣。今時也有跟一些公司合作去做ISO 50001，而ISO 50001就不會只有電，還有其他能源像是煤、油及五大能源，中間就等於是帶領大家去做一些更好的節省，其實也是一個方法，跟上述提到的製程設備一樣，探討怎麼去節省。

Q6：台電是以每 15 分鐘為基準去計算這 15 分鐘平均的耗電情況，而大家基本上都很擔心會超出契約容量，比如第一階段跟第二階段的罰責是 2 倍到 3 倍。事實上應該要探討兩個主題，一個就是實際上的節能，第二個則是高額的罰金，所以在實施上來講兩個步驟是同時進行的，也就是說節能的同時是否也可以避免造成罰款，這會不會把它設定在公式裡？

Ans：這是兩件事情，能夠自動控制的東西簡單來說就是電機類的東西，假設今天偵測到突波，就直接送訊號給現場的自動控制的設備，讓設備暫停，所以在剛開始設定設備時，要先確定哪個設備能夠停多少 kW，因為台電的罰責是 10% 以內罰 2 倍，超過 10% 以上則罰 3 倍。

其實沒有罰款不一定是好事，說不定有一點罰款，反而可以讓基本費不會被浪費，所以應該是要去判斷現在可控制的設備超出契約多少 kW。假設超約 50 kW，結果那項設備是 10kWh，可能不論自動控制或怎麼調整都沒有用，或許把契約往上調高，罰款還可以減低，但如果現在把設備控制在 30kWh，那設備只要稍微暫停一下，就可以解決超約的事情，而原先的契約就不用更動，因此契約的設定與現場控制的設備是相輔相成的。

因為在台電那邊的修改只能使用人工，沒辦法使用自動控制讓台電直接改，且整個申請流程要 2-3 個禮拜以上，所以如果現場真的沒辦法去做修整與控制，就需要去台電做修正，避免產生 3 倍的罰款，所以管控會分為外部與內部進行調整。

參考資料

IEA. (2022, October 26). Key World Energy Statistics 2021. https://www.iea.org/reports/key-world-energy-statistics-2021/supply

IEA. (2022, October 26). Electricity total final consumption by sector, 1971-2019. https://www.iea.org/data-and-statistics/charts/electricity-total-final-consumption-by-sector-1971-2019

IEA. (2022, October 26). Manufacturing and services, selected energy intensities in selected IEA countries, 2019. https://www.iea.org/data-and-statistics/charts/manufacturing-and-services-selected-energy-intensities-in-selected-iea-countries-2019

台灣電力公司。（2022, February 10）。歷年發購電量占比。https://www.taipower.com.tw/tc/page.aspx?mid=212&cid=120&cchk=f3a1b1e0-03e5-45fa-b72e-b28c5cb94f37

黃玠然。（2014, January 9）。國際電力碳足跡係數研究分析。https://km.twenergy.org.tw/ReadFile/?p=KLBase&n=201419134452.pdf

第 4-6 章　淨零賦能企業個案：天泰能源公司

一、臺灣的發電系統

（一）電力系統架構

如圖 1，電力系統由發電、輸電、配電與售電四個部分所組成，簡稱「發、輸、配、售」，如下圖所示，台電預計在 2025 年要開始分拆成 4 個事業部。

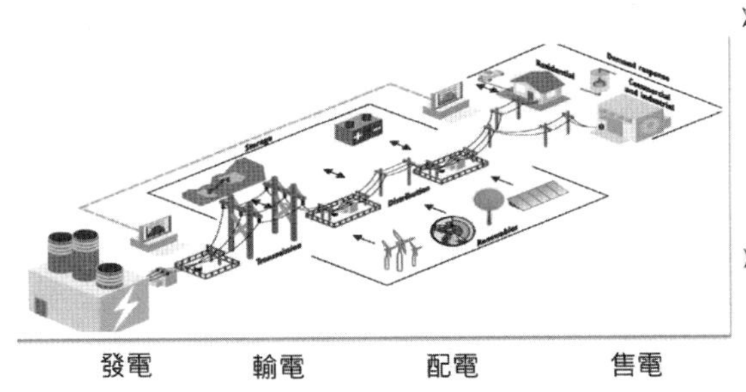

圖 1　電力系統架構

資料來源：能源局再生能源資訊網；台電公司電力交易平台資訊

目前市場上概分四種發電業者，分別為台電傳統發電廠、民營傳統發電業者、再生能源發電業者以及自用發電設備業者。台電為首要發電主力，發電模式包含各式大、中、小型發電機組，而當供電量不足時，台電便會向一些民營電廠業者簽約，請他們幫忙代產電力，並且保證收購。這幾年隨著環境保護識意識高漲、再生能源發電技術日益精進，綠能發電已成為新趨，也是未來會著重發展的產業之一，因此除了再生能源發電業的綠電供應，政府也開始呼籲企業開發綠電，攜手共創綠色家園，並推出政策，期許增加各界的執行力。最後一種為自用發電設備業，業者可以自給自足，供應自身用電，同時也可以供售其他企業做使用。

臺灣主要發電類型包含我們所習知的火力發電、核能發電以及再生能源等，過去的發電廠一般都是泛指集中式的發電，一個發電廠的容量都是 1 GW，相當於 1000 MW，而一個 MW 等於 1000 KW，1 KW 發電一個小時就是一度電。以台電來說，其所管理的發電廠都是 GW 等級，是相當大的規模，然而目前臺灣太陽能發電廠的規模等級仍大小不一，一般屋頂型的發電廠，小的容量約為 10 KW 到 20 KW，略大的則是 100 KW 到 200 KW。儘管臺灣在近十年來太陽能發電廠的數量已經達到五萬多座，但是這個數量跟過去台電管理所的大型發電廠約一百多座來相比，仍是 500 倍的差距，從單一發電廠的容量來講更是台電的千分之一不到。

（二）主要發電種類

目前我們火力及核能發電廠大部分是屬於傳統的集中式發電，集中式發電通常需要把電廠產生的電力以電纜進行長距離傳輸，雖然其供電量較大，但若發生斷電則影響也會連帶較大。

再生能源的發電主要來自太陽能、風力及地熱。臺灣的地熱資源豐富，尤其在宜蘭清水、台東一帶，但是目前環評仍對地熱開發帶有疑慮，在推動的過程中也遭到一般傳統溫泉業者的反對，擔心如果在地方上發展地熱，溫泉資源可能會被分散，進而導致溫泉業、旅遊業的生氣不保。但是就水力及地熱發電來說，這兩項能源發電在臺灣其實是具備相當資源且有良好發展前景的。而目前臺灣其實也有一個抽蓄式水力發電，然而礙於環評，要新設立相對困難。

雖然能源發電可以大大減少社會的外部成本，如污染及安全性，但其發電穩定性較低，且成本高，也因此當我們提到太陽光電跟風力發電的缺點時，簡述一句話就是「看天吃飯」，如果沒有太陽或是風，那電力便無法持續供應，這就是間歇性發電的缺點。

Fossil Fuel Power Plant
火力發電廠

Nuclear Power Plant
核能發電廠

Hydroelectric Power Plant
水力發電廠

Photovoltaic Generation
太陽光電

Wind Generation
風力發電

Geothermal Power Plant
地熱發電

圖2　主要發電種類

資料來源：能源局再生能源資訊網：台電公司電力交易平台資訊

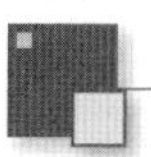

（三）發電原理

1. 火力

圖 3 為火力發電系統的運作原理，燃煤及天然氣都是用此原理來發電。首先化石燃料的化學能會透過燃燒反應產生熱能，而爐水會因熱能生成為高溫、高壓之蒸汽進而推動汽機產生機械能，最後發電機再將機械能轉換為電能。

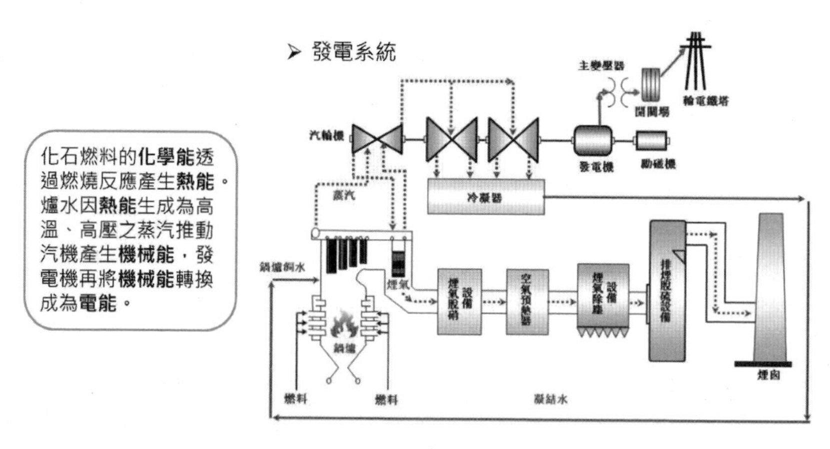

圖 3　火力發電原理

資料來源：能源局再生能源資訊網；台電公司電力交易平台資訊

2. 太陽能

太陽光電的發電原理是用半導體的光電效應，光電效應是一種在大自然裡長久存在的能源轉換方法學。在我們的生活中，一直在發生的光電效應是光合作用，透過光電讓光能轉換成電能，最後變成化學能，生成讓植物賴以維生的重要來源──葡萄糖。後來科學家也發現環境裡其實有很多材質照光後會產生電流，因此若是可以找到一個最符合經濟效益、也適合大量發展的材質，便能著手研發。目前在市場上，商用化太陽能發電板的原料 99% 都是選擇矽膠，也就是我們每天踩的土、矽石，經過精密提煉達到特定純度後，照光就會產生電流，而這些電流透過串並的方式接起來就可以產生一定的電壓。

太陽能發電屬於直流電，當電池串連時電壓會增加，達到設定的電壓後，便會驅動直交流轉換器，把電壓、電流變成交流的狀態，並接到電網系統。現在坊間幾乎所有的太陽能發電都是選用並網型發電系統，因為太陽能發電只有在照射太陽光的情況下才能發電，而過去十年臺灣政府一直在推廣，希望當電力發出來後，可以透過並網連結到台電的網路，並用電錶去記錄發電量，再以固定的價格收購。

在圖 4 可以看到，在直交流轉器轉換之後，就進到了市電。在過去十年，臺灣的太陽能發展其實技術水平不高，基本上就是把太陽能模組板裝起來加上變流器送到市電，業者的責任就結束了，因此對業者來說，這個流程就如同一滴水進大海，如果把市電的容量想像成無限大，五萬多座太陽能發電廠的發電量其實很少，對於電網的貢獻微薄。

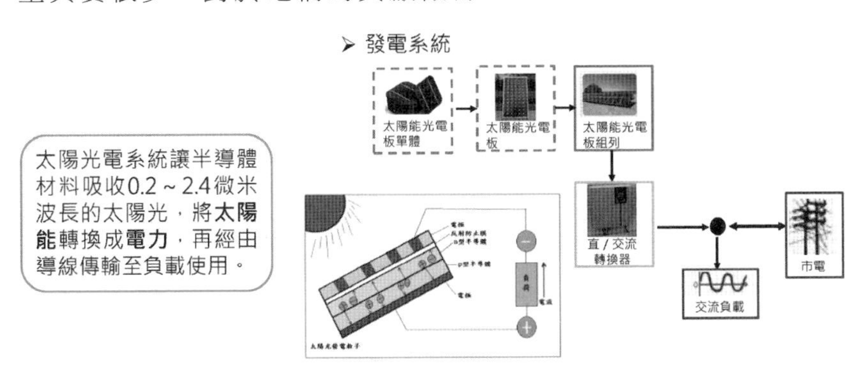

圖 4　太陽光電發電原理

資料來源：能源局再生能源資訊網：台電公司電力交易平台資訊

從一座兩座到五萬多座的太陽能發電廠，即時發電資訊都有被記錄在台電的網頁。當夏天正中午時，太陽能的發電占比已經來到將近10%，因此對於台電的電網來說，這些發電資訊就不能夠忽略不記錄。

二、能源及電力的供需概況

（一）能源的供電結構

圖5為臺灣各項能源的供電結構，大部分的供電來源仍是來自於傳統的火力發電，佔比為81.6%，為台電的發電主力，而在火力發電裡還可以細分成燃煤發電、天然氣發電以及其他重油跟燃油的發電。其次是核能發電，佔比10.8%，再生能源發電則為6.3%，最後是抽蓄水力發電，為1.3%。

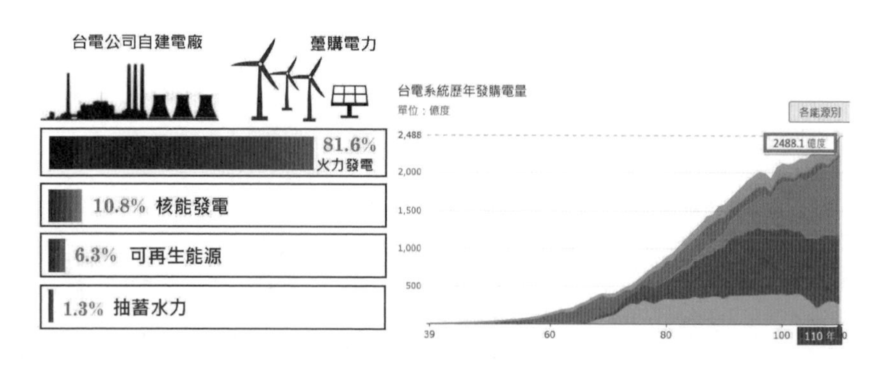

圖5　臺灣供電結構

資料來源：台電發購電結構圖表 https://www.taipower.com.tw/tc/Chart.aspx?mid=194 政府資訊公開平台／自行製圖 https://data.gov.tw/dataset/29935

在能源的供電結構中，未來比較需要關注在核電廠的運作。目前核一廠已經正式退役，並且從系統中解連，而根據原能法的規定，當核二廠到達40年的運轉期後也需要退役，因此核二廠的機組也陸陸續續在解聯，原本三座核電廠將會解聯兩座，所以從明年開始，將會剩下一座核三廠在運作。

根據台電調度處的訪談，他們對於核電廠解聯這件事情非常擔心，因為即使有越來越多的再生能源發電可供使用，但是其穩定性遠不及火力發電和核能發電，而當穩定性極高的核能發電慢慢的解聯之後，將會對整個電力系統造成不小的衝擊。

在過去三、四年，台電跳脫事故相對來講比例是較少的，但是這兩年來，跳脫事件頻傳，原因恐怕是因為穩定的電源慢慢解聯，而介接進來的是較不穩定的可再生能源，因此如需根除此類問題，在未來幾年不管是台電或民間，都需要投入更多的人力去研發，了解要如何在再生能源供電持續增長的過程中，增加整個電網的韌性以及穩定性，而這也將會是未來十幾二十幾年在電力系統上一個極具重要性的課題。

（二）電力及能源需求

臺灣一年的用電量大約是2353億度，110年度的受電量較去年相比增加了4.68%，根據國發會及經濟部的預估，從今年開始一直到2050年，我們每年的用電成長大概都會控制在2.6%，但是110年度的受電量大幅增加，因此從原本2.6%提升到4.68%，這皆歸因於臺灣疫情爆發後的這一兩年製造業的接單量不減反增，本國的投資以及製造業的用電需求進而上升，大幅的增加經濟部預測的基期。雖然 110 年度用電量較去年有 4.68% 的增長，但是跟 2010 年時的售電增加比例 7.9% 相比，仍有一小段差距。在 2008 年時發生了次貸風暴，隨即引發連鎖性金融海嘯，造成全球經濟衰退，導致 2009 年百業蕭條，很多制造業都面臨到存亡保衛戰，當時臺灣的用電基期也大幅下降，整個經濟崩盤的慘況經歷一年半才慢慢持穩、回溫，所以 2009 相較於 2010 年，等於是倒退了好幾年，因此在 2010 年元氣稍微恢復並衝刺產業復興之時，用電成長才顯得提升非常大的幅度。

圖 6　110 年全臺用電量

資料來源：自由財經 https://ec.ltn.com.tw/article/paper/1499321

圖 7 為國發會在 2022 年 3 月份所公告的電力及能源需求趨勢圖，從圖中可見能源需求成長趨緩，電力需求則呈成長趨勢。臺灣因為全球的壓力在今年正式公告到 2050 年要達到淨零轉型的計畫，而我們周遭的幾個競爭國家包含日本、韓國也都早在幾年前就宣布 2050 年碳中和的目標，臺灣則是到今年

才宣布此計畫。從目標軸可以看到政府預估在 2020 年到 2030 年用電成長約 2.6%，而 2030 到 2050 年後，預估中位數將會是 2% 的用電成長。政府的預期可能跟各行各業的統計有關，除了把用電的基線定義出來，若是未來各家公司每年的成長搭配其用電的變化可以及早預估，就可以大概去評估未來整個用電的成長以及計畫減碳目標該如何達成。

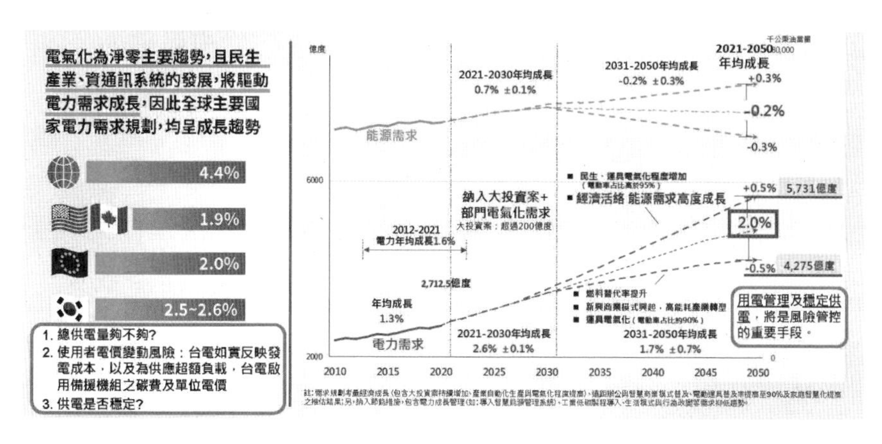

圖 7　能源及電力需求

資料來源：國發會 2022/03: 臺灣 2050 淨零排放路徑及策略總說明簡報

臺灣在過去五年來沒有新蓋的電廠，因為在環評和政治的種種因素下，此計畫無法繼續被推進，且核能發電廠也被陸續解聯，造成諸多擔憂，第一個是擔心總供電量的不足，第二個則是許多報告都指出能源轉型在某種程度上可能也是助長通膨的原因之一。在做能源轉型的減碳過程中，需要放棄過去低成本的發電類型，所以當採取較高成本的發電時，也會增加發電的成本。台電及經濟部皆已預告電費的上漲，否則台電可能將無法繼續支撐下去，因此台電要思考未來如何如實反映發電成本在電價上，以確保營運的穩定。雖然把燃煤的發電機組慢慢淘汰換成燃氣已是未來的必經之路，但是燃氣的發電成本比燃煤還要高 70% 左右，假設臺灣陸續從燃煤轉成燃氣，先不論再生能源的佔比增加，整個火力發電的成本將會提高到 50% 以上。而這部分台電在目前都還未反映在其電價成本內，所以我們可以預見在未來的幾年電價肯定會一路上揚，為了因應政府已公告的 2050 年淨零轉型之路徑，這是必然的趨勢。

（三）公用事業電價波動

從圖 8 中間的圖表可以看到台電的電力成本與電價出現了死亡交叉，根據台電的資料，4 月份的平均成本已經來到 3.07 元，但是我們平均電價值在 2.39 元，也就是說成本比價格高出 28%。

綜觀來說，臺灣電價跟全球相比不算高，在圖 8 最左邊可以看到臺灣工業用電及住宅用電與他國的比較，臺灣是一個工業生產、製造強悍的國家，但是工業用電的電價卻是全球倒數第六名，因此很多企業出口的競爭力可能來自於低廉的電力成本，然而未來台電將會步上逐步調漲電價的路徑，所以該如何去因應電力成本上升的問題、提供企業一個更有競爭力的方式來面對衝擊，便是我們必須思考的。

圖 8 最右邊有一個參照表，列出各種發電方式的成本，在自發電力中成本最高的是燃油，通常用在緊急發電，成本約新台幣 5 元，最便宜的是核能發電，成本約 1 元出頭，而火力發

電中燃煤成本約 1.5 到 1.9 元，燃氣則為 1.57 到 2.4 元，從價格中可以看到，台電已經盡可能壓低買電的成本，然而其虧損在未來勢必要全民買單，不太可能永久承受電價與成本不相符的狀況。

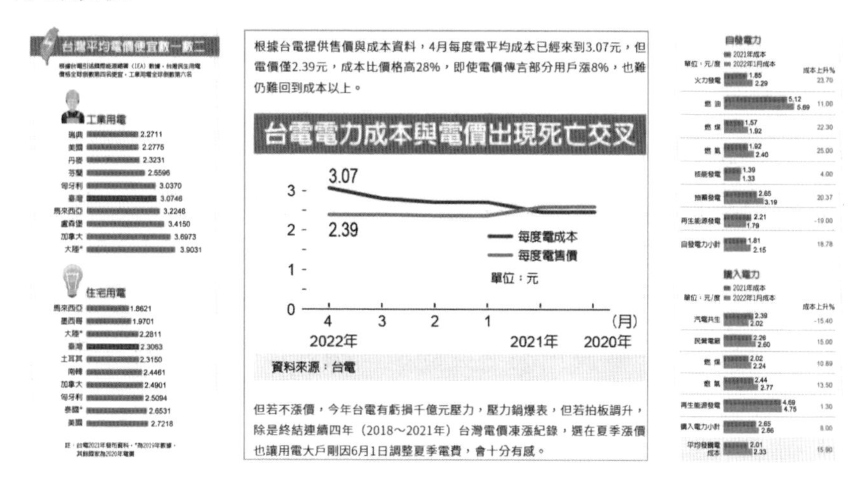

圖 8　公用事業電價波動

資料來源：《經濟日報》，「圖解經濟／電價蓋牌台電繼續做功德？一表看懂臺灣電費壓力爆表」，2022/3/30 https://money.udn.com/money/story/7307/6201944?from=edn_referralnews_story_ch2187
《經濟日報》，「電價將調漲！一張圖看懂台電每天開門營業虧逾 3 億元」，2022/6/22 https://money.udn.com/money/story/5612/6406596?from=ednappsharing）

三、電力的調度

（一）電力供應及調度

台電的電力調度的原則來自於基載如燃煤等火力發電，若是要再往上去做一些調度，就會把半夜多餘的核能發電、火力發電拿來做抽蓄，讓抽蓄水力能夠在用電尖峰時段調整負載的支用。圖 9 上的黑色曲線為負載時的用電，顯示出一天 24 小時的變化，凌晨四點到五點是我們用電量最低的時候，大約是 18 個 giga watt hour，但是到了中午、下午兩、三點的時候，用電可能會來到 30 個 giga watt hour 左右，此資料是 3 月 28 號所擷取，若是在夏天，用電量將會來到約 35 個 giga watt hour，對台電調度處來說，每一天看到的負載變化數據便會從 18 個 giga watt hour 來到 35 個 giga watt hour，變動幅度相當大，因此台電目前即時調度的做法便是把半夜多發出來的電力儲存起來，利用抽蓄水力的方式把電能移轉成為位能，隔天中午時再把位能釋放出來變成動能，轉換成電力後再介接到電網系統裡。

在圖 9 中可以看到一個很有趣的現象，用電量最大的中午負載卻好像突然下降，造成的原因絕大部分是因為現在有非常多的太陽光電介接到系統裡，而讓整個電力系統在中午時的負載沒有那麼辛苦。有了中午時段太陽能電力的介接，未來幾年的尖峰負載很可能會慢慢的移到目前的第二尖峰，也就是五、六點太陽下山之後，當太陽能不再發電，民眾下班後陸續回家開冷氣開、電視等電器產品，就會把負載拉升，所以台電預測未來幾年供電真正辛苦的時段也許會在傍晚五、六點過後，而此時段的負載要怎麼去調度，便會是一個很大的挑戰。

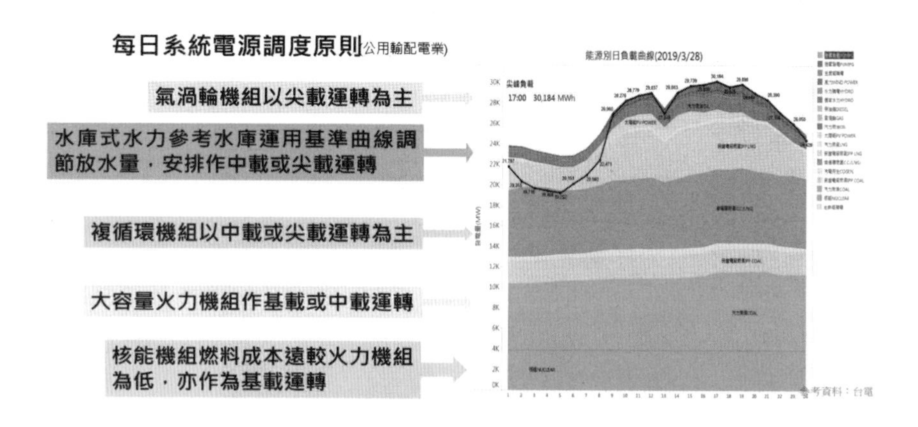

圖 9　電力供應及調度

資料來源：台電電力交易平台資訊

（二）火力電廠調度原則

臺灣電場的調度原則以及溫室氣體排放係數其實台電都有相關的公告，包含燃煤、燃氣、重油、柴油等，雖然燃煤和燃油機組相對便宜，但是其空氣污染相對嚴重，而國發會淨零轉型的過程便是希望在未來的幾年內，佔臺灣發電 80% 的火力發電中之燃煤、燃油機組可以陸續換成燃氣的機組，而這也代表發電成本將會再往上提升。第二個問題就是若改成燃氣機組，則必須要有一個在外海的天然氣接收管線，因為有很多散裝天然氣的船運不會靠港，而是直接在外海透過管線把天然氣打進來，因此未來將會看到越來越多天然氣發電站的更換作業，而在此過程中電價的調升也是無可避免的。

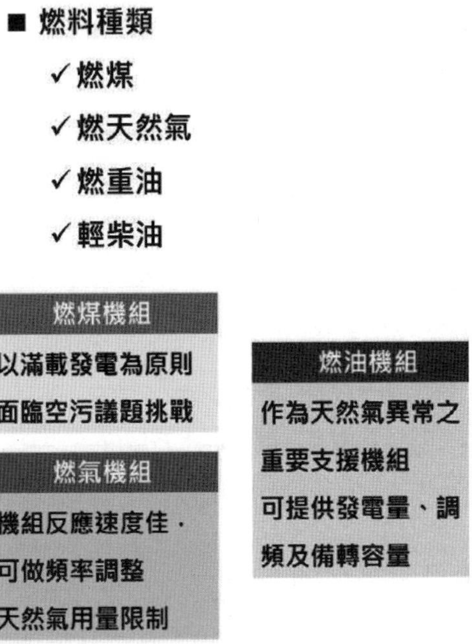

■ 燃料種類

✓燃煤

✓燃天然氣

✓燃重油

✓輕柴油

燃煤機組

以滿載發電為原則

面臨空污議題挑戰

燃氣機組

機組反應速度佳，

可做頻率調整

天然氣用量限制

燃油機組

作為天然氣異常之

重要支援機組

可提供發電量、調

頻及備轉容量

圖 10　火力發電廠調度原

資料來源：台電電力交易平台資訊

四、我國溫室氣體排放現況

（一）溫室氣體排放係數

在各式各樣的發電類別裡，台電內部都有公允計算出的二氧化碳排放係數，在電費帳單中也可以看到，台電把其發電廠全部整合，給出一個二氧化碳排放係數的加權平均，目前臺灣每度電大概會排放 0.53 到 0.55 公斤左右的二氧化碳。

氣體種類	排放形式	排放源類別	燃料別	建議排放係數	
				數值	單位
CO2	固定源	煤	自產煤	2.3329	KgCO2/Kg
			原料煤	2.6933	KgCO2/Kg
			燃料煤	2.4081	KgCO2/Kg
			無煙煤	2.9221	KgCO2/Kg
			焦煤	2.6933	KgCO2/Kg
			煙煤	2.4081	KgCO2/Kg
			亞煙煤(發電)	1.9715	KgCO2/Kg
			亞煙煤(其他)	2.2532	KgCO2/Kg
			褐煤	1.2026	KgCO2/Kg
			油頁岩	0.9529	KgCO2/Kg
			泥煤	1.0354	KgCO2/Kg
			煤球	1.5512	KgCO2/Kg
			焦炭	3.1359	KgCO2/Kg
		燃料油	石油焦	3.3473	KgCO2/Kg
			航空汽油	2.1981	KgCO2/L
			航空燃油	2.3948	KgCO2/L
			原油	2.7620	KgCO2/L
			奧里油	2.1190	KgCO2/Kg
			天然氣凝結油	2.8395	KgCO2/M^3
			煤油	2.5588	KgCO2/L
			頁岩油	2.7946	KgCO2/Kg
			柴油	2.6060	KgCO2/L
			車用汽油	2.2631	KgCO2/L
			蒸餘油(燃料油)	3.1110	KgCO2/L
			液化石油氣	1.7529	KgCO2/L
			石油腦	2.3938	KgCO2/L
			柏油	3.3787	KgCO2/L
			潤滑油	2.9462	KgCO2/L
			其他油品	2.7620	KgCO2/L
		燃料氣	乙烷	2.8602	KgCO2/L
			天然氣	1.8790	KgCO2/M^3
			煉油氣	2.1704	KgCO2/M^3
			焦爐氣	0.7808	KgCO2/M^3
			高爐氣	0.8458	KgCO2/M^3
	移動源	燃料油	航空汽油	2.1981	KgCO2/L
			航空燃油	2.3948	KgCO2/L
			車用汽油	2.2631	KgCO2/L
			柴油	2.6060	KgCO2/L
			煤油	2.5588	KgCO2/L
			潤滑油	2.9462	KgCO2/L
			液化石油氣	1.7529	KgCO2/L
			液化天然氣	2.1139	KgCO2/M^3

氣體種類	排放形式	排放源類別	燃料別	建議排放係數	
				數值	單位
CH4	固定源	煤	自產煤	0.000025	KgCH4/Kg
			原料煤	0.000028	KgCH4/Kg
			燃料煤	0.000025	KgCH4/Kg
			無煙煤	0.000030	KgCH4/Kg
			焦煤	0.000028	KgCH4/Kg
			煙煤	0.000025	KgCH4/Kg
			亞煙煤(發電)	0.000021	KgCH4/Kg
			亞煙煤(其他)	0.000023	KgCH4/Kg
			褐煤	0.000012	KgCH4/Kg
			油頁岩	0.000009	KgCH4/Kg
			泥煤	0.000010	KgCH4/Kg
			煤球	0.000016	KgCH4/Kg
			焦炭	0.000029	KgCH4/Kg
		燃料油	石油焦	0.000103	KgCH4/Kg
			航空汽油	0.000094	KgCH4/L
			航空燃油	0.000100	KgCH4/L
			原油	0.000113	KgCH4/L
			奧里油	0.000083	KgCH4/Kg
			天然氣凝結油(NGLs)	0.000133	KgCH4/M^3
			煤油	0.000107	KgCH4/L
			頁岩油	0.000108	KgCH4/Kg
			柴油	0.000106	KgCH4/L
			車用汽油	0.000098	KgCH4/L
			蒸餘油(燃料油)	0.000121	KgCH4/L
			液化石油氣(LPG)	0.000028	KgCH4/L
			石油腦	0.000098	KgCH4/L
			柏油	0.000126	KgCH4/L
			潤滑油	0.000121	KgCH4/L
			其他油品	0.000113	KgCH4/L
		燃料氣	乙烷	0.000046	KgCH4/L
			天然氣	0.000033	KgCH4/M^3
			煉油氣	0.000038	KgCH4/M^3
			焦爐氣	0.000018	KgCH4/M^3
			高爐氣	0.000003	KgCH4/M^3
	移動源	燃料油	航空汽油	0.000094	KgCH4/L
			航空燃油	0.000100	KgCH4/L
			車用汽油	0.000816	KgCH4/L
			柴油	0.000137	KgCH4/L
			煤油	0.000107	KgCH4/L
			潤滑油	0.000121	KgCH4/L
			液化石油氣(LPG)	0.001722	KgCH4/L
			液化天然氣(LNG)	0.003467	KgCH4/M^3

氣體種類	排放形式	排放源類別	燃料別	建議排放係數	
				數值	單位
N2O	固定源	煤	自產煤	0.000037	KgN2O/Kg
			原料煤	0.000043	KgN2O/Kg
			燃料煤	0.000038	KgN2O/Kg
			無煙煤	0.000045	KgN2O/Kg
			焦煤	0.000043	KgN2O/Kg
			煙煤	0.000038	KgN2O/Kg
			亞煙煤(發電)	0.000031	KgN2O/Kg
			亞煙煤(其他)	0.000035	KgN2O/Kg
			褐煤	0.000018	KgN2O/Kg
			油頁岩	0.000013	KgN2O/Kg
			泥煤	0.000015	KgN2O/Kg
			煤球	0.000024	KgN2O/Kg
			焦炭	0.000044	KgN2O/Kg
		燃料油	石油焦	0.000021	KgN2O/Kg
			航空汽油	0.000019	KgN2O/L
			航空燃油	0.000020	KgN2O/L
			原油	0.000023	KgN2O/L
			奧里油	0.000017	KgN2O/Kg
			天然氣凝結油(NGLs)	0.000027	KgN2O/M^3
			煤油	0.000021	KgN2O/L
			頁岩油	0.000022	KgN2O/Kg
			柴油	0.000021	KgN2O/L
			車用汽油	0.000020	KgN2O/L
			蒸餘油(燃料油)	0.000024	KgN2O/L
			液化石油氣(LPG)	0.000003	KgN2O/L
			石油腦	0.000020	KgN2O/L
			柏油	0.000025	KgN2O/L
			潤滑油	0.000024	KgN2O/L
			其他油品	0.000023	KgN2O/L
		燃料氣	乙烷	0.000005	KgN2O/L
			天然氣	0.000003	KgN2O/M^3
			煉油氣	0.000004	KgN2O/M^3
			焦爐氣	0.000002	KgN2O/M^3
			高爐氣	0.000000	KgN2O/M^3
	移動源	燃料油	航空汽油	0.000019	KgN2O/L
			航空燃油	0.000020	KgN2O/L
			車用汽油	0.000261	KgN2O/L
			柴油	0.000137	KgN2O/L
			煤油	0.000021	KgN2O/L
			潤滑油	0.000024	KgN2O/L
			液化石油氣(LPG)	0.000006	KgN2O/L
			液化天然氣(LNG)	0.000113	KgN2O/M^3

圖 11　溫室氣體排放係數

資料來源：台電電力交易平台資訊

（二）臺灣各部門用電佔比

圖 12 為我國各部門之用電佔比，切分成住宅部門、服務部門、農業部門以及工業部門，住宅部門一整年所佔的用電比大概是 23%，服務部門為 20% 左右，農林漁牧大約 1%，工業部門的用電佔比則來到 56%，從此表可以很明顯看到，要達成淨零轉型的目標，必須先瞭解二氧化碳的排放可能有 80% 是來自於用電，而用電造成的二氧化碳排放中，超過一半以上是來自於工業部門，所以在整個減碳的路徑上，工業部門一定是首當其衝，所有的製造業、工業生產將會在第一線面臨到政府在各個法規上的要求與限制。

日期	住宅部門售電量(度)	住宅部門用電佔比(%)	服務業部門(含包燈)(度)	服務業部門(含包燈)用電佔比(%)	農林漁牧售電量(度)	農林漁牧用電佔比(%)	工業部門售電量(度)	工業部門用電佔比(%)	合計售電量(度)
2020年12月	3,206,484,938	19%	3,469,465,215	20%	250,652,710	1%	10,409,966,144	60%	17,336,569,007
2020年11月	4,107,171,095	22%	3,799,857,509	21%	272,495,792	1%	10,272,054,366	56%	18,451,578,762
2020年10月	4,961,546,979	25%	4,007,231,493	20%	292,847,549	1%	10,637,162,865	53%	19,898,788,886
2020年09月	5,604,912,790	27%	4,567,831,748	22%	324,688,723	2%	10,606,675,596	50%	21,104,108,857
2020年08月	5,520,782,368	27%	4,306,795,484	21%	302,041,582	1%	10,697,065,752	51%	20,826,685,186
2020年07月	5,241,485,266	25%	4,593,679,780	22%	331,767,944	2%	10,708,536,219	51%	20,875,469,209
2020年06月	4,237,069,366	23%	4,019,456,843	22%	285,015,316	2%	10,035,667,037	54%	18,577,208,562
2020年05月	3,599,425,776	20%	3,692,472,713	21%	262,960,218	1%	10,068,117,075	57%	17,622,975,782
2020年04月	3,348,613,707	20%	3,214,836,517	20%	250,397,244	2%	9,600,626,167	58%	16,414,473,635
2020年03月	3,596,296,195	21%	3,255,789,867	19%	228,734,811	1%	10,112,867,897	59%	17,193,688,770
2020年02月	3,484,814,825	22%	3,130,268,478	19%	251,148,756	2%	9,313,843,393	58%	16,180,075,452
2020年01月	3,155,415,079	20%	3,181,202,403	20%	219,337,758	1%	9,162,330,398	58%	15,718,285,638
合計度數/平均佔比	50,064,018,384	23%	45,238,888,050	20%	3,272,088,403	1%	121,624,912,909	56%	220,199,907,746

圖 12　我國各部門用電佔比

資料來源：台電公司，各縣市住宅、服務業及機關用電統計資訊

（三）臺灣溫室氣體排放趨勢

圖 13 顯示出臺灣從 1990 年至 2019 年二氧化碳的排放趨勢，而 2019 年之後排放量仍在持續提升，這幾年由於臺商回流，臺灣用電量增加速度頗快。從圖 13 可以明顯看到能源產業佔絕大部分的排碳量，為 94.59%，而環保署（現為環境部）有公告諸多溫室氣體如甲烷，但二氧化碳在臺灣整個溫室氣體的排放量就已經佔了 95.28%，簡而言之，能源部門的總排碳量正是減碳問題的根源，政府在制定怎麼樣去面對氣候變遷、降低溫室氣體排放答案其實很簡單，就是去解決電力供應過程中，排放係數能否降低的問題。臺灣政府在未來的二十年內，減碳主力應用在如何改變發電廠的結構，或是鼓勵民間建設綠能發電廠，把整個用電從原本會排碳的類型轉變成不會排碳的類型，如此便能解決 90% 以上的問題。

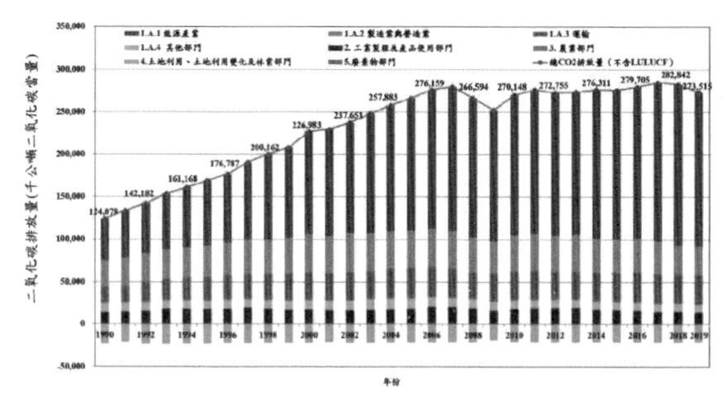

2019年總溫室氣體排放量為287,060千公噸二氧化碳當量（不包含土地利用、土地利用變化及林業，簡稱LULUCF）；

- **二氧化碳(CO2)**排放量為**273,515千公噸**二氧化碳當量（不含LULUCF），佔總排放量**95.28%**；
- **能源部門**佔二氧化碳排放量之94.59%，其中包含**能源產業66.29%**、製造業與營造業11.93%、運輸為12.96%、其他部門(服務業、住宅及農林漁牧)為3.41%。

圖 13　我國溫室氣體排放趨勢

資料來源：行政院環保署《我國國家溫室氣體排放清冊報告》（2021 年版），第二章〈溫室氣體排放趨勢〉

（四）我國各部門溫室氣體排放量

在整個碳排放的趨勢中，能源產業的佔比是最高的，而能源產業的高佔比便是因為間接排放，所謂間接排放指的就是一般用電，雖然我們不燒煤、天然氣，但是因為使用了台灣電力公司所提供的用電，因此每個人皆屬於間接排放的貢獻者之一，圖 14 可以作為參考。

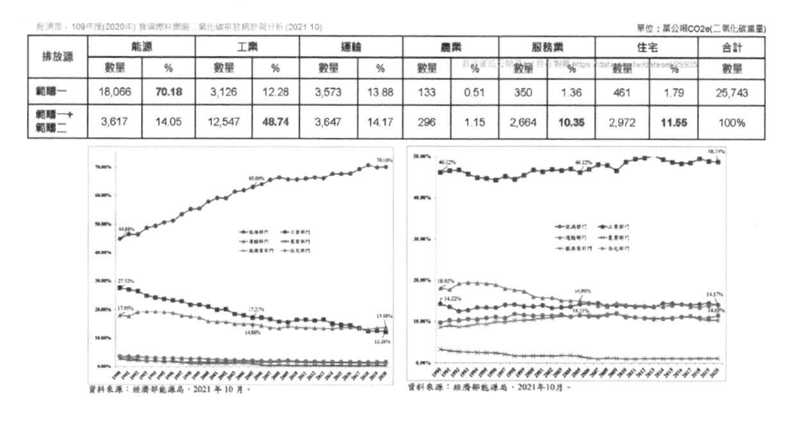
單位：萬公噸CO2e(二氧化碳當量)

排放源	能源		工業		運輸		農業		服務業		住宅		合計
	數量	%	數量	%	數量	%	數量	%	數量	%	數量	%	數量
範疇一	18,066	**70.18**	3,126	12.28	3,573	13.88	133	0.51	350	1.36	461	1.79	25,743
範疇一+範疇二	3,617	14.05	12,547	**48.74**	3,647	14.17	296	1.15	2,664	**10.35**	2,972	**11.55**	100%

圖 14　我國各部門溫室氣體排放量

資料來源：經濟部，109 年度（2020 年）我國燃料燃燒二氧化碳排放統計與分析（2021.10）

五、能源轉型的各個層面

（一）能源轉型之政策

1. 打造零碳能源系統

根據國發會所統計的用電結構，我們可以初步了解到在各行各業裡可能有 90% 的碳排放是來自於我們向台電所購買的用電，因此當前的目標便是要去改變整個用電結構。目前國發會把能源轉型分為兩個策略，第一個是打造零碳系統，在此策略中，針對發電類型，區分成三個部分，分別是再生能源、火力發電以及無碳燃料。

從短期來看，到 2030 年首先要邁向淨零轉型的路徑，在未來的七、八年盡可能增加市場上的再生能源，而這個部分國發會也把目標訂定出來了，再生能源中以太陽光電來說，希望可以從 2025 年的 20 giga watt 發電量，每年增加 2 giga watt，加總起來到 2030 年便會有 30 giga watt 的太陽能發電，然而目前太陽能發電大概只有 7 到 8 giga watt，仍有極大的努力空間，而離岸風機的部分則是希望在 2025 年時可以做到 5.6 giga watt 的發電量，2026 年開始，每一年增加 1.5 giga watt。長遠來看，至 2050 年，此零碳計畫的總體成長雖然沒有相當明確，但是太陽光電跟離岸風電未來的發展還是具有相當的前景。

而在火力發電的減碳環節，首先要進行低碳化，把燃煤改成天然氣，全面去作更換，2030 年過後，則可以進一步去發展氫氨發電，以及一些超超臨界機組，研究如何透過機組把燃煤發電的排碳量降到最低，這些都是火力可以突破的部分。

最後一個部分為無碳燃料，政府在思考的方向為開發生質能及氫能發電，但目前仍處於發展中的階段，不過臺灣的氣體供應商對於存放氫能已有一定的技術水平，所以氫能的開發仍有機會。現在歐洲有很多的離岸風電的業者進行發電時會把多餘的電力透過電解水產生氫氣來存放，以削峰填谷的儲能方式來發展氫能，所以我們可以了解到當今再生能源發電的主軸仍是太陽光電以及離岸風機，但是無碳燃料如生質能、氫能也是未來可以重點投入的方向。

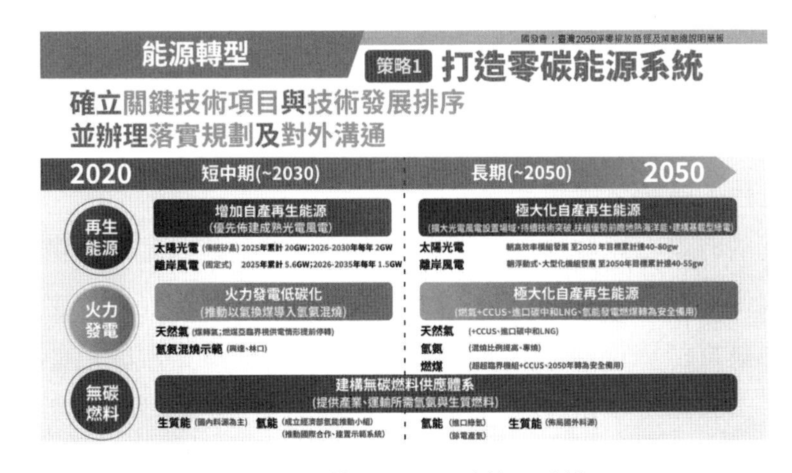

圖 15　政策層面：零碳能源系統

資料來源：國發會：臺灣 2050 淨零排放路徑及策略總說明簡報

2. 提升能源系統韌性

能源轉型中的第一個策略提到如果 2025 年太陽光電的裝置容量是 20 giga watt，離岸風電的裝置容量是 5.6 giga watt，代表再生能源發電的總量將會來到 25 giga watt。當 2026 年的農曆春節到來，各行各業因春假停班、停課，全臺灣那時的用電量可能不過 20 到 25 giga watt，但等到 2026、2027 年再生能源的發電量超過 25 giga watt，而我們的用電量只有 20 giga watt 時，就會有電力過剩的問題，尤其在冬天風很大的白天，太陽發電量也很好的時候，就會有某瞬間衝到 100% 的綠能發電。

這個情境其實在歐盟已經屢見不鮮，如德國經常在一整年的某些時段全國都是 100% 的綠電，此時德國就要去拜託別的國家趕緊使用掉多餘的綠電，因為即便是 100% 的綠電運作，其他基載的機組，如天然氣或核能發電皆不能停機，還是要去維持穩定的電力輸出，而負載端如果沒有完全的需求量去使用這些電力，便會造成電壓不穩定，導致頻率的失控，造成全國性的解聯。因此我們經常會看到在德國或歐洲會有所謂的負電價，也就是說當德國發現其綠能發電在瞬間達到了 70%、80% 以上的時候，就會拜託鄰近國家介接他們其他的基載發電，在德國像 electricity Exchange 的網頁裡面就會出現在特定情境下的負電價，也就是拜託別人把電用掉，而這樣做的目的就是為了去強化整個電網的韌性。

能源轉型中的第二個策略是提升能源系統韌性，未來系統的韌性在面對越來越多風力集太陽能發電的介接後，將會面臨更加嚴峻的挑戰。目前加強電網韌性的方式主要是透過儲能，而再生能源的發電基礎設施其實也是要透過加強電網來進行。

一般來說電網的運作頻率是 60 赫茲，當電壓供應不足時，電網頻率便會往下掉，這個原理可以用大、小水車來比喻，發電端是大型的水車在供電，而住家就是是小型的水車在供電，電流跟水流是很類似的物理現象，不管是大水車還是小水車，全臺灣的水車都是用同一種頻率也就是 60 赫茲在運轉，今天當民間的需求提升的時候，就需要增加水車的頻率，把更多的水打進來但是當源頭的水不足時，系統便會偵測到水車旋轉過高或過低，這時就會發生電力跳脫的狀況，因為它必須要保護它的發電設施，可以想像只要有任何一台水車跳脫，不投入運作，就會引發連鎖效應，導致其他水車都跳脫，因為當任何一座大水車供水不穩定，且台電調度處也來不及去讓其他水車運轉的水盡快供應進來時，整個區域電網的頻率便會往下掉，使得各區域的電網陸續解聯，這就是我們常聽到的狀況，所以在台電這一兩年也開始積極鼓勵工業廠房或是工業區去增設這個儲能設施，施行藏電於民、藏水於民的計畫。當今天家家戶戶及每個工業廠房都會安裝水塔，當水車的頻率不夠時，就可以把水調度出來，讓廠內或是該區域電網的水車的運作，使頻率繼續維持在 60 赫茲，避免大規模的解聯，而這個過程就叫做系統的韌性。

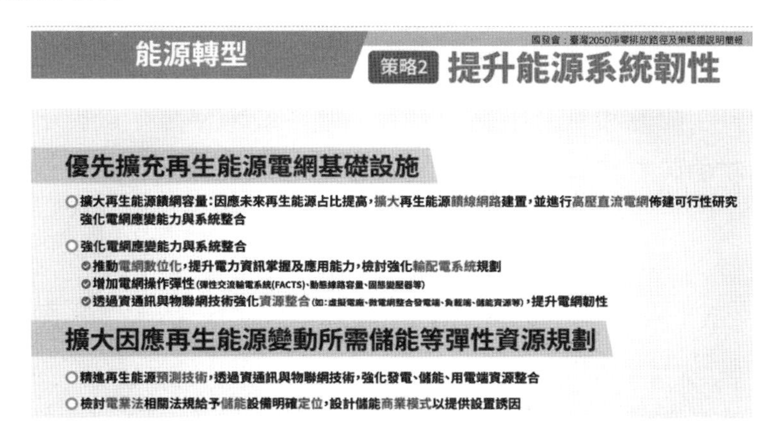

圖 16　政策層面：提升能源系統韌性

資料來源：國發會：臺灣 2050 淨零排放路徑及策略總說明簡報

（二）能源轉型之法規：強制義務建立基本需求

上述所提到碳排放源的部分，都是指直接排放的特定產業，政府也有針對間接排放源制定政策，就是所謂的用電大戶條款，超過 5000 K 瓦以上的用戶必須裝設或出租 10% 的再生能源的發電來儲能或購買再生能源憑證，而這個部分是經濟部所規範的，然而目前環境部氣候變遷調適法中，在如何處理碳的議題上並沒有 100% 跟經濟部所制訂定的用電大戶條款勾稽，因此過去只裝太陽能並把電賣給台電這個作法也許可以滿足用電大戶條款的要求，但並沒有辦法完全滿足環境部的減碳目標，因為當你把電賣給台電之後，所有減碳的效益都將歸屬於台電所有，而非售電者本身。

未來在決策公司的減碳策略時，必須同時兼顧經濟部的用電大戶條款以及環境部的氣候變遷調適法，如若只滿足一邊而另外一邊沒有滿足，就等於之後要花重複的成本去達成一樣的事情，此外縣市的自治條例和相關環評承諾也會持續推波助瀾，開始有越來越多環評小組要求進駐的企業一定要買綠電及安裝再生能源和風力發電等設置，這些要求皆是來自於法規層面強制的義務與建立基本需求的必要性。

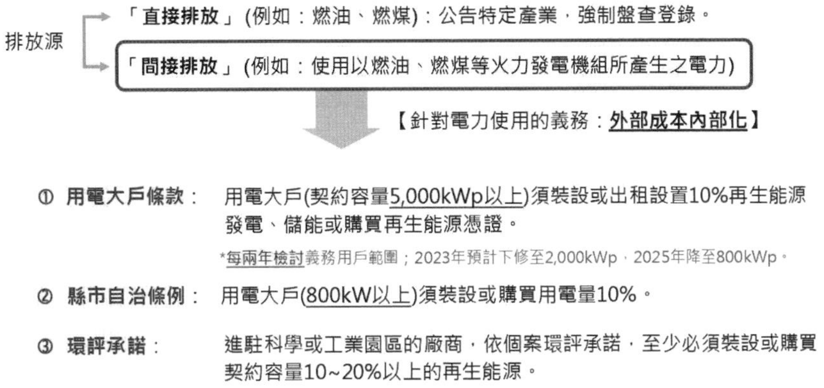

排放源
「直接排放」(例如：燃油、燃煤)：公告特定產業，強制盤查登錄。
「間接排放」(例如：使用以燃油、燃煤等火力發電機組所產生之電力)

【針對電力使用的義務：外部成本內部化】

① 用電大戶條款： 用電大戶(契約容量5,000kWp以上)須裝設或出租設置10%再生能源發電、儲能或購買再生能源憑證。

*每兩年檢討義務用戶範圍；2023年預計下修至2,000kWp，2025年降至800kWp。

② 縣市自治條例： 用電大戶(800kW以上)須裝設或購買用電量10%。

③ 環評承諾： 進駐科學或工業園區的廠商，依個案環評承諾，至少必須裝設或購買契約容量10~20%以上的再生能源。

圖 17　法規層面：強制義務建立基本需求

資料來源：天泰能源自行繪製

（三）金融產業：鼓勵結合前瞻活動

除了製造業，金融產業也開始導入綠色金融 2.0 及 3.0，金管會也委託中華經濟研究院去制定臺灣版的永續分類指標，此指標會要求產業去計算每單位的產品碳排放和電力密集度，這個做法等於就是間接預告未來各行各業都會有所謂的碳盤查，也就是針對你的產品碳足跡去做相關的盤查。而歐盟 CBAM 也明確聲明 2026 年開始輸入到歐盟的產品皆必須要呼應此產品的碳足跡，且超出規範的碳排放量，需繳交一定的碳邊境稅才能輸入到歐盟，為了因應此變化，臺灣政府也開始制定一些永續的經營指標，從金融業著手，再去要求各行各業，因為各行各業跟金融業皆有借貸關係，從此處下手能夠有較高的管制壓力，而透過企業自行揭露的資訊，金融機構可以依此評比來決定投資企業的先後順序，漸漸把金流引導至永續經濟活動。

除綠色金融2.0、3.0政策導引綠能基礎建設投融資，金管會委託中華經濟研究院制定台灣版的「永續分類標準」，要求產業計算**每單位產品的碳排放、電力密集度**，並利用實際揭露數據訂定標竿值。

- 建立台灣本土量化指標；
- 防止企業漂綠問題，提高資訊揭露的品質；
- 金融機構則可依此評比企業投資的先後順序，**導引金流至永續經濟活動**。

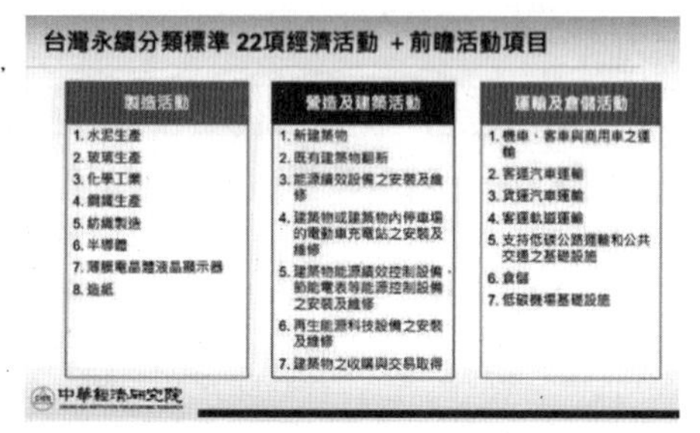

圖 18　金融產業：鼓勵結合前瞻活動

資料來源：防止企業漂綠，金管會參考歐盟制定臺版「永續分類標準」 https://e-info.org.tw/node/232700、中華經濟研究院

（四）市場：用戶端使用綠電的訴求

在市場層面之用戶端使用綠電的訴求主要可以分為三個，首先是長期營運成本及費用，企業必須要去思考如何在生產活動、日常營運的能源使用成本及迴避電價浮動風險中去建立一個內部的風險機制，整個產線的供電穩定性包含範疇二及範疇三的排碳控制等，都必須從上到下讓員工知道公司為了面對未來的氣候變遷，已經要開始制定一個營運成本的費用以因應挑戰及風險。

第二個訴求是法規遵循及資訊揭露，包含內部的碳盤查、產品碳足跡的分析以及碳定價，目前少數企業已在進行內部的碳定價，像台積電對於一公噸的碳是用一千五百元做碳定價。在過去碳是沒有價值的，企業早期用電是不需要對碳排放負上任何責任，然而隨著時代變遷，業者必須對碳排放負責，且同時也要讓全體員工知曉此事的重要性，了解到底一公噸的碳，內部的定價是多少，有了定價後才能夠詳實地去針對定價而採取解決方案，進一步定義出企業經營的永續責任。

最後一個訴求是利害關係人及市場經濟，綠色市場的開創已是眾所周知，像 Apple 公司就已經透過自身力量，達到 RE 100 的要求，而在其綠色供應鏈的計畫書中，已經揭露了相當多細節，把台積電、鴻海等公司都列在其一階供應商中，所以目前台積電、鴻海還有其他被列為一階供應商的臺灣大廠，都要去揭露它們永續經營及綠電採購的策略。而慢慢也可以發現到市場上或是像上述所提到 Apple 公司一階供應鏈的二階供應商也開始必須要去購買綠電或是採取相對應的行動，才能達到採購商選商納入供應鏈的減碳責任，形塑出如此的利害關係人的角色。

長期營運成本/費用

- 生產活動、日常營運之能源使用成本及迴避電價浮動風險
- 產線供電穩定性
- 範疇二及範疇三排放控制

法規遵循及資訊揭露

- 內部碳盤查/產品碳足跡分析
- 內部碳定價
- 企業永續責任
- 公司治理：GRI, SASB, TCFD, 台灣永續分類標準
- 溫室氣體盤查及登錄義務排放源
- 用電大戶條款

《上市櫃公司企業社會責任實務守則》

第十七條	上市上櫃公司宜評估氣候變遷對企業現在及未來的潛在風險與機會，並採取氣候相關議題之因應措施。 上市上櫃公司宜採用國內外通用之標準或指引，執行企業溫室氣體盤查並予以揭露，其範疇宜包括： 一、直接溫室氣體排放：溫室氣體排放源為公司所擁有或控制。 二、間接溫室氣體排放：外購電力、熱或蒸汽等能源利用所產生者。 上市上櫃公司宜統計溫室氣體排放量、用水量及廢棄物總重量，並制定節能減碳、溫室氣體減量、減少用水或其他廢棄物管理之政策，及將碳權之取得納入公司減碳策略規劃中，且據以推動，以降低公司營運活動對氣候變遷之衝擊。

利害關係人及市場經濟

- 綠色市場(採購商選商納入供應鏈減碳責任/客戶選購產品納入CO2考量→提升商品競爭力)
- 銀行融資放款對象(綠色投融資)

圖 19 市場層面：用戶端使用綠電的訴求

資料來源：天泰能源自行繪製

六、電證合一的應用

（一）再生能源交易市場架構

目前政府已經開放臺灣的再生能源交易市場，在圖 20 左邊的部分可以看到過去再生能源發電業只能選擇躉售，然後把全數電力賣給台電，之後台電再把其他如火力發電、核能發電或抽蓄水力等電力混雜成我們所稱之的灰電，最後賣給所有的電力使用者，因此過去的用電者是沒有選擇的餘地，只能向台電買灰電，但是現在的電力使用者可以選擇跟發電業直接買電，透過跟其他蓬勃發展的售電業、再生能源業去買電，達到電證合一。

圖 20 右邊的部分為自用再生能源發電設備的部分，以前標檢局為了驗證其憑證交易市場，而把憑證拆開來賣，但是未來的趨勢是電證合一，不管是經濟部或是環境部電證合一是唯一可以滿足兩邊規範的一個方法學。

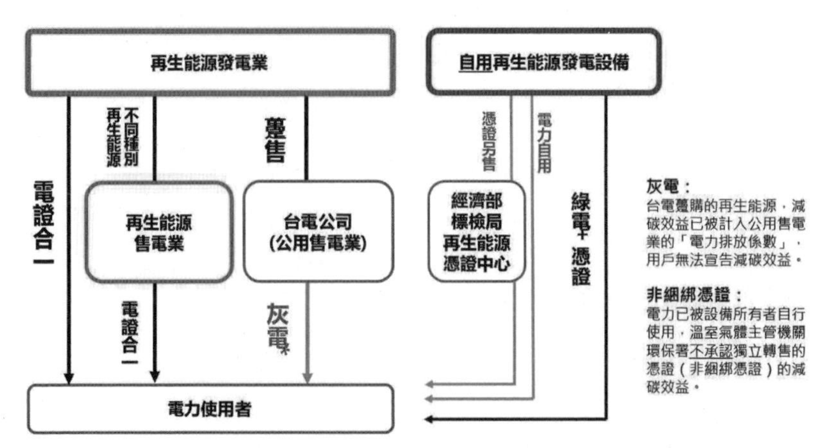

圖 20　再生能源交易市場架構

資料來源：天泰能源自行繪製

（二）再生能源憑證與碳權的差異

談到再生能源的憑證與碳權的差異，簡單來說再生能源的憑證是經濟部所主導的，但是減量額度的部分則是環境部負責，儘管經濟部的再生能源憑證實施辦法及環境部的溫室氣體抵換專案管理辦法為不同機構所管轄，但是仍有所謂的重疊區域讓企業只要採取一種選擇就可以同時滿足經濟部所要求的憑證辦法跟環境部所要求的抵減辦法。

圖 21 中申請資格排除一欄有提到，如果選擇躉購制度，就等於是把電都賣給台電，因此會被排除，而如果申請溫室氣體排放額度抵換專案減量額度者，也將被排除資格，無法同時滿足經濟部和環境部的要求，也就是說必須要選擇電證合一的採購方法學才能夠達成雙贏的目的。

	再生能源憑證	減量額度
法規	《再生能源憑證實施辦法》	《溫室氣體抵換專案管理辦法》
主管機關	經濟部標準檢驗局	行政院環保署
取得方式	1. 符合再生能源發展條例的再生能源發電設備，經標檢局派員查驗、設置計量設備並核發查核報告後，開始累計發電度數。 2. 每滿1,000度電能，憑證中心核發一張電子憑證到設備所有人的帳戶。	1. 註冊階段：申請人調查基境(BAU)→擇定方法學撰寫專案計畫書→查驗機構確認計畫書的基境(BAU)描述、財務外加性及法規外加性、方法學是否正確→向環保署申請審查及註冊。 2. 額度申請階段：完成註冊後，依照註冊通過之專案計畫書執行專案並進行監測，並依實際監測結果計算減量績效且提出監測報告書→查驗機構進行監測報告書的查證→向環保署申請減量額度。
減碳量	對應當年電力排放係數。	對應專案實際執行成效與監測結果。
申請資格排除	1. 採用躉購制度者； 2. 申請溫室氣體排放額度抵換專案減量額度者	1. 提出再生能源憑證申請之再生能源發電設備； 2. 108年12月27 日(含)後，屬公告第一批應盤查登錄溫室氣體排放量之排放源且年排放量平均達2.5萬公噸CO2e以上之全廠。
使用途徑	企業永續責任報告書(宣告範疇二減排)、環保署溫室氣體盤查登錄(排放係數管理表之外購電力，見下頁)、CDP問卷調查及RE100成果證明。	目前可用於碳中和，1減量額度=1公噸CO2e。在總量管制制度實施後，可用於抵銷其超額量，或於碳交易市場進行交易。但總量管制實施時間未定，且中央主管機關依管理辦法 §21(II)應訂定「減量額度之抵換權重因子」，可能減損申請人權益。
交易方式	雙邊契約或憑證中心交易平台	目前額度交易制度尚未建立。

圖 21　再生能源憑證與碳權的差異

資料來源：天泰能源自行繪製

在外購電力排放係數登錄表單最後一欄可以看到自願性再生能源的憑證，在環境部的溫室氣體排放係數管理表裡，這是可以被歸納成零排碳的，所以表格右邊顯示其排碳係數是零，而其他部分則是用台電每年公告的排放係數的來計算。簡而言之，未來自願性再生能源憑證可以用在環境部排碳係數管理表中，並且能夠宣稱是零排放的一種能源類型，但前提是必須要電證合一。

總結來說有兩個重點，第一個是如果企業有蓋太陽能發電廠的想法以去達到減碳目標，那就不能再把電賣給台電，因為一旦把電賣給台電就等於是採用了躉購制度，憑證申請資格就會被排除。第二個重點是要把電跟證全部買回自用，達成電證合一的效果，才能作為電力使用的抵減。

環境部 溫室氣體排放係數管理表 外購電子排放係數登錄表單

一、外購電力

外購電力排放係數		預設排放係數					
係數選用	原燃物料名稱	CO_2排放係數	CH_4排放係數	N_2O排放係數	CO_2e排放係數	單位	來源
100年預設係數	電力				0.534	公斤/度	能源局(107.7.4公告)
101年預設係數	電力				0.529	公斤/度	能源局(107.7.4公告)
102年預設係數	電力				0.519	公斤/度	能源局(107.7.4公告)
103年預設係數	電力				0.518	公斤/度	能源局(107.7.4公告)
104年預設係數	電力				0.525	公斤/度	能源局(107.7.4公告)
105年預設係數	電力				0.530	公斤/度	能源局(107.7.4公告)
106年預設係數	電力				0.554	公斤/度	能源局(107.7.4公告)
107年預設係數	電力					公斤/度	
108年預設係數	電力					公斤/度	
109年預設係數	電力					公斤/度	
自訂係數	電力					公斤/度	
自願性再生能源憑證	電力				0.000	公斤/度	

註：「使用符合再生能源發展條例規範及經濟部標準檢驗局核發之太陽能、地熱能、海洋能、風力、非抽蓄式水力（不含生質能、國內一般廢棄物與一般事業廢棄物）等再生能源憑證（意即電證合一）者，其作為全部或部分範疇二電力使用時，該憑證之排放係數可視為「0」計算。」

圖 22　再生能源憑證與碳權的差異

資料來源：行政院環境部

（三）用電大戶條款相關措施

圖 23 為用電大戶的相關實施辦法，內容提到大戶可以用電證合一的方式購買綠電加憑證，此舉既可以滿足在地性及外

	「用電大戶條款」列舉的能源措施	說明
1	**用戶購買綠電加憑證(電證合一)**	✓ 用戶僅需與再生能源發 / 售電業締約，方式簡易。 ✓ 再生能源憑證具有「**在地性**」及「**外加性**」，用戶實現**在地排放，在地抵減**。
2	**自建再生能源發電設備**	✓ 所發電力可用於抵減用戶自身用電。 □ 自有屋頂結構完好，且面積不小於綠電需求量相應的發電設備設置面積。 □ 須支出工程建置成本、20年以上的維運費用、相關人事行政費用。 □ 額外的資產設備風險管理。
3	**用戶廠房屋頂出租+ 太陽光電系統商建置(PV-ESCO)**	✓ 無須支出任何費用。 ✓ 享有長期租金收益。 ✓ 可進一步結合**綠電回購模式**，隨事業發展階段採購綠電，轉變內部用電結構。
4	**自建儲能系統**	✓ 可協助廠內供電穩定。 ✓ 可參與台電需量反應。 □ 所儲綠電與台電灰電混同，**喪失減碳效益**。 □ 須**釐清用電型態，並搭配發電預測技術、發用電匹配分析**，始能避免超額配置儲能設備，並能精準調度、參與需量反應或台電輔助服務。

圖 23　用電大戶條款相關措施

資料來源：天泰能源自行繪製

加性，也可以實施在地排放、在地抵減等辦法，是目前認為最好的一個方法學。

另外也可以選擇自建再生能源的發電設備，但發出來的電必須要全部用掉，而不是把他賣給台電，因為當你把電賣給台電後，就沒有辦法去享受任何折抵的效果。

現在有些大型的用戶如美光半導體或矽品都是採取我們的服務方案，選擇第一項電證合一的作法，這樣做的目的是因為他們未來在臺灣各地可能會有其他的廠房及辦公環境，如果採自發自用的方式，那綠電的移轉便只能夠在地移轉，也就是說只能在興建的綠能電廠所在地把電用掉，而折抵的排放也只能用在在地，因此這個方法較不推崇。

對於多數企業來說，未來可能會有一兩支特別的機種要賣到歐盟，因此基本上要滿足的是未來 CBAM 的要求。有些思考到這點的企業就會考慮把所有廠房屋頂的綠電都轉供到某一座特殊廠房，生產的機型可能都是要全力主供歐美而有被要求要特別去揭露其產品碳足跡的，如此一來當未來要享有這樣的彈性時，企業所蓋的太陽能發電廠便能靈活地去做轉供，以因應環境的變化。

七、綠電轉供實例

（一）實例 1：聯亞光電

過去兩年睿禾控股已經有做出一些嘗試，如聯亞光電南部的科學園區就是少數幾家公司在兩年前就率先採用我們的方法學，當時決定要在廠區屋頂做太陽能光電時，他們其實只是單純要響應政府的政策，並把產出的綠電全數躉購給台電，但透過一個偶然的機會，我們向聯亞光電推銷了一個想法，建議他們不要再把電賣給臺灣電力公司，而是透過第一型的轉供的做法，把電力系統建置好之後，透過售電業把電賣給其他的用戶。

目前聯亞光電的屋頂都已經完工，他的電也提供給台灣萊雅或其他有需要的用戶，但是聯亞光電仍保有一個選擇權，在未來的兩、三年，如果他有把綠電回購的需求，只要在一年前通知我們，就可以終止綠電購買者的 PPA（Power Purchase Agreement），然後把其綠電全數轉供回來，所以這是一個非常靈活的做法，聯亞光電在面對臺南市政府時也可以明確交代他有去響應的行為。

工業廠房屋頂建置綠電的作法除了能達到政府目標而且也無需出資，是透過我們出資的方法來進行，但他同時保有一個選擇權，兩、三年後若是要全數回購他的綠電，只要提前通知，綠電就可以轉供回來。

※ **聯亞光電創立於1997年6月，位於南部科學園區。**
主要從事生產以砷化鎵(Gallium arsenide)與磷化銦(Indium phosphide)為基板的Ⅲ-Ⅴ族材料化合物之磊晶片。

2020Q1即與睿禾/瓦特先生洽詢綠電方案，布局CSR及減碳策略，
並於2020年7月與我方簽約，展開光電設計及第一型電業申請。

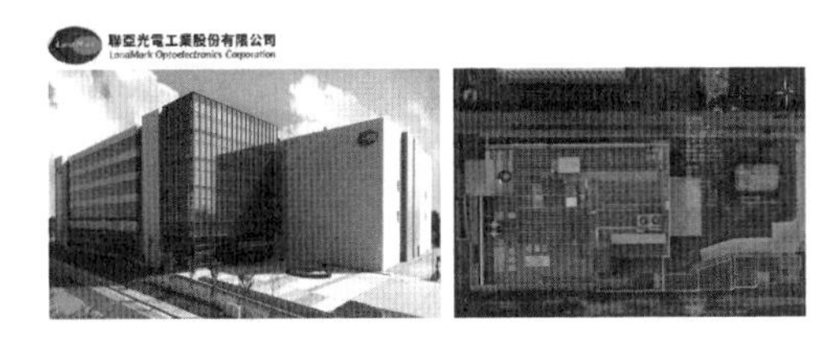

圖 24　綠電轉供實例 1- 南科廠商 x 製程減排
資料來源：http://www.lmoc.com.tw/index.php?temp=intro&lang=cht

（二）實例 2：臺中大甲野寶

除了聯亞光電，自行車車架、避震器的製造商臺中大甲野寶也是我們的客戶，兩年多前在跟他們討論屋頂型太陽能光電時，也是遇到一樣的問題。其他廠商當時都是建議他屋頂蓋完後就把電賣給台電，單純收租金，但因為那時候他們在越南的工廠受到迪卡儂的壓力，被通知必須要採購一定的綠電，所以他們發現到如果把電賣給台電，等未來要終止合約時再把電買回來這個程序相對複雜，還要走第一型電業的申請，因此大甲野寶採用了我們的方法學，但是由於他們短時間內還沒有購買

綠電的需求，所以我們就幫他媒合了台灣萊雅作為購電商。

目前大甲野寶的所有綠電都供應到臺北 101 內的台灣萊雅，以滿足台灣萊雅 100% 綠電的需求，但同時大甲野寶也保有一個選擇權，三、五年後他仍有權利取消供應綠電給其他廠商，並把屋頂的綠電全部買回去滿足其客戶的需求。

「以生產自行車車架、避震器為主的大甲野寶，有超過五成的訂單來自歐洲。

野寶科技的第二代接班人林董事長在與睿禾控股合作建置屋頂太陽能電廠的過程中，也發現在歐盟嚴格的減碳法規下，導入再生能源的使用，已經是企業發展的重要競爭條件。因此不依循過去將電力躉售給台電的模式，而是選擇將屋頂的再生能源電力保留作為未來減碳的準備，以這樣保有『綠電選擇權』的新模式，將綠電作為企業永續發展的重要資源。」

※ 野寶科技為法商迪卡儂(DECATHLON)供應商，同樣受到採購端的減碳壓力。 APRO A-PRO TECH CO., LTD.

睿禾控股開創新模式　開創台灣產業新契機

圖 25　綠電轉供實例 2- RE100 供應商 x 未來選擇

資料來源：https://market.ltn.com.tw/article/9810?fbclid=IwAR1ioBD1RJp7ZVjU7_TcBDlFcxw-sVtkaHH-Er3ZQAsSxlkRglwd02X2FB8

（三）實例 3：台灣萊雅

在服務過的客戶中，台灣萊雅是屬於較特殊的案例，因為他並沒有獨立電錶，而是透過臺北 101 的物業管理向臺北 101 買電進來的，所以我們透過跟標檢局、台電及臺北 101 的協商，完成了臺灣的第一筆憑證可以做兩次轉移交易的作法，也就是說我們先把電賣給臺北 101，再由臺北 101 轉賣給台灣萊雅，這是很創新的方法，突破了當時標檢局所提出憑證一年只能轉讓一次的規定。

其實臺灣有很多的外資、外商都進駐在大型的商辦大樓裡，他們沒有自己獨立的電錶，而必須透過商辦大樓的分配去跟台電取得用電，所以像這樣的一個新的模式也是我們走出臺灣的第一筆交易，在憑證的移轉上做出創新，也讓台灣萊雅在去年可以達到 100% 的綠電使用的一個里程碑。

台灣萊雅集團的辦公室位在台北101大樓的22樓、23樓，並沒有獨立電表，購買、使用綠電該如何計算？

「台灣萊雅透過綠電中盤商瓦特先生購買太陽能綠電，並與經濟部標檢局、能源局、台電等機構多方研討與溝通，同時取得台北101大樓配合支持，成功建立台灣第一個可適用於單一電號多用戶的『萊雅商辦綠電模式』，未來混合商辦或無獨立電號企業單位也可參照這新模式購買綠電。

陳敏慧表示，台灣萊雅預計2021年初即可達成100%使用綠電目標，2022年則將開始鼓勵他們的供應商還有合作夥伴也使用綠電。」

※ 萊雅集團為全球最大美妝集團，台灣萊雅為在台分公司，設立於台北101。

L'ORÉAL　TAIPEI 101

聯合新聞網

台灣萊雅 搶「商辦綠電」第一例

圖 26　綠電轉供實例 3- RE 售電業 x 混合商辦

資料來源：https://udn.com/news/story/7241/4824719

（四）實例 4：國泰金控

我們在過去兩年有一個很經典的案例是協助國泰金控達到 ESG 的指標，當時國泰金控有一個想法是希望把他們每年的一些捐贈來和綠電做結合，因此我們幫他選定了臺南七股頂山村裡的頂山國小，這座國小其實已經廢校，而這個案例的模式特別的地方在於它有很多的利害關係人。

首先第一步我們讓國泰金控透過睿禾控股把資金捐贈到頂山國小的屋頂，第二步則是說服國泰金控，讓他臺南市某一棟人壽大樓承諾未來 20 年會持續採購頂山國小屋頂的綠電，而所有採購綠電的費用，都捐給了頂山社區來做老年長照的活動，所以國泰金控等於真正實現了永續的指標。

綠電設備是國泰金控捐贈的，而購買此設備所發的綠電也是國泰在臺南市的某一棟人壽大樓，這樣的作法屬於公益捐贈，沒有透過台電的躉購而是透過國泰企業本身來做成一個封閉的捐贈，同時也是一個二十年永續發展的支持。

這個案例在臺灣可以算是綠電公益 2.0 版，因為過去臺灣的綠電供應都是企業捐贈設備在某個屋頂，但是屋頂產出的電仍是賣給台電，等於還是拿全民納稅人的錢在補貼，而綠電公益 2.0 版則是由捐贈屋頂的企業本身去承諾 20 年的採購，以完全達成企業永續的公益支持。

圖 27　綠電交易實例 4- 鄉鎮老化社區 x 綠電公益

資料來源：https://ec.ltn.com.tw/article/breakingnews/3776863

八、綠電交易資格的取得與挑戰

（一）發電端的交易資格

前面舉出幾個成功協助公司發展綠電的案例，但是除了優點勢必仍會有一些缺點，過去我們把電賣給台電這樣的流程其實相對很簡單，從申請到取得許可到能把電賣給台電，通常大概是八到十個月就可以做完，但是為了要滿足綠電自由化交易，所以電業法及再生能源發展條例就要用較為嚴謹的辦法管制。

舉例來說，我們在屋頂上開發的這些綠電如果要自由進行銷售，就要提出第一型的電業申請，取得合格的發電業執照，而其流程申請就會比傳統賣電給台電多出一倍的時間，所以我們跑發電業執照最大的代價就是需要花長達十六個月的時間，和過去相比，還需要額外六到八個月才能完成，整個申請流程其實就如同在申請一間合格的電業公司，包含六大文件的取得，相關經濟部的許可函都要跑完。

雖然我們創建這個平台的目標是希望可以把綠電做自由化的靈活運用，但美中不足的地方就是前期的申請流程很長，然而若是八個月的等待可以換得綠電彈性化的操作，仍是相當值得的。

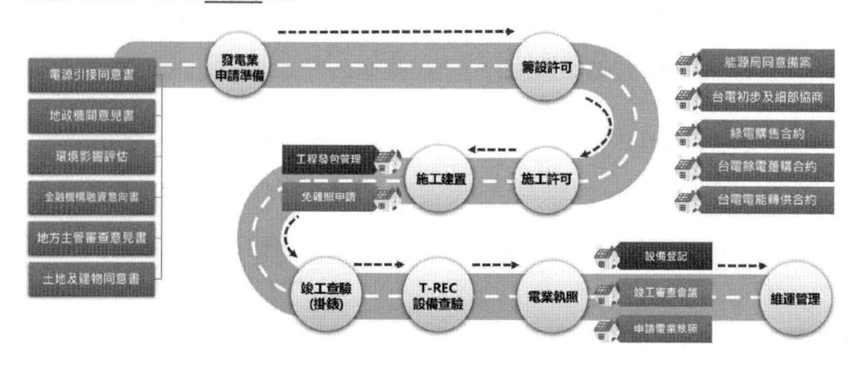

圖 28　發電端的申設期程

資料來源：天泰能源自行繪製

綠電發電端交易資格的申請流程主要會面臨三個風險，分別是土地取得、行政許可以及工程施作。過去很多地面型的太陽光電設施去做綠電的申請時，常常會面臨到繼承者不願出租的問題，開發綠電的土地往往必須跟農業需求或是生態保育競爭，因此我們的平台希望可以先幫助業主在其屋頂或周遭所能控制的場域如停車場或工業用地設置綠電裝置，盡可能不要讓買綠電的用戶還要承受社會及環境議題上難以控管的風險。

三、四年前時有一個新聞提到，屏東沿山公路的兩側原本都是照明地，但有業者想要把樹砍掉並發展綠電，稱此綠電是要賣給台積電，這樣的一個說法，對台積電來說等於是一個無妄之災，讓其從單純要買綠電的客戶，變成破壞環境的元兇，而業者也無端捲入砍樹種林的社會議題。

在土地取得的概念上，我們希望未來的兩、三年可以先把問題限縮到用屋頂型的方式來建太陽能設備，以解決土地相關的爭議，如果是以此方式來開發綠電，在取得土地的環節中就可以避免產生社會議題上的風險，而用戶買到的綠電也相對較單純，不會夾雜不必要的紛爭。

此外，關於行政許可的問題其實也跟土地、地方勢力相關，因此我們的作法是先把短期的目標聚焦在園區、廠房屋頂或是複合式的使用空間，盡可能在綠電轉供及綠電交易的啟動上，協助買賣雙方建立一個較為安全的場域。

申請流程可能面臨的風險：

土地取得	**地主意願變更**	如：繼承者不願出租、原住民部落同意、同業回饋競爭等。
	中央政府政策變更	如：嚴重地層下陷不利耕作之農業用地允許設置範圍減縮。
	外部團體	如：環團及輿論抵制。
行政許可	**台電併聯許可**	如：台電饋線分布、容量不足或設置期程緩慢； 我方自建電塔及鋪設饋線成本，因應實地狀況，可能超乎預期。
	環境影響評估	如：海岸地區、人造林地、濕地等自然環境調查，以及考古遺跡等人文調查。 除中央法規，地方可加嚴規範。環團亦可能介入監督。
	地方政府同意	行政單位個別同意及回饋，如：漁會、鄉鎮市公所； 地方政治因素，如選舉、在地勢力、首長態度等。
	變更特定專用區	涉及地主意願、內政部核駁興辦事業計畫。
	農業用地容許使用	涉及地主配合度、地方政府核駁。
	能源局同意備案	影響該案適用之躉購費率。
工程施作	**資金因應**	
	調料/工班/機具調度	
	施工期間氣象變化	如：基隆地區降雨時數多、颱風及梅雨季等。

圖 29　發電端的申設障礙

資料來源：天泰能源自行繪製

（二）綠電交易量及價格

圖 30 為經濟部委託台經院所做的一個調查，提到供需嚴重失調的問題，從市場調查的結果可以知道目前供給量與需求量相差了 1000 倍，也就是說需求端非常希望能夠買到綠電，然而供給端能給出的量卻遠遠不足。

這個狀況來自於兩個原因，第一個是大部分的發電業者還是習慣將綠電賣給台電，因為台電在過去十年來，已經在台灣建立完整的金融體系來支持這樣的商業模型，所以多數綠電的發電端業者對於要把電賣給一般用戶，會存有較多疑慮。

第二個原因是過去賣綠電給台電的流程只要八到十個月就可以完成，但現在因為政府剛開放綠電轉供，監管較為嚴格，因此預估的期程可能就需要十六到二十個月左右，很多買家由於等待時間過長就會選擇直接向台電簽約。

上述這些問題很容易演變成一個惡性循環，當用戶端沒辦法接受長達十六到二十個月的等待，進而無法提供供給方前期土建融資所需要的相關合約時，就會導致供給方沒辦法取得融資端的支持，且在供給方必須於三到五個月內簽訂合約去取得土建融資的狀況下，就會使得整個流程延宕，遲遲沒辦法把綠電推進到自由化的供應市場。

在圖 30 右下角可以看到不同年份成交價格區間的差異，目前買到的綠電價格大概都是五到六元之間，四元多應該是更早之前的資料，而對於現在想買綠電的用戶來說，如果一度電要買在五到六元且要等十六個月以後才能買到，相信大部分的採購都會在此處猶豫。

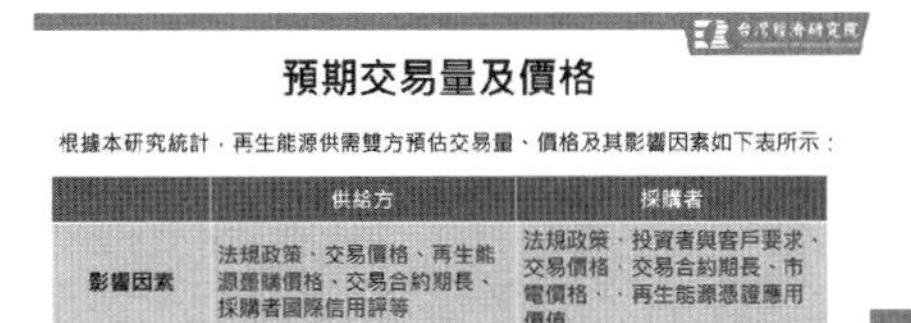

台灣經濟研究院

預期交易量及價格

根據本研究統計，再生能源供需雙方預估交易量、價格及其影響因素如下表所示：

	供給方	採購者
影響因素	法規政策、交易價格、再生能源躉購價格、交易合約期長、採購者國際信用評等	法規政策、投資者與客戶要求、交易價格、交易合約期長、市電價格、、再生能源憑證應用價值
預期交易量	2MW以上，部分業者不便透漏	2GW以上，部分業者不便透漏

↑供給及需求相差1,000倍！↑

歷年綠電交易價格，不降反升。

台灣經濟研究院

歷年市場調查再生能源成交價格區間

本研究結合108年及109年調查結果，發現成交價格區間有上漲趨勢，顯示隨著國際淨零趨勢，我國企業也開始逐漸重視使用再生能源電力以降低範疇二之溫室氣體排放，再加上用電大戶條款實施，使成交價格呈現上漲趨勢。

交易模式 / 不同年份成交價格區間	自發自用之電證分離憑證(路徑4B)	轉供取得再生能源電力及憑證(路徑2、3)
108年成交價格區間(元/度)	1.4-2.2	
109年成交價格區間(元/度)	1.4-2.2	4.5-5.5
110年成交價格區間(元/度)	1.6-2.2	4.0-6.0

圖 30　綠電交易量及價格

資料來源：台灣經濟研究院《110 年再生能源市場供需意向調查》

（三）小結

總結來說，購買綠電這件事情相當於在公司旁要新建一個廠房，當董事會決定要蓋一個廠房，就要認知到從跑建造、發包、申請憑證、開工、驗收到申請使照、正式投產大概需要兩、三年的時間。同樣的如果要購買新建發電廠的綠電，或是在自己工廠的屋頂建綠電設施自用，也需要一樣的等待時間去準備，大概為兩年。

這樣的過程雖然耗時費工，但是兩年的投產，若能換得二十年持續穩定的綠電供應，其實仍相當有意義，因此我們應該要抱持這種心態去看待冗長的等待期，而不是像去現貨市場一樣，期待今天下訂下個月就可以買到綠電，這樣的想法是不切實際的。當採購跟 ESG 部門建立好正確的心理準備並且向上溝通取得主管及董事會的共識後，購買或產出綠電的過程也許就會比較容易推進。

第二個部分是在整個綠電開發的程序中，我們希望一開始能夠以引導者的角色從旁協助，過去我們的客戶如美光半導體及矽品，也是在輔導下慢慢進入到綠電市場。因此在第一步我們會先以建造屋頂型太陽能作為出發，讓企業的董事及ESG部門了解從無到有的流程要多久，以及在過程中用戶端所要涉及的多項簽約，也許以前只要跟台電簽一份躉售的合約，就可以解決所有事，但現在為了要做轉供，可能就還要跟台電先申請轉供計畫書，台電總處同意之後，再跟區處簽訂轉供合約、餘電合約，最後還要去報廢能源局。

從上述可以了解，絕大部分的合約都不是跟甲乙雙方簽的，而是跟政府部門簽訂，比如睿禾控股跟用戶簽完一份合約後，還要再跟台電簽轉供計畫書，之後要再簽轉供合約、餘電合約等，然後還要跟經濟部標檢局報備相關憑證的移轉、開戶及申請，所以很多時間都是花費在公部門上的溝通與協調。

我們建議設立第一個太陽能電廠時，不要做地面型的，先從自己的屋頂做起，了解環節之後，我們會再慢慢帶客戶去做針對地面型場域的研究及探索，因為去做地面型開發的過程中，常常必須要去擔心如果購買的電廠是黑面琵鷺的保育區或是其他稀有生物的保育區的時，企業要承受很大的壓力去支持地面型電廠的開發，因此我們會盡量避免帶領客戶進到不必要的社會議題糾紛裡。

九、綠電長期發展實例

（一）中長期發展方向：協助用戶提高綠電滲透率

圖 31 為一份國外的文獻，內容提到綠電交易對於達成 RE 100 仍有局限。根據統計，如果 100% 購買太陽能產生的綠電，能減少 40% 到 50% 的二氧化碳排放，而風力則可以減少 60% 到 70% 的排放，但此目標對於 RE 100 的達成仍貢獻不足。

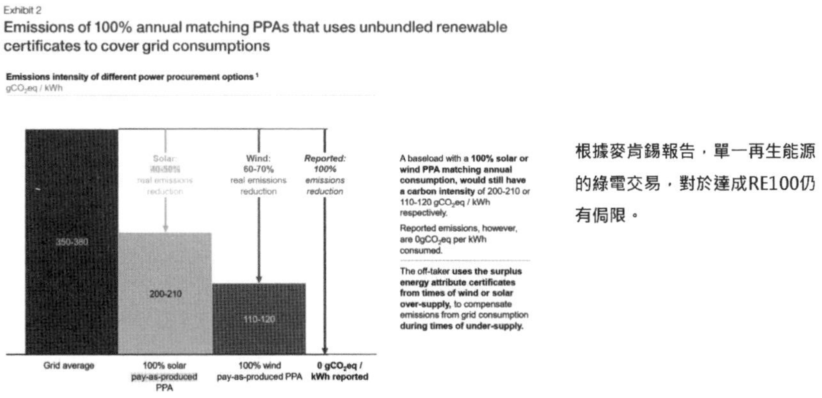

圖 31　購買不同能源可以減少的二氧化碳排放量百分比

資料來源：LDSE Council , “A path toward full grid decarbonization with 24/7 clean Power Purchase Agreements”, 2022

圖 32 在講述如果使用公用電力，要負擔較高的電價及額外的減碳成本，但若向其他電力公司購買綠電，一度電的成本可能就要五元以上，增加企業相當多的成本。

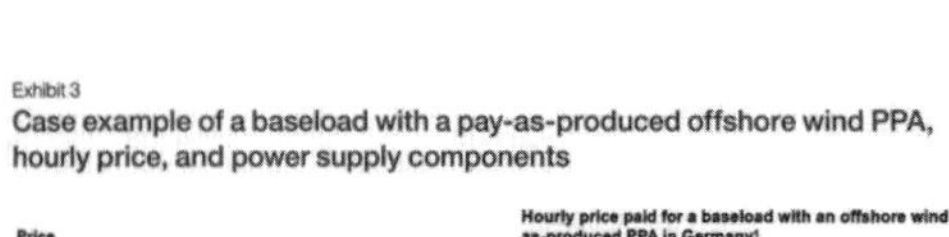

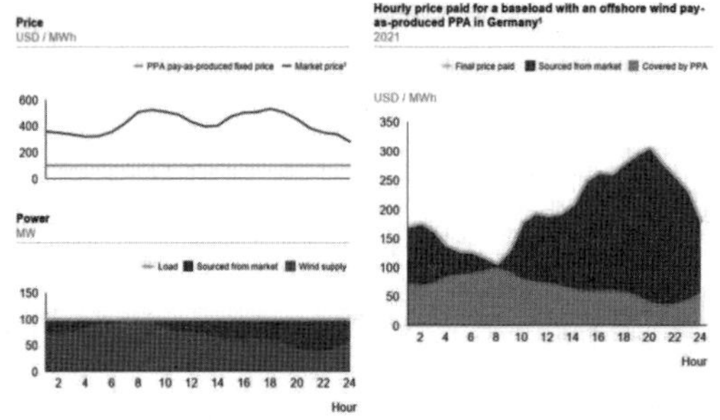

若使用公用電力，則需負擔較高的電價及額外減碳成本。

圖 32　德國按生產量付費的海岸風力發電 PPA，每小時價格及電源組件的基本附載案例

資料來源：LDSE Council, “A path toward full grid decarbonization with 24/7 clean Power Purchase Agreements”, 2022

在綠電供售的商業模式中，還包含很多與金融面的突破，我們所採取的開發策略是和用戶共同開發，而在其資產的保固及風險評估上，就要去思考到用戶端是否有遷廠、其廠房是否有更新重蓋的可能以及未來有無可能被收購，因此整個發電資產的設置其實還存有非常多額外的考量，我們必須要預先規劃好很多保險的方法來規避風險的發生。

目前我們幫很多合作用戶整合土地空間，而他們所購買到的綠電加憑證的成本幾乎是其他家綠電供售商七折的價格，能把售價降低的原因是因為我們知道如何跟用戶合作，用最具有經濟競爭力的方式去極大化其廠區及已開發的土地空間，讓付出的努力反映在綠電的價格上回饋給用戶，而這也是為什麼我們能夠取得這麼多科學園區廠房的信賴。

國外的綠電交易分為三種，分別是直供、實體交易及虛擬交易，而在臺灣，目前是以直供及實體交易為主，直供指的是發電端和用戶端的直接往來，我們目前的角色，而像國外現在所標榜的電證分離，在臺灣是不被允許的，短期五到七年內都不可能會開放，而實體交易則是指發電端和用戶端的交易必須透過第三方平台做轉供，也就是因為這還要考量到電力平衡、電網韌性等問題。

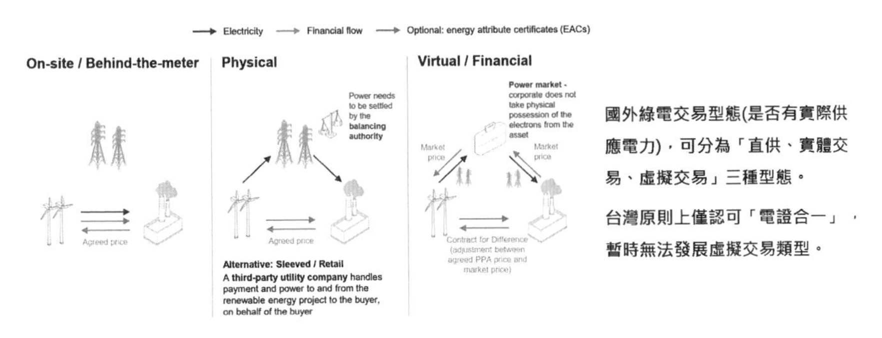

圖 33　國外綠電交易三種型態的流程圖

資料來源：LDSE Council ,“A path toward full grid decarbonization with 24/7 clean Power Purchase Agreements”, 2022

（二）實例 1：沙崙智慧綠能科學城

在整個 SDGs 的計畫中，最重要的是 SDGs 17，也就是如何去建立永續夥伴關係，串連上下游的產業鏈，以產業園區或區域的整體規劃為出發，擴大綠能的設置應用場域，而這也是為什麼我們會主動向臺南市政府提案，希望能以低碳園區的角度去規劃整個臺南沙崙綠能科學城，並用永續夥伴關係的概念來運行。

串聯上下產業鏈，以產業或區域整體規劃出發擴大綠能的設置應用場域。

↓

- ✓ 企業/園區的用電現況評析、導入發電設備、綠電採購及儲能之方案、期程，可以有較完整的規劃。
- ✓ 創造綠能服務及價值的差異化。

圖 34　方案的選擇方針：從 SDGs「永續夥伴關係」出發

資料來源：天泰能源自行繪製

國外綠電採購的四個方案為發多少買多少、依實際使用量而定、依最低負載而定及完全匹配負載曲線——我們的終極目標。在臺灣大部分的情況是屬於發多少買多少，短期來說容易達成，因為大型的企業用戶用電負載很大，可以說是無限大，所以一開始採購的綠電，其實都遠不及於其負載。然而慢慢到未來，就會開始遇到第二、三、四種情形，也就是說當綠電的購買量越來越大時，可能就會超過企業的負載，但是我們的最終目標仍是希望購買的綠電能夠剛好地去匹配負載曲線。

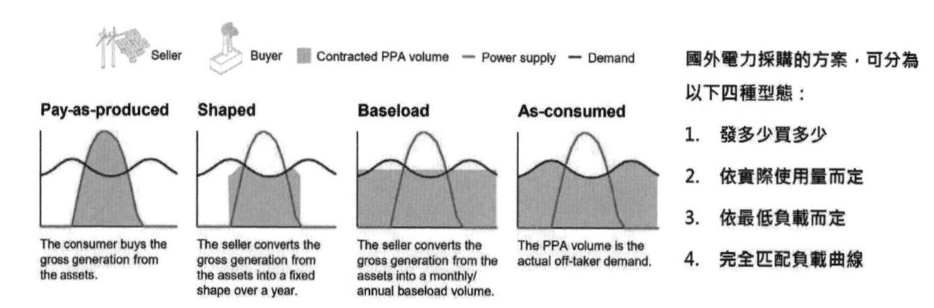

圖 35　國外電力採購的四種方案

資料來源：LDSE Council, "A path toward full grid decarbonization with 24/7 clean Power Purchase Agreements", 2022

而在這個想法上，我們做出了大膽的嘗試，和臺南市政府一起進行了一個計畫，著手規劃臺灣第一個 100% 綠電供應的園區，因為這個試辦案非常創新且需要耗費相當龐大的資源，所以我們公司也邀請宏碁一同參與，投入沙崙 BOT 案。這個案子相當複雜，除了要設置再生能源的發電設備，我們也必須要在二十一公頃的臺南沙崙大型園區內增設相關的儲能設備，作為削峰填谷的應用。

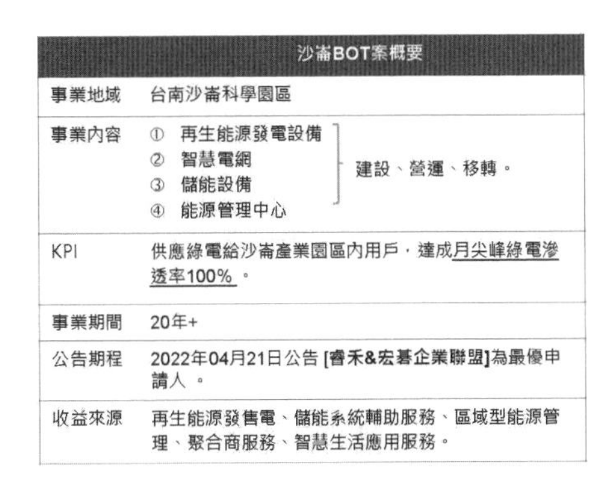

沙崙BOT案概要	
事業地域	台南沙崙科學園區
事業內容	① 再生能源發電設備 ② 智慧電網 ③ 儲能設備 ④ 能源管理中心 建設、營運、移轉。
KPI	供應綠電給沙崙產業園區內用戶，達成月尖峰綠電滲透率100%。
事業期間	20年+
公告期程	2022年04月21日公告 [睿禾&宏碁企業聯盟]為最優申請人。
收益來源	再生能源發售電、儲能系統輔助服務、區域型能源管理、聚合商服務、智慧生活應用服務。

✓ 發電及儲能系統的建置營運
✓ 電力資訊蒐集、分析及管理對策
✓ 儲能系統抑低尖峰負載
✓ 綠電採購及申請轉供
✓ 拓展至其他應用領域，以橋接未來智慧生活圈

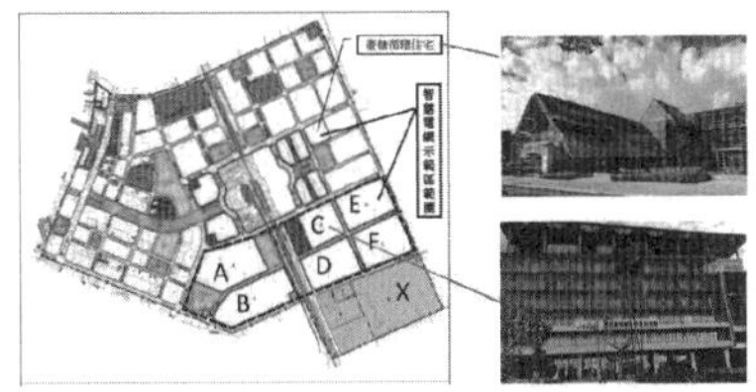

圖 36　睿禾及宏碁參與臺南市政府

資料來源：天泰能源自行繪製、臺南市政府

圖 36 的右下角可以看到在綠能園區內有分成 A、B、C、D、E、F 等區塊，分別是工研院還有科技部進駐的產業園區。在設計的過程中，我們要去思索如何做到智慧電網及能源管理，來監控每一區的負載表現，並透過能源管理中心進行削峰填谷的應用，以抑制尖峰負載，讓園區未來在尖峰時段也能夠達到 100% 的綠電滲透率。

過去十年臺灣太陽能產業的技術含量其實並不高，只要把

太陽能模組板及變流器拼裝後併接到系統裡就完成一個流程，因此其工程含量相對來說比較低。而沙崙BOT案所涉及到如區域型智慧電網、虛擬電廠等其實都是在強調資訊流的部分，我們之所以能夠得標且擊敗其他廠商的重要原因就是提出的資訊流管理得到評審很大的青睞。在睿禾控股成立之後，我們併購了一家叫春禾科技的公司，這家公司在過去四到五年連續在兩個大型標案得標，分別是民營再生能源電量即時資訊導入的調度平台以及導入氣象大數據的資訊及太陽能即時推估系統。除此之外，春禾科技也一直在協助台電開發IC 61850的系統，把全臺灣的再生能源發電資訊、調度所需的資料提供給台電的調度中心，而台電也透過此服務調度了全臺灣的電力系統。以同樣規格的電力傳輸及監控模式，我們也用來服務臺南市政府，並且承諾會把此系統提供給他們來進行類似的使用，希望能夠在未來導入二十四小時的發電量預測模型。

如前文所述，太陽能發電最大的問題就是無法預測日照量的多寡，但事實上氣象科學是可以做到的，過去臺灣產業其實比較少有這樣的異業合作，而我們期許可以透過此計畫把針對風力及太陽能等氣象預測的資訊，和負載端的服務相結合。而除了太陽能及風力等條件因素，各大樓的負載其實也跟冰水主機的進氣溫度及濕度相關，一旦我們有一套系統可以提供微氣候的預測，區域性地建立未來三到五天的預測模型，至少我們就能夠先知道幾天後的發電與負載模型概況，而非盲人摸象。

此計畫最重要的部分就是資訊流的管理以及預測模型的建入，尤其如何合理地導入氣候模型跟微氣候的預測系統將會是最大的挑戰，有了上述條件的加持，園區內的備轉容量或是綠電的調度就不再毫無依據。舉例來說，如果負載的預測及發電預測有 80% 的精準度，那我們就只需針對 20% 的部分去調度就好，不用每天都準備 100% 的備轉容量供應未來的調度。

- 睿禾全資子公司：**春禾科技**
- 實際執行：台電公司「**民營再生能源電量即時資訊導入調度平台**」及「**導入氣象大數據資訊與太陽能即時推估**」研究案
  1. 特殊優勢：台電再生能源監控調度唯一平台 (Green Energy Estimate Monitor System, GEMS)；
     接入所有台電再生能源發電資訊，包含再生能源業者躉售案場、民營監控中心、台電自建案場等。
  2. 資訊傳輸：符合IEC 61850-1 MMS 與 ICCP TASE.2 (IEC 60870-6)傳輸協定，引接近千場太陽光電即時發電監控資料。
  3. 資訊應用：(1) 以IDW(inverse distance weighted) 建立**未知案場發電量預估模型**；
     (2) 建立縣市層級太陽能**未來24小時發電預測模型**；
     (3) 導入並分析應用**氣象資訊與智慧電表數據**，以改善推估與預測模型。
  4. 研究發表：發電監控偵錯系統2019至2021年連續三年獲國際最大太陽光電技術應用論壇「EU PVSEC」收錄研究論文。

圖 37　技術實績

（三）實例 2：區域能源整合

1. 區內電能整合規劃

在圖 38 中可以看到此區域能源整合的核心來自於發電量預測及用電量的推估預測模型，當兩個模型建立好之後，就可以有更明確的方向知道未來的儲能量為多少，畢竟儲能的設備非常昂貴，不可能說區內用戶的負載是 20 mega watt 就準備 20 mega watt 的儲能量，一個 mega watt 的儲能現在投入的成本大約三千萬臺幣，是相當高的金額，如果可以在發電量及負載上有相對精準的預測，也許就可以把整個儲能的費用從 20 mega watt 降低到 2 mega watt，針對 2 mega watt 預測不準的部分做備用即可，並把太陽能區外調度的部分也控制在 2 mega watt 的變動，如此便能大幅減低備轉容量的投入資金，減輕業主極大的財務性投資壓力。

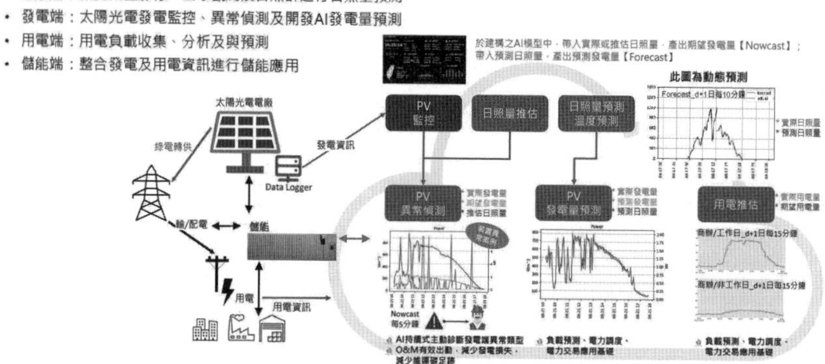

圖 38　區內電能整合規劃

資料來源：天泰能源自行繪製

2. 天氣預測模組

我們公司在過去四、五年投入了很多研發經費在天氣預測模組的建立，內容包含深度學習的卷積神經網路組成，並且從氣象測站的向日葵衛星圖像形資料以及氣象局有些公開的雷達測站等得到所需資料。天泰能源在全臺灣近一千座的電廠都有架設微氣象站，裡面有簡單的日照計及溫度計，而透過這些數據資料的取得，我們可以做到基本的預測，針對未來六個小時的衛星雲圖先做一個推估，然後反覆用實際的衛星雲圖去做驗證，最後獲取預測的結果。

- 天氣預測模組
  1. 基於深度學習卷積神經網絡組成
     - 取自「氣象測站」數值型氣象資料
     - 取自「向日葵衛星」圖像型資料
     - 取自「雷達測站」數值型氣象資料
     - 取自「電站微氣象」數值型資料
  2. 預測產物
     - 溫度、濕度
     - 雨量
     - 日照強度
     - 天氣概述（陰晴雨等狀態）

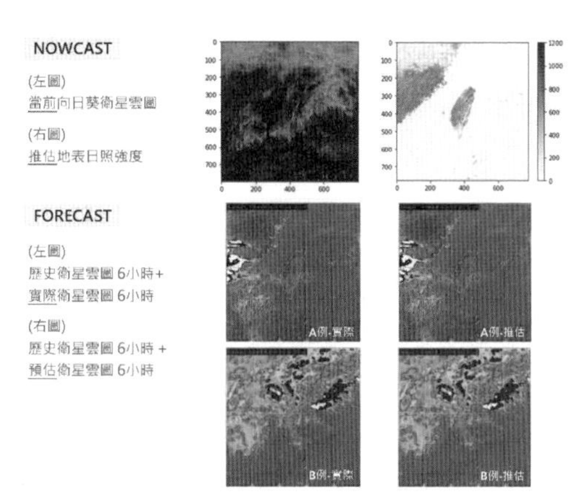

圖 39　天氣預測模組

資料來源：天泰能源自行繪製

3. 太陽能發電預測系統

圖 40 為我們的成果圖，綠色曲線是晴空模型，也就是當完全無雲時太陽能發電的分佈，但是我們都知道不可能每天的發電狀況都是完美的，因此每日的太陽能發電分佈就是灰色部分的圖形，從圖可以看到前兩天的發電分佈像是晴空，而前一天的發電就可能開始受到雲的影響。太陽能發電有可會因為梅雨或其他天氣因素而導致產出電力只有晴空時的三分之一不到，這在過去是沒辦法做產量評估的，但是我們現在做出的預測曲線幾乎可以精準預測，原因是氣象局及向日葵衛星都有很精準的推估系統，透過這些系統結合我們的一些預測學習，就慢慢可以準確抓到未來幾天的發電狀況。

以此圖來說，假設業主預期要供應 100 度的電，可是發現明天可能只有 30 度的綠電可以供應，那欠缺的 70 度該如何補足？如果有及早預測的系統，也許就能在前幾天開始調度其他如風力或水力發電的綠能，來因應這樣的狀況。

過去兩年已經有很多綠電轉供的實證案例，但是當企業進一步要把轉供的量提升至 RE 100 的目標時，就需要開始和我們進行長期的科學研究，成為合作夥伴，才有辦法逐步達成綠電 100% 的可能性。

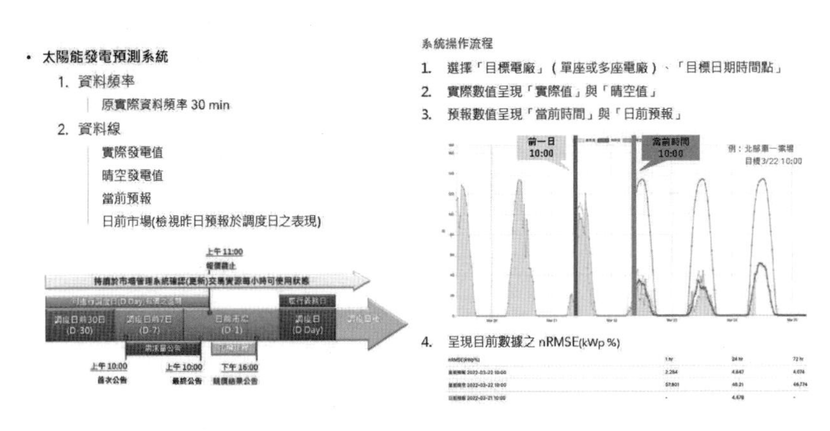

圖 40　太陽能發電預測系統成果圖

資料來源：天泰能源自行繪製

4. 集成式單一用電戶預測模組

除了發電端的預測，負載端的預測也需要同時進行，圖 41 為臺北市國泰人壽商業大樓的預測結果。商業大樓和工業廠房是屬於截然不同的用電模型，在分佈曲線圖的地方可以看到，我們可以精準的預測到週休二日及彈性補假時的負載情況，此時的負載預測和平日相比剩下三分之一不到，然而如果沒有先預測到，那多產出的綠電，可能就會被浪費掉，相當可惜，但是透過預測系統，我們就可以做出一個合理的評估，在商辦大樓適度安裝儲能系統，並且知道要儲進的綠電量是多少，而當恢復上班日時，這些電就可以再做運用。

- **集成式單一用電戶預測模組**
  1. 接收「天氣預測模組」溫度、濕度、雨量
  2. 接收「用電戶」AMI 每15分鐘用電數據資料頻率
     - 日期類型、星期類型
     - 尖峰負載
  3. 相關性分析
     - 不同產業的用電數據與氣象數據之相依性
  4. 集成 XGBoost、LSTM、RVM 等 AI 技術
- 目前已研究數種建物型態的用電曲線（含商辦、工廠），將就區內不同行業別、屬性特定參數，以俾精準預測。

預測誤差統計

項目	MAPE		
	D+1,15 mins	D+1, 1 hr	D+7, 1 hr
單用戶	7%	6%	6.5%
多用戶	6%	4.5%	5%

商業大樓用電預測結果

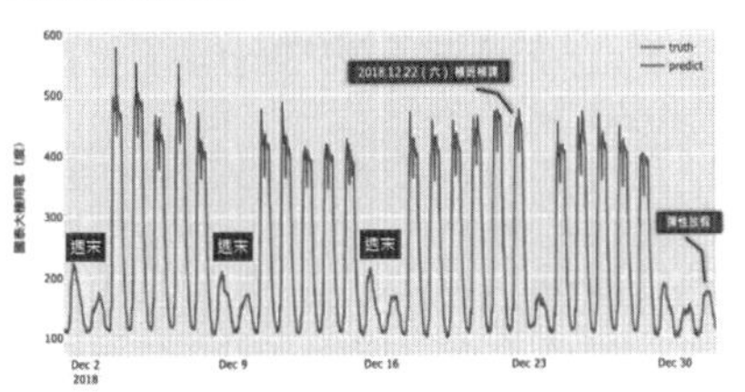

圖 41　集成式單一用電戶預測模組

資料來源：天泰能源自行繪製

上述的高效能的綠電應用並非一蹴可幾，而是需要像我們這樣的平台與企業主進行長期的運作規劃。目前元大金控及元太科技有和我們攜手合作長達一年的科普研究，而企業本身也必須要能同意讓我們取得其 Ami 電錶、和台電的歷史資料以及即時的負載資料，我們也會定期去向業主報告到底我們的負載分析能否吻合其作息和排程，精準抓到其負載預測以及需要向我們購買的太陽能電量預測。

• 集成式單一用電戶預測模組

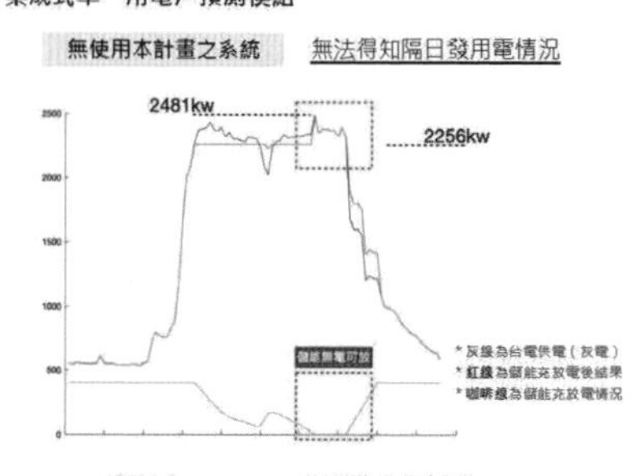

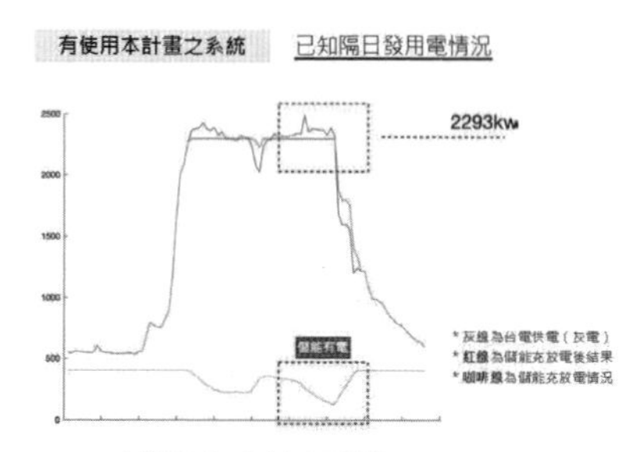

- 儲能以 2256 kWp 為削峰填谷基準
- 到傍晚用電高峰無電可放
- 當日最高需量為**2481**kWp

- 分析計算出最佳削峰填谷基準策略
- 儲能以 2293 kWp 為削峰填谷基準
- 當日最高需量為**2293**kWp

圖 42　集成式單一用電戶預測模組使用前後對照圖

資料來源：天泰能源自行繪製

總的來說區域型能源整合的調度評估系統主要就是把負載及發電量整合在一起，而我們會建議客戶讓我們來提供儲能或是需量管理的服務，所謂的需量管理就是指當台電的發電量不夠時，可以請求用戶端降載，讓台電發電端可以暫時舒緩。而請求用戶降載當然也不能貿然施行，畢竟他們也不能隨意暫停某些機器的電力系統，這一定是要建立在用戶端長期負載的研究有一定精確度上，當確定降載的量是可行的後，才可以提供台電需量的互動服務，而台電也會支付參與需量競價的用戶端一定的金額作為補償。

用戶端參與需量競價時，台電是以一度電八到十元去請求降載，而降載服務其實必須基於用戶到底對自己的建築物用電有沒有一定的認識及了解，才能夠去實行，所以未來在淨零轉型或是 RE 100 的路徑上，能源管理對於用戶來說，都會是一個非常重要的基礎建設。

最後，能源管理一定是建立在公司內部是否有進行相關的碳盤查、溫室氣體盤查等，而盤查完之後就開始要去思索如何勾勒出未來五年、十年科學化減碳的藍圖，包含要用多少比例的再生能源、儲能系統及需量管理在減碳上，甚至有多少比例是要透過用戶端的節能措施來提供，所有的能源管理在形塑好的科學化減碳路徑上都是必備的。

RE 100 絕對不是三年、五年可以做完的，淨零轉型的過程也一定是以二十年到三十年為時間尺度，甚至更多公司決策者都要有個體認，就是當公司完成此計畫時，有可能您都已經退休或是交棒給下一個執行團隊了，因此這是一個跨世代的工程。

（四）故事分享

東京都物業公司曾和我們分享到目前他們所做的物業管理業務在日本及臺灣遇到一些很大的挑戰，而其中新的挑戰是來自於電動車的大量使用，他們現在所管理的很多豪宅都已經開始有電動車充電樁裝數量達到建築物極限的問題。一般來說，我們的住宅和台電會簽有一定的契約容量，而東京都物業提到當整棟大樓 20% 的停車位都裝有充電裝置後，大概就是建築物的極限了，如果要再加裝更多充電樁，管委會就必須要去思索是否要和台電申請增加契約容量，但是這需要連同整棟大樓的電器設施一起擴容，才有辦法增加，因此這些問題都會根本地衝擊到最初的基礎建設是否有足夠的餘裕，而這也呼應到上述所提到的電量預測系統。

舉例來說，當希望大樓從 20% 的充電樁增加到 50% 時，向台電申請增加契約總量只是其中一個可行的方法，目前台電也在談說那些基礎設施的電力資訊是否能夠介接回台電的配電處，讓其可以做監控，在了解更多用電資訊的同時，幫助業者掌握更多電力調度的可能性。

十、結論

過去在推動太陽能發電時其實是相對困難的，因為在沿海地區發展得到的認同並不多，但是這一兩年隨著環保意識興起、綠能發電的議題漸趨熱門，越來越多的工業廠房開始投入綠電生產的行列，從上至下包含員工也慢慢體認到公司必須要做能源轉型、淨零轉型才有辦法提升在全球供應鏈上的競爭力。此意識的轉變，讓支持太陽能發電的聲浪漸漸傳播出去，透過製造業、大型的半導體公司的加入，讓綠電的環境逐漸被建置出來，而其員工也在公司轉型的同時，把消息傳遞給更多人如家人朋友等，在連鎖式的宣傳下，潛移默化中改變了更多人的觀念，也讓大家了解到這個議題的重要性。

目前我們的計畫是先把屋頂型太陽能發電做好，未來如果企業有生產更多綠電的需求而需要接觸到地面型發電時，也許在社會共識更加凝聚的氛圍下，推動的過程就會比過往更加順利，得到更多的正面回饋，而這將會是一個必要的投入。在生態補償完善的條件下，農田、濕地的擁有者若是願意與企業攜手合作，犧牲一部分土地以供綠電設置，那臺灣在能源轉型的計畫上就能更容易達成。

碳中和是一個非常大的議題，從國家來看遠期的目標是放在 2050 年淨零轉型，而這涵蓋很多面向，包括能源轉型、產業轉型、生活轉型、社會轉型。而以公司的角度來說，碳盤查、碳定價到碳中和的過程是需要長時間累積及經營的，且可能會是個跨世代的運作，因為轉型的時間一定不可能只有一、兩年，而是需要至少十年、二十年，才能夠做一個較為全面的規劃，但是即便耗時費工，我們也總要有個啟動，一小步的進展對於台灣的轉型而言都是莫大的鼓勵。

著眼區域經濟，透過能源轉型、智慧生活轉型，協助產業共同轉型。
以世界趨勢及實務應用技術整合，與社會企業攜手共赴淨零。

圖 43　2025 淨零轉型四大策略

資料來源：國發會：臺灣 2050 淨零排放路徑及策略總說明簡報

FAQ

Q1：臺灣目前都著重在培養半導體的人才，如果未來需要天氣預測的人才時，針對這部分的教育有什麼建議嗎？

Ans：過去兩、三年對於天氣預測的投入，比較像是搜集氣象的歷史資料，並且請學校資工系的老師及學生一起幫我們建立一些推估的系統模型，但是此模型其實是有一定的期限的，所以我們慢慢發現到需要有氣象科學的人才協助解析氣象預測資訊，同步解決我們在太陽能發電、風力發電以及負載預設上的問題，以節省多餘的負載的準備。零碳園區是一個跨界整合的領域，目前我們的確有要與學校合作，同時也會從 EMBA 的課程中培養及訓練人才。

Q2：臺灣政府目前對於碳捕捉的技術有什麼發展嗎？

Ans：要發展完整的碳捕捉技術必須要有兩種條件，第一種為廣大的土地資源，必須要有夠大的土地才能把二氧化碳捕捉下來，因為空氣中就含有相當多的二氧化碳。第二種是要有豐富的礦產，因為捕捉完碳之後，要把二氧化碳固化並壓縮到地底下。這兩個條件都是臺灣不具備的，且如果要在阿里山或玉山進行，成本也相當高昂。而目前碳捕捉技術發展較為完整的國家為擁有龐大碳源的瑞典。

在國發會的白皮書裡雖然有提到碳捕捉的相關資訊，然而用現在的角度沒辦法去預測到 2050 年時會不會有更先進的技術產生。目前臺灣觸及到這個領域的人才較少，因此國發會就沒有特別指出要分多少資源在碳捕捉的技術開發上，而一般來說，現在環境部主要是用傳統造林的方式作為碳捕捉的方法學，另一種則是透過海藻吸收二氧化碳，現在中油、中鋼都有在發展這種技術，所以臺灣大型傳統產業現其實已有在計畫，只是目前整體環境及技術的資源仍不夠充足。

除了碳捕捉另一個值得注意的是碳的再利用，目前全世界最受矚目的就是把二氧化碳變成澱粉的技術，而技術最領先的為中國。澱粉對於人體來說相當重要，是生存必備的元素，其來源主要為植物，必須要花足夠的時間才能收成，然而現在如果從二氧化碳就可以直接透過技術轉換成澱粉，勢必可以節省相當多時間，對於人類文明來說將是一個全新的突破。

儘管這是一個非常高層面的突破，世界上已有很多團隊在研發，在臺灣高排碳的地區，如臺南就已有很多化工業在考慮要把產生出來的二氧化碳變成有價值的澱粉。臺南現在有個試辦工廠嘗試把二氧化碳當作原料並把它變成一件衣服，此創新的開發就算是一種碳的再利用，且由於我們有很多不錯的傳統產業，因此臺灣在這方面也是有機會發展的。

Q3：在您接觸的客人中是採用您的商業模式居多，還是規劃後客戶會直接把整個設備買斷以自行運營？

Ans：我們的商業模式主要是採取二十年的管理，目前在全臺灣最近千座的太陽能光電廠中，我們就已派遣超過 50 位的維運工程師，負責 20 年的營運管理。在此過程裡我們也發現建置設施相對容易，困難的地方是維運的部分，因為太陽能設備購買後就可以裝上，然而營運卻是需要長期的努力。目前我們簽的合約中，全部都是需要協助管理的，且會說服業主讓我們從建置到二十年的管理都一手包辦。而現在這兩年情況轉變，多了綠電的轉供，我們也開發了一套叫 RE tracker 的系統，目的就是希望可以透過監控及預測的技術，陪著客戶慢慢從

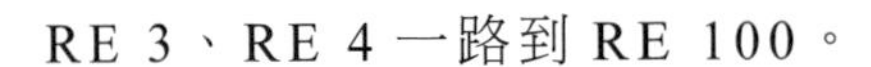

RE 3、RE 4 一路到 RE 100。

Q4：如果業主產生多餘的再生能源能轉售嗎？

Ans：可以的。如同剛才所提到大甲野寶及聯亞光電的案例，他們一開始建置的動機可能是迫於地方政府的壓力，且暫無綠電需求，但是在我們的建議下，他們除了知曉綠電盡量不要供售給台電，也接受協助把電轉賣給其他用戶，而這些簽約皆為短期，等到有需要時，都可以全數買回，所以我們也兼顧類似像零售這樣的一個角色。

如果設置太陽能是 1.0，那天泰能源提供的是 2.0，也就是說我們給予的不只是硬體設置更是一個服務，而近期有很多中小企業主想開始進行 RE 100 的計畫，他們的想法是和廠商議價後就直接裝設，但是在這之前其實應該要先理清到底設置太陽能是成本還是未來的競爭優勢，因此在這個部分，我們也希望企業能先想清楚再著手。

Q5：如果屋頂不夠設置太陽能，可以聯合幾家企業一起合作嗎？

Ans：可以。這種作法目前其實已經正在進行，上述所提到的案例都是偏向單一公司的屋頂設置，但現在有幾家比較大型的集團他們不是聯合其他公司，而是母公司與自己的子公司合作，讓每家子公司都提供屋頂來設置太陽能，最後產出的綠電再集中供應到某幾棟特別的廠房，而這些廠房生產的產品可能是要供應給有高規格減碳需求的公司。由於整串供應鏈的碳足跡是被累加下來的，因此這種模式除了母子公司的配合，也可以再聯合其供應鏈，連同他們的屋頂一起產出綠電，集中火力面對最終端的用戶。

Q6：公司是否可以直接跟國外買碳權，還是在國內自己建置太陽能會比較好？

Ans：答案是不行的。減碳的認證有強烈的屬地主義，在哪裡排碳就必須在哪裡購買類似減碳的服務，向海外購買的碳權不適用於抵減在臺灣的排碳。

Q7：二十年後當設置的太陽能板報廢時要怎麼做處理，處理的費用會很高嗎？

Ans：除了自己設置綠電裝置，有些客戶會選擇單純向我們購買綠電，我們售出的綠電一度加上憑證的價格大約四元不到，和其他售價六元多的綠電相比，算是非常低的價格。而關於模組回收的部分，我們每年都會定期繳交回收基金給環境部，所以二十年到期後，只要一通電話環境部就會派人清理這些模組板，因此回收的問題不用太過擔心，這主要是由環境部來處理。

太陽能板的回收就國際而言也是一個熱門的議題，美國目前在立法希望可以確保期滿的太陽能板全數回收，所以這算是一個新的商業模式。若是真的考慮到環保的部分，回收後的太陽能板的確會產生兩個問題，第一個就是它的拆解不易，因為要使用 20 年，所以它其實黏得非常緊，如果要拆解掉，勢必不能靠人工，而是要有新的技術。第二個問題是回收後的再利用，太陽能板在拆解後大概有將近 80% 到 90% 是可以再利用的，所以這其實相當值得去規劃，且蘊藏商機。

臺灣的金益鼎以及崑鼎兩家公司皆投入在太陽能板的回收再利用，目前也有許多品牌都在推動，這些材料如果回收後無法再利用就等於是白做，因此品牌業者陸續也會開始聯手讓太陽能板回收後可以再被有效運用在別的地方。

Q8：目前公司有三個廠房的屋頂出租給台電，如果日後跟台電解約的話解約費用會很高嗎？

Ans：若有想跟台電解約的需求，可以從以下兩個層面思考，第一個是如果太陽能設施是公司本身建置的，那只要董事會決定要跟台電解約，就可以開始跑解約流程，並且付一筆解約金，詳細的金額可以上網查詢，台電的計價標準可能會跟你的儲電容量、簽約的電費、電價及當初預期的減碳效益有關，而解約金其實並不是重點，解約的流程可能才會較為麻煩。第二層面是如果說公司的太陽能設施不是自己出資裝置而是交給其他承租方時，那解約的流程就還要經過當時跟你承租屋頂的第三方同意，才能夠去做解約。

Q9：臺灣有相關單位在規劃未來淨零轉型的目標嗎？

Ans：有的。目前大概有訂了十幾種技術包括氫能技術、碳的再利用、碳捕捉、電動車、能源車等，只是國發會在做規劃時，礙於時間太短，所以定義的比較概略。日本的經濟產業省在2020年的年底有公佈其修正後的14項重要技術，這些內容都是其考慮很久才訂定出來，認為有機會在2050年達到淨零轉型的目標，因此我們可以作為參考。

Q10：離島適合做太陽能光電的發展嗎？

Ans：離島是適合去做更進一步推進的。我們今年剛在小琉球完成了一個建置，而我們也嘗試了一些挑戰，比如在臺灣本島主要以陸運來運送設備，但是在離島就必須包船過去。

舉例來說像風帆發電就蠻適合在比較偏僻、靠海的地方發展，它可以產生比較多電力，但是又不像離岸風機、岸上風機需要很大的安裝量才有辦法打平其建置成本。

過去離島常常都是用柴油發電機發電，但是成本相當高，一度電大概是七到八元，且運送柴油時，常會有噪音污染的問題產生，因此若是可以透過新能源技術如太陽能，也許就可以解決電力不發達的不便。目前離島最大的挑戰是電網的問題，像澎湖的海底纜線有連接到臺灣本島，所以整個電網及綠電轉供的運作會容易很多，但如果是電網沒有連接的離島如馬祖或金門，整體的發展就會比較困難。

Q11：若離島產出綠電，會有其供應的市場嗎？

Ans：以澎湖作為例子，從地理的角度雖然算是離島，但從電網的角度則否，目前其海底電纜已經上岸，且跟臺灣本島並聯，除非是澎湖北方和南方那幾座沒有併網的小島，否則原則上澎湖綠電的操作跟臺灣本島是一樣的。

第 4-7 章　淨零賦能企業個案：濾能公司

一、緣起

18 世紀開始，人類的經濟發展重心逐漸由原先的農業轉為工業，且在 1769 年，由英國人瓦特所發明的蒸汽機問世，正式拉開了世界走向工業化的序幕。隨著工業革命與科學的發展，科學開始應用到技術上，其科學的技術，也就是所稱之的「科技」即從第一次工業革命就開始飛快的成長（Shahroom & Hussin, 2018），從工業革命起，除了科技有了飛速的成長外，地球的環境也有了巨大的改變。

（一）經濟與環境可否兼得？

隨著工業化，世界各國為了使其在國際上更有競爭力，紛紛傾力於產業發展，科技的成長帶動了經濟的發展，但為了使產業進步與科技發展，人類在環境各方面都付出了相對應的代價，在土地方面，由原先的青青草原變為了座座工廠，原先受到綠地環繞的居住地也轉為都市叢林，在河水方面，工廠因運作所排放的廢水汙染了曾經生態豐富的河川流水，如今，河川水中的生態由原先的生氣勃勃逐步地邁向死氣沉沉，而當人類攝入居於其中的魚蝦時，則等於不斷地在體內累積毒素。而在空氣方面所造成的汙染更是嚴重，根據 Health Effects Institute，地球上有超過 95% 的人類呼吸著空氣中的 PM2.5 超乎世界衛生組織（WHO）之標準的空氣（Health Effects Institute, 2022），使得人類出現了呼吸道、眼睛、以及心血管等方面的疾病（黃玫霖，2018），除了工廠所排出的廢氣汙染了人類呼吸的空氣品質外，其對地球的影響更是巨大，但卻常常被人類所忽略。

從 1850 年起，因工業在發展的過程中會產生大量的溫室氣體，例如：二氧化碳（CO2）、氧化亞氮（N2O）、甲烷（CH4）（邱一庭，2018），而地球收到溫室氣體所導致的溫室效應的影響，其溫度每年不斷的攀升（BBC News, 2021），若是地球的平均溫度升高 1℃，則會對地球上的所有生命體造成嚴重的影響，若當期平均溫度升高至 6℃時，地球則會走向滅亡的結局；因地球平均溫度的升高，全球暖化以及氣候變遷等現象出現在大眾的視野，世界各地漸漸的出現了極端氣候，像是北極圈出現高溫、澳洲大火、歐美暴雪等等……（李宜芳，2021）隨著時間流逝，這些極端氣候卻沒有此消停，反而頻傳。依國際能源署（International Energy Agency，IEA）在 2023 年 3 月所發表的《2022 年全球碳排放報告》（CO2 Emissions in 2022）統計，2022 年全球能源相關排放量上升 0. 9%，雖增幅減少，但仍舊創下新高。根據 2023 年 3 月聯合國政府間氣候變遷專門委員會（Intergovernmental Panel on Climate Change, IPCC），於瑞士因特拉肯（Interlaken, Switzerland）完成的第 6 次評估報告（IPCC AR6）綜合報告顯示，如果不加強政策，預計到2100年全球暖化將達到3.2（2.2–3.5）℃，此刻地球將不再適合人類居住。

為了解決這樣的情況，各國政府為了使得地球能夠永續發展，聯合國於1992年6月14日於巴西里約熱內盧的「地球高峰會」（Rio Earth Summit）上通過《聯合國氣候變化綱要公約》（*the United Nations Framework Convention on Climate Change*, UNFCCC），並在1997年簽訂《京都議定書》（*Kyoto Protocol*）以規範溫室氣體減量排放（中華民國外交部，2022；行政院環境保護署，2022）；2015年12月時，全球有195個國家簽訂了《巴黎氣候協定》，期望大家攜手協助地球在本世紀前，其溫度不會上升超過2℃（UNFCC, 2015）。由此可見，各國政府對於環保與永續發展議題的重視，除了政府間對於此議題的努力之外，永續與環保的議題也逐漸在企業間為之重視，近年來，永續經營成為各國公司與企業發展的目標，企業的永續治理從「社會企業責任（CSR）」演化為關注「環境（Environment）、社會（Social）、公司治理（Governance）,（ESG）」，即可以看出環境與永續議題重要性的提升。

（二）反觀工業發展下的臺灣

1990年代起，臺灣高科技產業蓬勃發展，西元2000年，臺灣《天下雜誌》根據年營收、營收成長率、股東權益報酬率（ROI）、稅後淨利之四項指標來調查出臺灣科技業的前百強，經計算後發現，這些科技百強的總營收佔據了臺灣前兩千大企業總營收之13.53%，可見科技業之於臺灣之重要性（藍麗娟，2000）。若是聚焦於科技業，近年來，臺灣科技業中的半導體產業甚至已在世界佔有一席之地。2021年，臺灣的半導體產業之產值為臺灣產業之最，其外銷出口額超越1500億美金，佔臺灣GDP之20.2%，由此可見半導體產業對於臺灣經濟之影響。

隨著臺灣半導體產業的發展，製程越精密，其對製造的環境越嚴苛，其中，空氣品質尤甚。空氣中的氣體性分子污染物，也就是常聽見的AMC（Airborne Molecular Contamination）對於半導體製程良率之影響極大，但究竟甚麼是AMC呢？根據國際半導體產業協會（SEMI）的定義，AMC可被分為四大子項目，其分別為：酸蒸氣（MA）、鹼蒸氣（MB）、凝結物質（MC）、摻雜物質（MD）（劉中興，2016），而這些氣體性分子污染物（AMC）常見的來源有：大氣中的硫、氮氧化物、製程中所揮發之化學物質、工廠所排放的廢棄物中之有機硫化物、無塵室中部分機材所揮發之VOCs等等……（SGS Taiwan, 2022），因此，光是幾顆髒空氣中的微粒子，就有可能阻塞晶片裡的線路，也可能透過與晶圓發生化學反應進而導致產品產生缺陷，例如：氧化還原反應或是酸鹼反應等等……（MoneyDJ理財網，2022），使得一片幾十萬的晶圓就此報銷，且近年來先進製程越發精密，對於空氣品質的要求逐步提高，是以空氣品質的控管至關重要（劉中興，2016）。

因此，各種類的AMC防治方案被導入到產業中，來控制其空氣品質，其中，最常見的即為「傳統的三合一化學濾網」的使用，但傳統濾網主要由活性碳、不織布、ABS 膠條所組成（MoneyDJ 理財網，2022），導致傳統濾網不僅笨重（重達 20 公斤）而難以安裝，甚至，當其中一片濾網失效時，就必須整組進行更換，且替換後的濾網因由三種不同的高碳素材所構成，難以進行回收利用，多數會更替後直接進行焚化；傳統濾網不僅無法進行再利用，在更換時，又因過於笨重的機網造成安全疑慮，雖然保護了價值昂貴的晶圓片，但卻耗費許多資金與人力，此舉雖促進了經濟，但卻失去了環境。

（三）拉開濾能序幕

2014 年，這一切有了轉變。由傳統濾網所引發的經濟與環境的議題引起了濾能的創辦人——黃銘文先生的關注，透過其中山大學化學所的背景，黃銘文先生開始利用自己的化學知識來思考，懷抱並堅定著對環境友善的初心，於 2014 年 3 月在桃園創立了「濾能股份有限公司」，並在隔年，2015 年 12 月成立公司獨立的研發部門，透過生產出環境友善的商品，來嘗試將位於天平兩端的環境與經濟做出平衡，濾能主要的經營重點為研發模組化環保濾網、濾網安裝、客戶端無塵室環境濃度分析等業務……（MoneyDJ 理財網，2022），其主要服務對象為先進製程產業，包含：全球晶圓代工、面板廠以及 DRAM 廠，而在這之中，又以 12 吋晶圓代工廠為主（Greenfiltec, 2022）。

（四）永懷初心：Go Clean, Think Green

濾能的創辦人黃銘文先生致力於解決傳統濾網所帶來的問題，其不畏失敗、堅毅地投身研發，並透過不斷地改良與嘗試，最後成功革新了傳統濾網，研發出新式的化學濾網來兼顧環保、利益與經濟。

濾能嘗試減少濾網廢棄物、提高濾網框體的再利用率、實踐替換下來的濾網的再生，透過秉持著3R（Reduce / Reuse / Regenerate）的理念製造出了「模組化抽取式三合一化學濾網」。在濾網方面，透過抽換的方式，只針對效率降低之濾材進行更換，此創新一來提高了使用效率，二來更大幅度的減少了不必要的廢棄濾網的產生，以達到Reduce；而在框體方面，濾能不僅減輕了機網超過一半的重量，增加安裝的安全性，其框體也可重複回收使用，以達到Reuse；也因濾網的可回收性，濾能將其濾網回收後再生，來達到Regenerate，也因如此，濾能創新的濾網在2018年榮獲兩次，由行政院環境部所認證第二類環保標章，在同一年，濾能也得到了第15屆國家品牌玉山獎的最佳產品獎（Greenfiltec, 2022）。透過一連串的努力與研發，濾能透過有公信力的第三方實驗室，來證實為了研發更加符合循環經濟的產品，濾能擁有可分析低濃度的實驗室，甚至所能分析的能度比工研院更低，而這些濾能所投注的努力與研發使其至今為止已減少2180公噸之濾網廢棄物的產生，其約等於38座101大樓之高度，也同時減少了10,970公噸的碳排放量，其約為28.2座大安森林公園一年的碳吸附量（Greenfiltec, 2022），此外，足見濾能為了使環保與經濟能達到平衡所付諸之心力。

透過秉持初心，以及努力不懈的研發，秉行「Go Clean, Think Green」的初心，力行於打造潔淨空間，並持續對環境友善，透過這些努力，濾能在經濟與環境的天秤上取得良好的平衡，目標成為「全球性綠色企業」（魏益權，2021），展望國際。

（五）企業、客戶、環境，共創三贏

致力於成為綠色企業的濾能，更是期許自身能夠成為一間能創造價值的公司。而價值的創造不單單指訂單的多寡抑或是收益的增加，而是要創造屬於「大家」的最大利益，而「大家」不只談論自身企業與客戶之間的雙贏，更是希望能夠在企業、客戶與環境間共創三贏。

在濾能與客戶的關係中，可以透過三個角度去分析，分別為：服務、效益以及環境。在服務方面，濾能時常會站在客戶的角度去思考客戶的需求，透過傾聽客戶的聲音，給予每位客戶最適切的回應，此外，除了擁有客制化的服務外，濾能也不斷提升其濾網的過濾精度，從原先 5% 的洩漏率改良到 1% 以下，使其客戶能擁有更加優質的研發環境。

在效益方面，濾能更是協助客戶節省了開銷，因新型的模組化濾網能夠只汰換失效的單一濾材，不必如同傳統濾網，需花費替換整組機網，此舉使濾能幫助其客戶在更換濾網上節省了超過 40% 的費用，也因濾能所製作的濾網為 PU free，可幫客戶節省 3~5% 的成本，此外，濾能也透過研發與創新其產品，幫助客戶降低了 83% 的濾網購買成本；而在環保方面，因模組化化學濾網，因不須替換整組機網，讓客戶在購買每組濾網時，等同於在兩年內減少 10 公斤的廢棄物與 37 公斤的碳排放，其中光是因為濾網的外框可以重複使用，就減少了至少 60% 的廢棄物。

在環境方面，濾能致力於往淨零靠攏，不管是對外或是對內，濾能都有一套與環境共贏的規劃。對外，濾能透過投身研發濾網來降低碳排放與廢棄物，更是積極開發能夠防制噪音以及可回收的濾材，持續朝減碳邁進；對內，濾能更是擬制了六大策略來永續轉型，以達到成為綠色企業的標準，其策略可大致從公司營運與資源運用兩層面去著眼，其策略分別為下列六項：

1. 組織轉型

在營運方面，除了在 2018 年通過 ISO 9001 品質管理系統認證以及 ISO 45001 職業安全衛生管理系統國際標準認證外，為了朝向永續經邁進，濾能成立了 ESG 執行委員會，以總經理擔任主席，先大方向進行分工，再針對其不同細節去做細分，透過架構化的方式來架構組織，而後，組織內部再進行橫向溝通，以利各部門順利合作；ESG 執行委員會將不同部門以 SDGs 的項目來分組，分別為永續生產組、永續能源組、永續社會組、永續經營組以及風險管理組，這五個小組以跨部門的方式進行橫向溝通以利合作。為了組織轉型，濾能也透過「深化永續 DNA」的計畫來讓轉型更加順利，其計畫主要分為三大方向，分別為 1）聘請來自產基會的外部專業顧問，以協助永續發展的進行，2）規劃獎勵競賽，提高公司員工參與節能計畫競賽的意願，3）透過跨界交流來刺激公司的永續發展，交流的對象為臺灣半導體大廠、歐萊德、中台資源等等……。

2. 數位轉型

濾能也透過數位轉型去升級辦公端與廠務端的資訊網，以辦公端而言，濾能透過了解公司各部門不同的作業需求，建制合適的資訊平台，例如：為了規劃企業資源的ERP系統、為了智慧節能而打造的AI大數據碳管理平台、以資訊安全為目標的InfoSec、為提高生產效率的MES製造執行系統以及為了公司流程順暢地EIP企業入口網站，以跨系統的方式去整合與建構完整的資訊流；以廠務端而言，濾能目前著眼透過即時報工、智能管控、效能視覺化與行動管理來達到智慧製造，更是期望能在智慧製造後，將自動化設備結合物聯網與雲端來打造出智慧工廠，以達到數位轉型。

3. 導入碳管理

濾能為了更好的去實行節能減碳，更是導入碳管理，來盤查溫室氣體（ISO 14064-1）與碳足跡（ISO 14067），使公司能夠更好的在環境與利益方面取得平衡。

4. 能源轉型

而在資源運用方面，濾能亦投注了許多心力來成為綠色企業。在能源轉型上，濾能將節能減碳的概念融入公司的文化與經營理念裡，目標提升能源的使用率。在辦公區內，濾能為了能成功達到能源轉型，特別倡導三大準則，分別是照明節能、空調節能與節能文化，同時，濾能也會設置節能減碳相關專案的獎勵競賽，來鼓勵全體員工在日常養成隨手關燈與空調節能的好習慣；在廠務端，濾能則是以機台改造、治具輔助和管理優化為三大要項來提升廠務端之能源使用效率；除了工作區外，濾能也準備透過發展再生能源，來著手將新建的南科廠變成綠色工廠，其南科廠預計安裝 300 片的光電板來發展太陽能，使其能夠透過再生能源進行生產。

5. 資源升級管理

另外，濾能也進行資源升級管理，除了使用多聯變頻空調系統以及選購具有節能標章的燈具外，濾能在其準備新建的辦公大樓上做了許多綠色的設計，預計要提高建築的綠覆蓋面積，使其占超過總廠房面積的 1/4，除了綠色植物外，濾能也為了資源的升級管理做了許多努力，來達到環境永續以及資源有效利用，例如：在建築外殼之開口處採複層玻璃設計，以降低日照輻射熱的穿透，有效的降低室內溫度，抑或是規劃屋頂天井花園，在美化建築的同時，也能強化自然採光，以達到省電，並在種植植物的同時結合雨水回收澆灌系統以及設置水撲滿，使水資源得到充分的利用來省水；此外，濾能更是規劃打造環境教育中心，希望透過環境教室或是手作教室等教育場所來協助傳播節能減碳的知識。

6. 綠色創新

濾能將節能減碳的精神貫徹至公司的裡外，不僅將所處之地打造成綠建築，同時發展再生能源，以邁向永續發展與經營。濾能除了提高內部資源的使用效益外，也進行綠色創新，嘗試延長產品的使用週期，並竭力在產品汰換的過程減少廢棄物的產生，著手於打造循環經濟的營運模式。

濾能期望透過以上六項策略來達成永續轉型，並也為此訂定了不同階段的目標，並在 2030 年以前，以三年為區間，做階段性的規劃。濾能的永續轉型可分為以下四個階段：以目前而言，從 2021~2023 年為第一階段，濾能不斷地將永續的概念與思維導入到自身的企業文化當中，且透過第三方的認證，來完成永續報告書以及企業碳排查；第二階段為 2024~2026 年，濾能將會規劃「淨零路線圖」來清晰向最終目標—— 淨零碳排的內容與方法，並期望能達成使用再生能源 20% 與企業減碳量達到 30% 的環保目標；接下來 2027~2030 為第三階段，此階段則是期望能夠將第二階段所達到的目標做升級，也就是預定所使用之能源，其中有 60% 皆為再生能源；而此永續轉型之最終階段則為 2031~2050 年，濾能公司盼望能呼應政府的永續發展願景，在這永續轉型計畫的後 20 年內，達成最終目標—— 企業淨零碳排。

二、循環經濟，走向永續

循環經濟為朝向永續經營邁進的一大議題，除了需要使產品本身不斷創新來創造價值外，也需考慮產品的利用率以及廢棄物的產生情況，因此，濾能在回收濾網後，會評估其過濾功能與使用效率，從而去建議客戶其產品能被再次使用的場合與地點，來達到內循環，但二次利用並非這場循環經濟的終點，濾能將其內循環使用後的濾網，在與客戶溝通後，使用於過濾條件較無半導體產業高的其他市場再利用，使其進入外循環，而當濾材無法被再次使用時，即會加以製成 RDF 燃料棒，使其變成生質能以利發電，甚至其燃燒後的底渣都能再度利用，原先廢棄的底渣因而再生成環保高壓磚或是水泥添加物（Greenfiltec, 2022; 魏志豪，2022），讓產品達到最高的效益，濾能也透過這樣的循環經濟已節省了約 10.7 億的減廢效益。

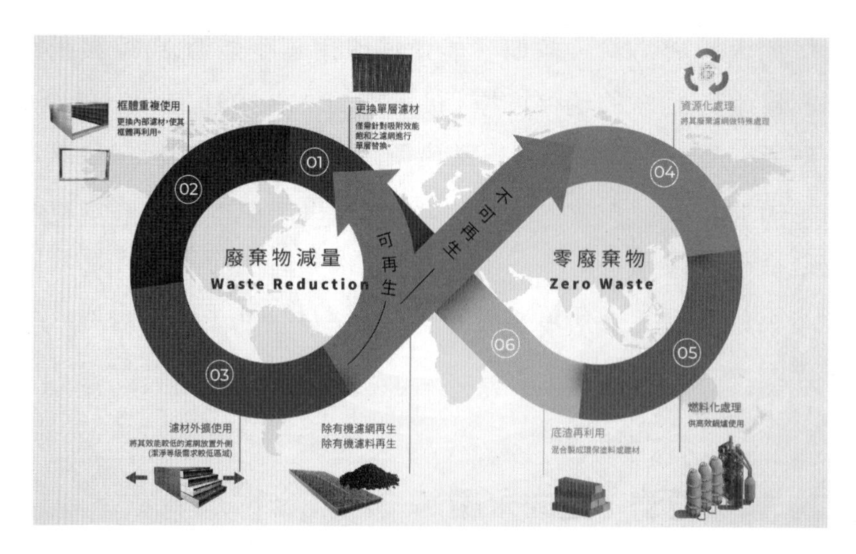

圖 1　濾能循環經濟圖

資料來源：濾能公司

在成為一間創造價值的綠色企業之路上，不論是 ESG 的哪一個層面，濾能都沒有落下，除了在環保的貢獻上有目共睹外，濾能也致力於社會貢獻，在關懷弱勢團體上，濾能一路以來透過支持愛心餅乾、口足桌曆、動保年曆、契作小農等事例來表達關心，其也透過捐獻書籍至偏鄉，來協助撫平教育上的城鄉差距，此外，在疫情之下，濾能曾在 2020 年，透過捐贈防疫篩檢站予桃園市政府來協助防疫（Greenfiltec, 2022）。而在營運方面，濾能所創造的價值更是不容小覷，在 2020 年的營收就達到 6.47 億新臺幣，而在 2021 年的營收，更是成長到了 8.29 億新臺幣（蕭文康，2022），同年，濾能的價值更是受到了外界的肯定，不僅榮獲了國家磐石獎，更二度榮獲桃園金牌企業卓越獎——金球獎，除此之外，濾能更是在 2022 年 6 月正式興櫃，成為掛牌公司（魏志豪，2022）。

最後，濾能公司認為永續無法單打獨鬥，對內，必須要靠著公司全體員工的配合與參與，認同節能減碳的文化並予以實踐，以邁向永續發展與經營，對外，節能減碳的知識更是需要透過教育被傳播，將環保的意識種子散播到人民的心中，透過人民、企業、政府，舉國上下的合作，才能使永續成為可能。多年，濾能初心不變，透過懷抱著 3R 的理念，以及致力於成為全球性綠色企業的初心，並非只關注利益，而是擁抱環境，並設身處地的為客戶著想，不斷溝通，以濾能邁向綠能，走向永續。

FAQ

Q1：濾能公司成立的契機與目標？

Ans：隨著時代的發展，環保意識的抬頭以及永續發展為現今時代的熱門議題，再加上臺灣半導體產業的蓬勃發展，尤以先進製程的技術隨著時間越發精密，對於製造環境的空氣品質要求逐漸提高，而擁有化學背景的濾能創辦人——黃銘文先生察覺了這樣的時代背景與產業需求，洞察市場，因而成立了濾能股份有限公司。

濾能公司成立於2014年，主要經營模組化濾網、全面性空氣潔淨、氣體採樣分析及濾網安裝工程，以友善環境為核心兼顧利益與經濟，研發「模組化抽取式三合一化學濾網」用以取代過往所使用費能又耗材的「傳統的三合一化學濾網」。而在未來，濾能公司也將秉持著「Go Clean, Think Green」的初心，以「3R（Reduce/Reuse/Recycle）」的理念持續邁進，往成為「全球性綠色企業」的目標努力。

Q2：濾能的濾網與傳統濾網最大的不同為何？是如何運作以達到環保濾網的標準呢？

Ans：濾能所研發的濾網與傳統濾網最大的不同之處，即為透過「模組化」來減少了環境的負擔，更也提高了安全性、使用效率、永續及環保程度。

傳統濾網主要的組成材料使其較為笨重（重達20公斤）且難以安裝，也因此造成安裝上的安全疑慮，同時，傳統濾網為三種素材一體，無法拆換，所以當其中一片濾網失效時，就必須整組進行更換，且替換後因濾網由三種不同的素材所構成，在回收在利用上窒礙難行，置換下來後通常會直接丟棄並焚燒，造成較大的環境負擔。濾能就傳統濾網之缺點進行改革，圍繞著3R（Reduce / Reuse / Regenerate）的研發核心，開發出「模組化抽取式三合一化學濾網」，不僅可透過抽取的方式去替換失效的濾材，也減輕了框體的重量，如此一來，即能大幅度的消弭過去在安裝上與替換上的安全性疑慮，也能減少不必要的濾網廢棄物，此外，濾能也透過研發，使其濾網的框體能夠回收再利用，減少環境之負荷。

Q3：為了永續發展，濾能做了甚麼規劃？

Ans：永續發展是個十分複雜的議題，企業不僅要為了在發展自身經濟的同時兼顧環境，也需要透過服務與進步，使企業本身保持競爭力，才能使企業達到永續發展。

在環境方面，為了呼應臺灣2050淨零碳排的規劃，濾能由內而外、從有形至無形來導入節能減碳。由內，濾能率先從有形方面著手，選擇具有環保標章的節能家電，並透過無形的企業文化，將節能減碳的風氣帶入公司的日常當中，也在管理中導入碳管理，並得到第三方的認證，通過BS 8001:2017循環經濟查核，為業界首例；而外，濾能則是透過設計與研發綠色產品——環保濾網來實踐降低碳排，其模組化的濾網框體榮獲了環境部第二類環保標章認證及玉山獎之最佳產品類的肯定。

除了致力於環境的永續外，濾能也透過客製化服務，來讓公司邁向永續經營，使產品不僅能依照客戶的需求做變化，更不斷的研發改良使其能夠達到更好的效用，在維持公司營運並滿足客戶需求的情況下，不忘公司初心及目標，朝淨零碳排邁進，以達成企業、客戶及環境三贏的局勢。

Q4：除了研發綠色產品外，濾能在成為「全球性綠色企業」的目標上，做了哪些努力？

Ans：濾能為了能夠成為一間創造價值的全球性綠色企業，小至習慣大致公司運營方向都做足了努力。在日常，節能減碳即是公司全體同仁的生活習慣，濾能將節能減碳等環保意識融入公司文化中，平時即會舉辦節能減碳相關專案的獎勵競賽，鼓勵全體員工在日常養成隨手關燈與空調節能的好習慣，公司內部的電器設備也都選擇具有環保標章認證之電器，也在公司建築上加入綠色的巧思，不論是透過增加採光的面積還是設置水撲滿，都是善用自然資源的實例；在管理上，濾能內部成立了ESG 執行委員會並導入碳管理，使得其能夠更有架構的管理各部門，使公司內部運作能夠更有系統地實踐相關計畫，更是提出了六大永續轉型策略，來邁向成為「全球性綠色企業」的目標。

Q5：淨零碳排是未來產業趨勢，節能減碳也應是社會大眾須共同努力的目標，倡導永續經營的濾能公司是如何協助社會一同成長的？

Ans：在邁向綠色世界的道路上不可能單靠一己之力，因此濾能也積極協助社會發展，不僅讓更多人看見濾能，也能更進一步使綠色行動滲入民眾的生活中。在濾能，為提倡環保意識，連續三年舉辦淨灘活動，實踐環境保護的重要性。而在疫情期間，協助政府製造防疫隔離艙，希望能與臺灣人民一同挺過難關。另外在教育方面，為協助偏鄉學童能夠順利學習，特別以行動支持，捐書進偏鄉校園。更甚為推動公司的核心理念「Go

Clean, Think Green」，與武陵高中簽訂永續環境社會責任課程備忘錄，用企業的行動與力量，以產學合作的方式紮根，藉此使學生從小培養永續循環的重要性。

Q6：秉持「淨零排碳」原則，對公司造成的優缺點為何？

Ans：「淨零排碳」是個新穎的議題，起初創辦人黃銘文先生向原公司提議濾網「模組化」概念時，因其考量擔憂洩漏污染的風險並未將其採用，黃銘文先生因故決定自行創業。在創新發展的同時，常會受到傳統思維的考驗，特別以濾網多用於廠房，需要極高的穩定性以避免造成大量的損失，因此初期即便多次替客戶嘗試安裝體驗仍鮮少代工廠願意買單。然而，在堅信自己的理念，顧及客戶的擔憂，一次次優化自家產品，因緣際會下，濾能透過一次半夜即時救援客戶的機會，成功銷售出模組化濾網，並隨著客戶先進製程的比率越高，濾能得以隨之蒸蒸日上。

而堅持「淨零排碳」的原則，濾能的產品使得濾網的廢棄物量大大的下降，也大幅降低了碳排放量，對環境保護有很大的貢獻。而在客戶端，模組化濾網能夠只汰換失效的單一濾材，有別於傳統濾網須整組替換，又其製作材料為 PU free，能夠替客戶大量降低生產成本。而自家產品優良的表現，替公司本身帶來極高的收益，使公司得以在 2022 年正式興櫃，成為一家上櫃公司。

秉持「淨零排碳」原則起初的道路雖然艱辛，但只要堅持對的事情，總有一天利會大於弊，獲得的效益不僅是於自身，更甚是幫助世界永續發展，期許「綠色行動」能夠更廣為流行。

參考資料

BBC News.（2021, October 13). What is climate change? A really simple guide. BBC News. https://www.bbc.com/news/science-environment-24021772

Greenfiltec.（2022, 17). Greenfiltec. 濾能股份有限公司。https://greenfiltec.com/ Health Effects Institute, H. E.（2022, April 26).

New State of Global Air special report on air quality and health in Southeast Europe. Health Effects Institute. https://www.healtheffects.org/announcements/new-state-global-air-special-report-air-quality-and-health-southeast-europe

MoneyDJ 理財網。（2022, 16）。濾能股份有限公司。MoneyDJ 理財網。https://www.moneydj.com/kmdj/wiki/wikiviewer.aspx?keyid=2b50bc95-4495-46bd-b168-c64967b68217

SGS Taiwan.（2022, August 12). AMC-半導體超微量分析服務—SGS 台灣。https://www.sgs.com.tw/service/page/4/2/44-ultra-trace-analysis-service-of- semiconductor/190-airborne-molecular-contaminants-amc-analysis-service

Shahroom, A. A., & Hussin, N.（2018). Industrial Revolution 4.0 and Education.

International Journal of Academic Research in Business

and Social Sciences, 8(9), Pages 314-319. https://doi.org/10.6007/IJARBSS/v8-i9/4593

中華民國外交部。(2022, 14)。「聯合國氣候變化綱要公約」(UNFCCC)成立之背景、目的、成員責任及基本原則為何？—UNFCCC 之問答錄。參與國際組織。https://subsite.mofa.gov.tw/igo/https%3a%2f%2fsubsite.mofa.gov.tw%2figo%2fNews_Content.aspx%3fn%3dC60A5AF9E8F638E0%26sms%3dFD69E2823 D9785AA%26s%3d0F2AF4C227A2C81C

劉中興。(2016, September 29)。聽過 AMC ？他將影響整個半導體產業的未來！。DIGITIMES 科技網。https://www.digitimes.com.tw/tech/dt/n/shwnws.asp?cnlid=14&id=0000482467_PU15P4YT525R1V8E90MFK

李宜芳。(2021, August 4)。【專題】極端天氣不再百年一遇！全球暖化造成世界燃燒又冰封、乾涸又氾濫？｜公視新聞網 PNN。https://news.pts.org.tw/curation/49

蕭文康。(2022, June 9)。半導體 AMC 防治專業廠濾能明起上櫃前競拍 底價 85 元 30 日掛牌｜蘋果新聞網｜蘋果日報。AppleDaily. https://www.appledaily.com.tw/property/20220609/PRMWS62IVBB3LGZPQ4 KWH7ZFDA/

藍麗娟。(2000, August 1)。台灣科技 100 強——誰能稱霸未來？｜天下雜誌。https://www.cw.com.tw/article/5106830

行政院環境保護署。(2022, 14)。行政院環境保護署——氣候公約。https://www.epa.gov.tw/Page/DFCCDA9C072B8610

邱一庭。(2018, March 13)。暖化的科學(一)：全球暖化是什麼？[系統頁]。科技大觀園。
https://scitechvista.nat.gov.tw/Article/C000003/detail?ID=21289213-d877-42 40-a587-26971811fce4

魏志豪。（2022, May 31）。〈濾能轉上櫃〉濾網回收再生成固體燃料 兩階段完成營收年增逾 3 成 | Anue 鉅亨—台股新聞。Anue 鉅亨。https://news.cnyes.com/news/id/4882161

魏益權。（2021, May 13）。循環經濟新視界 濾能梅獅新廠動起來。工商時報 ctee。https://ctee.com.tw/industrynews/technology/459047.html

黃玫霖。（2018, December 9）。空汙的危害超乎想像！還會讓人得這 5 種病。Heho 健康。https://heho.com.tw/archives/30203

濾能 -ESG 資料整理

E – Environment	S – Social	G – Governance
直接： ・產品減碳貢獻 ➢減少二氧化碳排放 10,970 公噸（約 28.2 座大安森林公園一年的碳吸附量） ・3R 信念實施 ➢Reused 產品重複使用 ➢Reduced 減少廢棄物 ➢Regenerated 產品 / 廢棄物再生 ・營運減碳行為 ➢設計鑽石級濾建築 ➢辦公區： 照明節能 空調節能 節能文化 ➢廠務端： 機台改造 治具輔助 管理優化 ・成立環境教育中心 ・導入碳管理：碳排查 ➢ISO 14064-1：溫室氣體 ➢ISO 14067：碳排查 ・響應淨灘活動 間接： ・產品與服務 ➢解決 AMC 導致之製程設備損害與產品缺失	教育： ・產學合作：武陵高中 ・成立環境教育中心 社會關懷： ・支持弱勢團體 ➢愛心餅乾 ➢口足桌曆 ➢動保年曆 ➢契作小農 ・社會公益 ➢賑災捐款 ➢防疫捐贈：檢疫亭、隔離艙 產業發展： ・根留臺灣 ➢提供就業機會 / 促進臺灣發展 梅獅新廠 南科廠	外部認證： ・系統化治理 ➢ISO 9001 品質管理系統（確保所有客戶獲得一致的優質產品和服務，從而帶來許多營業利益）註 1、2 ➢OHSAS 18001 職業安全衛生管理 ➢BS 8001 循環經濟（業界首例） ➢ISO 45001 職業安全衛生管理系統國際標準 ➢實驗室通過 ISO/IEC 17025：2017 ➢董事長 - 黃銘文榮獲百大 MVP 經理人 ・永續發展 ➢永續報告書 ➢榮獲國家磐石獎 ・供應鏈建立：設立倉儲物流中心 內部治理： ・整合性 AMC 為汙染防制技術服務流程 註 3 ・企業文化建立 ➢go green, think green ➢研發理念：極致低碳 + 關鍵確保 ・永續轉型六大策略 (1) 組織轉型

E – Environment	S – Social	G – Governance
➢提供無塵室 ➢生化科技產業 ➢製程中潔淨空氣需求 ➢客製化設計服務 ・建立南科廠 ➢減少運輸 ➢在地生產 ➢減少碳足跡		(2) 數位轉型 (3) 導入碳管理 (4) 能源轉型 (5) 資源升級管理 (6) 綠色創新

補充說明（註解）：

1. ISO 9001 品質管理（確保所有客戶獲得一致的優質產品和服務，從而帶來許多營業利益）
2. ISO 9001：2015：設定品質管理系統的要求（sets out the requirements of a quality management system）。就實務而言，所謂的「要求」（requirements），指的就是第三方驗證機構，例如 SGS、BSI、INTERTEK 等，前往公司執行第三者稽核的驗證標準。
   - 評估：
     (1) 第一章：範圍（Scope）
     (2) 第二章：規範性引用文件（Normative references）
     (3) 第三章：術語和定義（Terms and definitions）
     (4) 第四章：組織的背景（Context of the organization）
     (5) 第五章：領導（Leadership）
     (6) 第六章：規劃（Planning）
     (7) 第七章：支持（Support）
     (8) 第八章：運行（Operation）
     (9) 第九章：績效評估（Performance evaluation）
     (10) 第十章：改善（Improvement）
   - 企業五管：
     生產
     銷售
     人力資源管理
     研發
     財務管理

- 5M1E
  Man
  Machine
  Material
  Method
  Measurement
  Environment
- 管理 7 力：7 大品質管理原則（Quality management principles，簡稱 QMP）
  (1) 以客戶為中心 customer focus
  (2) 領導力 leadership
  (3) 全員參與 engagement of people
  (4) 流程方法 process approach
  (5) 持續改善 improvement
  (6) 基於證據的決策 evidence-based decision
  (7) 合作夥伴管理 relationship management

3. 整合性 AMC 為汙染防制技術服務流程
   (1) 現場勘查 & 檢測
   (2) 顧客意見 & 諮詢
   (3) 樣品檢測 & 分析
   (4) 方案研擬 & 評估
   (5) 產品製作 & 品保
   (6) 產品銷售 & 服務
   (7)（循環回到 1）

國家圖書館出版品預行編目(CIP) 資料

淨零轉型/陳來助, 黃仕斌主編. -- 初版. -- 臺北市 : 元華文創股份有限公司, 2023.09
面； 公分

ISBN 978-957-711-329-0 (平裝)

1.CST: 碳排放 2.CST: 溫室效應 3.CST: 永續發展 4.CST: 綠色企業

445.92 112012278

淨零轉型

陳來助 黃仕斌 主編

發 行 人：賴洋助
出 版 者：元華文創股份有限公司
聯絡地址：100 臺北市中正區重慶南路二段 51 號 5 樓
公司地址：新竹縣竹北市台元一街 8 號 5 樓之 7
電　　話：(02) 2351-1607　傳　　真：(02) 2351-1549
網　　址：www.eculture.com.tw
E-mail：service@eculture.com.tw
主　　編：李欣芳
責任編輯：立欣
行銷業務：林宜葶
出版年月：2023 年 09 月 初版
定　　價：新臺幣 550 元

ISBN：978-957-711-329-0 (平裝)

總經銷：聯合發行股份有限公司
地 址：231 新北市新店區寶橋路 235 巷 6 弄 6 號 4F
電 話：(02)2917-8022　傳 真：(02)2915-6275